Erwin Holler, Roland Waldsperger, Werner Geers, Manfred Schelling, Peter Frank

Herausgeber: Erwin Holler

Technologie für die berufliche Oberstufe

Klasse 11 Technik

2. Auflage

Bestellnummer 5040

■ Haben Sie Anregungen oder Kritikpunkte zu diesem Buch?
■ Dann senden Sie eine E-Mail an 5040@bv-1.de
Autoren und Verlag freuen sich auf Ihre Rückmeldung.

www.bildungsverlag1.de

Bildungsverlag EINS GmbH
Sieglarer Straße 2, 53842 Troisdorf

ISBN 978-3-8237-**5040**-6

© Copyright 2008: Bildungsverlag EINS GmbH, Troisdorf
Das Werk und seine Teile sind urheberrechtlich geschützt. Jede Nutzung in anderen als den gesetzlich zugelassenen Fällen bedarf der vorherigen schriftlichen Einwilligung des Verlages. Hinweis zu § 52a UrhG: Weder das Werk noch seine Teile dürfen ohne eine solche Einwilligung eingescannt und in ein Netzwerk eingestellt werden. Dies gilt auch für Intranets von Schulen und sonstigen Bildungseinrichtungen.

Vorwort

Das Unterrichtsfach Technologie basiert auf den drei naturwissenschaftlich-technischen Grundsäulen Materie/Stoff, Energie und Information. Es werden darin Grundlagen aus der Physik, Chemie und Informationstechnik wiederholt, verknüpft und unter technischem Anwendungsbezug vertieft und gefestigt. Basierend auf ausgewählte technische Fachgebiete wird unter technologischem, naturwissenschaftlichem, wirtschaftlichem und ökologischem Aspekt die Grundlage für ein technisches Studium an einer Fachhochschule geschaffen.

Dieses Fachbuch fördert beim Lernenden das Verständnis für technische Zusammenhänge und den Ablauf technischer Prozesse. Das Fach Technologie/Informatik wird nur in Bayern an Fachoberschulen und Berufsoberschulen sowie im Telekolleg II des Medienverbunds deutscher Fernsehanstalten unterrichtet.

Das vorliegende Lehrbuch dient als fachliche Grundlage im Technologieunterricht an Fachoberschulen und Berufsoberschulen in Bayern. Darüber hinaus eignet es sich auch für Technikstudenten in Erstsemestern mit nichttechnischer Fachrichtung um den Zugang zu einem technischen Grundverständnis zu vermitteln.

Inhaltsverzeichnis

Kapitel I	Einführung in die Technik

Kapitel II	Werkstoffe – Werkstoffprüfung

1	**Werkstoffe**	11
1.1	Einteilung der Werkstoffe	11
1.2	Eigenschaften der Werkstoffe	17
1.3	Charakteristische Eigenschaftsmerkmale von Werkstoffgruppen	19
2	**Prüfmethoden zur Bestimmung von Werkstoffeigenschaften**	22
2.1	Zugversuch nach DIN 50145	23
2.2	Härteprüfung	30
3	**Metallische Werkstoffe**	38
3.1	Zusammenhang der Eigenschaften und Strukturen von Werkstoffen	39
3.2	Bindungsarten und Bindungskräfte	42
3.3	Mikrostruktur	49
3.3.1	Kristallsysteme	50
3.3.2	Fehler im Gitteraufbau	57
3.4	Makrostruktur	63
3.5	Verformungsvorgänge in Metallen	66
3.5.1	Elastische und plastische Verformungen bei Metallen	67
3.5.2	Rekristallisation	69
3.5.3	Kaltverformung und Warmverformung	70
3.5.4	Diffusion im Kristallgitter	72
3.6	Eigenschaftsänderung durch Legieren	73
3.6.1	Zustandsdiagramme – Grundtypen	76
3.6.2	Eisen-Kohlenstoff-Diagramm	89
3.7	Stoffeigenschaftsänderungen metallischer Werkstoffe	97
3.8	Eigenschaftsänderungen durch Wärmebehandlungsverfahren	98
3.8.1	Glühen	98
3.8.2	Härten	100
3.8.3	Anlassen	103
3.8.4	Vergüten	104
3.8.5	Randschichthärten	105
3.8.6	Einsatzhärten	105
3.8.7	Nitrieren	105
3.9	Einteilung und Normung von Stählen	106
3.9.1	Einteilung der Stahlwerkstoffe und Kennzeichnung der Eigenschaften nach EURONORM	106
3.9.2	Normung von Stählen nach DIN EN 10027-1	108
3.9.3	Kurznamen von Stählen mit Bezeichnung nach der chemischen Zusammensetzung	112
3.9.4	Werkstoffnummern von Stählen (DIN EN 10027)	116

4	**Keramische Werkstoffe**	117
4.1	Zement	123
4.2	Vom Zement zum Zementstein	128
4.3	Beton	132
4.3.1	Betonherstellung	133
4.3.2	Eigenschaften des Betons	134
4.3.3	Eigenschaftsänderung durch Kombination mit anderen Werkstoffen	137
5	**Kunststoffe (Polymere)**	145
5.1	Aufbauprinzip der Kunststoffe	146
5.2	Bildungsreaktionen der Kunststoffe	147
5.2.1	Polymerisation	147
5.2.2	Polykondensation	148
5.2.3	Polyaddition	148
5.3	Molekularstrukturen der Polymere	148
5.4	Thermisches Verhalten der Polymere	151
5.4.1	Thermoplaste (Plastomere)	152
5.4.2	Elastomere (Elaste)	155
5.4.3	Duromere (Duroplaste)	157
5.4.4	Charakteristische Eigenschaften der Kunststoffe	159
5.5	Silicone	161
6	**Neue Werkstoffe**	163
6.1	Metallische Schäume	163
6.2	Nanoporöse Metallmembranen	163
6.3	Verbundwerkstoffe	164
6.4	Unverschmutzbare neue Werkstoffe	164
6.5	Supraleiter	164
6.6	Elektrisch leitende Kunststoffe	166
6.7	Umweltwirkungen neuer Werkstoffe	166

Kapitel III Technische Mechanik

1	**Grundbegriffe der Statik**	167
1.1	Die Kraft - Beschreibung von Kräften	168
1.1.1	Die Kraft als Vektor	169
1.1.2	Grafische Darstellung von Kräften	170
1.1.3	Analytische Darstellung von Kräften	171
1.2	Einteilung von Kräften	172
1.3	Lehrsätze (Axiome) zu Kräften	173
1.4	Kräfteaddition	176
1.4.1	Grafische Bestimmung der resultierenden Kraft	176
1.4.2	Rechnerische Bestimmung der resultierenden Kraft	178
1.5	Zentrales und allgemeines Kräftesystem	178
1.6	Verfahren zur Zerlegung von Kräften	180
1.6.1	Grafisches Verfahren der Kräftezerlegung	180
1.6.2	Rechnerisches Verfahren der Kräftezerlegung	181

1.7	Kraftübertragung bei verschiedenen Bauteilen	181
1.7.1	Verfahren zum Freimachen von Bauteilen	182
1.7.2	Grundformen frei geschnittener Bauteile	183
1.8	Drehmomente	186
1.9	Lagerkräfte im statischen Gleichgewicht	188
1.10	Aufgaben zur Statik	193
2	**Festigkeitslehre**	**195**
2.1	Belastungsarten und Beanspruchungsarten	195
2.2	Reaktionen des Werkstoffs auf Beanspruchung	197
2.2.1	Normal- und Schubspannungen	199
2.2.2	Grundbeanspruchungsarten	200
2.2.3	Zulässige Spannung und Sicherheitszahl	200
2.3	Zugbeanspruchung	203
2.4	Druckbeanspruchung	206
2.5	Biegebeanspruchung	208
2.5.1	Untersuchung der Biegebeanspruchung	208
2.5.2	Ermitteln der inneren Kräfte bei der Biegung	209
2.5.3	Ermitteln der Spannungsarten bei der Biegung	210
2.5.4	Biegegleichung	211
2.5.5	Berechnung biegebeanspruchter Bauteile	213
2.6	Verdrehbeanspruchung (Torsion)	215
3	**Konstruktive Gestaltung**	**219**
3.1	Struktur technischen Handelns und Denkens	219
3.2	Werkstoffauswahl und konstruktive Gestaltung	221
3.2.1	Empirische Lösungen im Brückenbau	221
3.2.2	Wissenschaftliche Lösungen im Brückenbau	227
3.3	Optimieren technischer Systeme	233
3.3.1	Optimierung bezüglich Werkstoffauswahl	233
3.3.2	Optimierung bezüglich Wirtschaftlichkeit	237
3.3.3	Optimierung bezüglich Konstruktion	247
3.3.4	Optimierung bezüglich Umwelt	249
3.4	Wechselwirkungen zwischen Technik, Gesellschaft und Umwelt	252

Kapitel IV	Information	
1	**Grundlagen der Informationsverarbeitung**	**257**
1.1	Geschichte der Computertechnik	257
1.2	Aufbau und Funktion einer DV-Anlage	258
1.2.1	Hardware, Software, Informationstechnologie (IT)	259
1.2.2	Computerarten	259
1.2.3	Grundausstattung eines Personalcomputers	261
1.2.4	Motherboard (Zentraleinheit)	262
1.2.5	Eingabegeräte	268
1.2.6	Ausgabegeräte	269
1.2.7	Speichergeräte – Externe Speicher	271
1.2.8	Multifunktionale Geräte	274

1.2.9	Multimediageräte	275
1.3	Betriebssysteme	280
1.3.1	Aufgaben des Betriebssystems	281
1.3.2	Starten und Beenden von Windows	281
1.3.3	Starten und Beenden eines Programms	282
1.3.4	Die Arbeit mit dem Explorer	283
1.3.5	Datensicherung	294
1.3.6	Datenschutz für Privatpersonen	297
1.4	Grundlagen vernetzter Systeme	301
1.4.1	Datenkommunikationsgeräte	301
1.4.2	Netzwerkkomponenten	302
2	**Digitaltechnik**	**304**
2.1	Systeme der Logik	304
2.2	Stellenwertsysteme	306
2.3	Binäre Grundrechenarten	310
2.4	Logische Schaltungen	311
2.5	Logische Schaltnetze	320
2.5.1	Analyse logischer Schaltnetze	320
2.5.2	Synthese logischer Schaltnetze	321
2.5.3	Disjunktive (ODER-) und konjunktive (UND-) Normalform	323
2.5.4	Entwurf einer Füllstandsregelung mit digitalem Schaltnetz	326
2.6	Codeumsetzer	328
2.7	Addierwerke	329
2.8	Das RS-Flipflop	332
3	**Problemlösung mit Tabellenkalkulationsprogrammen**	**336**
3.1	Aufbau eines Rechenblatts	338
3.2	Die E-V-A-Struktur in einem Rechenblatt	340
3.3	Objekte in einer Tabellenkalkulation	341
3.4	Adressierung von Objekten (Zellen)	342
3.4.1	Relative Adressierung	342
3.4.2	Absolute Adressierung	343
3.5	Rechnerische Auswertung eines Zugversuches	344
3.6	Grafische Auswertung einer Tabelle	349
3.7	Entwickeln selbstdefinierter Funktionen aus Grundfunktionen	351
3.7.1	Einfache Alternative und bedingte Verarbeitung	351
3.7.2	Logikoperatoren	355
3.7.3	Mehrfachalternative	356
3.8	Schutz von Zellen gegen Überschreiben	359
3.9	Zielwertsuche und Lösen von Optimierungsaufgaben	359
3.9.1	Suchen von Lösungen durch Zielwertvorgabe	359
3.9.2	Optimierungsaufgaben	361
3.10	Herstellen von Bezügen über mehrere Berechnungsblätter	367
3.11	Betrachtung von einer oder mehreren Variablen	373
3.11.1	Wertetabelle mit einer Variablen	373
3.11.2	Wertetabelle mit zwei Variablen (zweidimensionale Tabelle)	375

Sachwortverzeichnis 380

Kapitel I   Einführung in die Technik

Bedeutung der Technik

**Wir Menschen machen eine Menge,
doch die Erde können wir nicht vergrößern.**

Wechselwirkung von Technik, Gesellschaft und Umwelt

Begriffsklärung Technik – Technologie

Der Begriff Technik
Eine Antwort zu finden auf die Frage, was unter dem Begriff Technik zu verstehen ist, gestaltet sich als äußerst schwierig. Auf der Suche nach einer Begriffsdefinition stellt sich heraus, dass die Griechen Sokrates und Platon den Begriff Technik im Sinne von *„Techne"* als handwerkliches Wissen und Können verstanden, wie es z. B. bei den damaligen Berufen der Schuhmacher, Gerber, Köche, Ärzte vorhanden war.

Dieses Begriffverständnis lebt heute noch in der Umgangssprache, wenn von der Technik eines Bildhauers, eines Klavierspielers oder eines Fußballspielers die Rede ist. Im Mittelalter wurde der Begriff unter dem Einfluss der Antike sogar als ein Handeln wider die Natur verstanden. Beispielsweise bedeutet die wörtliche Übersetzung von Mechanik „List" oder „Kunst".

In Bezug auf die Ingenieurwissenschaften umfasst der Begriff mehr als nur personenbezogenes, subjektives Wissen und Können. Die Aufgabe eines Ingenieurs ist es, zu erfinden, zu entwickeln, zu konstruieren und Maschinen, Geräte, Apparate und Bauwerke zu bauen. Unter diesem Aspekt verstehen die meisten Ingenieure und Ingenieurwissenschaftler die Technik als eine Mischung aus angewandter Naturwissenschaft, intuitiver Erfindungskunst und erfahrungsbezogener praktischer Fertigkeit.

Der Begriff Technologie

Der Begriff Technologie ist eines der modernen Worte unserer Zeit, das in unserem Sprachgebrauch relativ häufig auftaucht. So ist die Rede z. B. von technologischem Wandel, Schlüsseltechnologien, Computer-, Bio- und Gentechnologie.

Der Begriff Technologie wird in unterschiedlicher Weise verwendet. Das uns interessierende ingenieurwissenschaftliche Begriffverständnis legt folgende Gesichtspunkte zu Grunde:

- Technologie enthält die Grundlagen der Verfahren in Form technischer Mittel bzw. Systeme, z. B. Verfahren der Lebensmittelherstellung, Verfahren der Stahlerzeugung.
- Zu einzelnen Verfahren muss kein ausdrücklicher naturwissenschaftlicher Bezug gegeben sein. So können bereits Verfahren zu technischen Problemlösungen als Technologie bezeichnet werden, z. B. Strategien und Verfahren zur Softwareentwicklung.
- Technologie wird nicht auf Verfahrenstechnik eingeschränkt. Technologie wird im Sinne des griechischen Wortursprungs als Verständnis und als Wissen von Technik aufgefasst.

Bei den komplexen Auswirkungen der wissenschaftlich-technischen Eingriffe in unsere Welt muss Technologie auch deren Folgen überdenken.

Kapitel II Werkstoffe – Werkstoffprüfung

1 Werkstoffe

Für den Formzustand jedes Stoffes sind seine atomaren Kräfte maßgebend.

Ein Stoff ist alles, was in der Natur als Masse vorkommt und wägbar ist, d. h. die Eigenschaften (z. B. Farbe, Geruch, Schmelz- und Siedeverhalten, Dichte, Leitfähigkeit, Brennbarkeit, Löslichkeit, Härte, Elastizität, Giftigkeit) aufweist und einen Raum einnimmt.

1.1 Einteilung der Werkstoffe

Einteilung der Werkstoffe nach ihrer Anwendung:

- **Rohstoffe** dienen zur Erzeugung von Werkstoffen (z. B. Erze, Holz),
- **Werkstoffe** bilden die Basis zur Herstellung von industriell oder handwerklich gefertigten Werkstücken und werden für Konstruktionen oder Gebrauchsgegenstände benötigt (z. B. Metalle, Glas, Keramik, Kunststoffe),
- **Betriebsstoffe** werden zum Aufrechterhalten des Betriebes benötigt (z. B. Brennstoffe, Schmierstoffe),
- **Hilfsstoffe** sind bei der Erzeugung von Werkstoffen und Betriebsstoffen aus Rohstoffen erforderlich und tragen dazu bei, bei der Anwendung von Betriebsstoffen eine spezielle Aufgabe zu erfüllen (z. B. Klebstoffe, Bindemittel, Anstrichstoffe, Füllstoffe, Poliermittel, Kühlmittel, Reinigungsmittel, Härtemittel, Lötmittel).

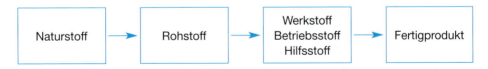

Vom Naturstoff zum Fertigprodukt

Aus Naturstoffen werden Rohstoffe gewonnen. Aus diesen werden Werkstoffe hergestellt, die zu Fertigprodukten verarbeitet werden.

Einteilung der Werkstoffe nach der inneren Beschaffenheit

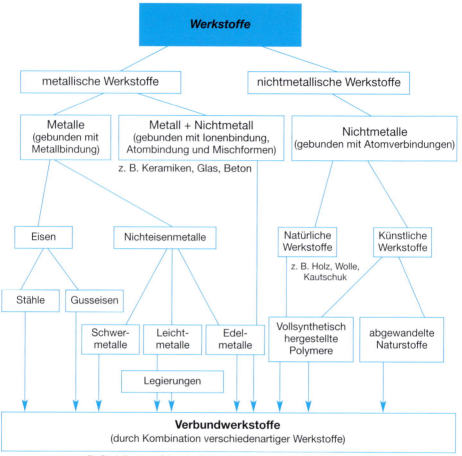

Metallische Werkstoffe sind nach technischen Gesichtspunkten untergliedert:

- Anteil des Eisens:
  – Eisenwerkstoffe: z. B. Stahl, Gusseisen
  – Nichteisenwerkstoffe: z. B. Messing, Bronze
- Verarbeitung:
  – Knetwerkstoffe: z. B. Baustähle, Werkzeugstähle
  – Gusswerkstoffe: z. B. Stahlguss, Temperguss, Grauguss
- Dichte:
  – Leichtmetalle ($\varrho < 4{,}5$ kg/dm³), z. B. Aluminium, Beryllium
  – Schwermetalle ($\varrho > 4{,}5$ kg/dm³), z. B. Blei, Zink
- Spannungsreihe:
  – Unedle Metalle ($e_0 < 0$ Volt)[1], z. B. Natrium
  – Edelmetalle ($e_0 > 0$ Volt), z. B. Gold, Silber

---

[1] e_0 Redoxpotenzial

Die **natürlichen nichtmetallischen Werkstoffe** sind unterteilt nach der Art des Vorkommens:
- aus Pflanzen: z. B. Holz, Harz, Fasern, Naturkautschuk
- von Tieren: z. B. Wolle, Leder, Seide
- aus Mineralien: z. B. Glimmer, Basalt, Granit, Asbest

Die **künstlichen Werkstoffe** werden nach Art ihres Aufbaus unterschieden:
- in vollsynthetische Kunststoffe: z. B. Thermoplaste, Duroplaste, Elaste
- in keramische Werkstoffe: z. B. Glas, Ton, Emaille, Keramik
- in abgewandelte Naturstoffe: z. B. Viskose, Vulkanfiber, Gummi

Verbundwerkstoffe

Verbundwerkstoffe setzen sich aus mindestens zwei unterschiedlichen Werkstoffen zusammen. In der einen Komponente (Matrix) sind die anderen Komponenten (in der Regel Fasern) als Füll- oder Verstärkungsstoffe eingebettet. Die Matrix (Grundstruktur, Mutterboden) besteht aus einem organischen (z. B. Polymer) oder anorganischen Werkstoff (z. B. Metall, Keramik).

Durch die Verstärkung steigern die Verbundwerkstoffe ihre Festigkeit, Steifigkeit (E-Modul) und die Härte. Je nach Kombination können auch die Leitfähigkeit für Wärme und elektrischen Strom, die Temperaturbeständigkeit oder die Verschleißbarkeit erhöht werden.

Eigenschaften von Einzel- und Verbundwerkstoffen

> Im Verbundwerkstoff sind die vorteilhaften Eigenschaften der Einzelwerkstoffe vereinigt, während die ungünstigen überdeckt wurden.

Je nach Form und räumlicher Anordnung der Komponenten werden die Verbundwerkstoffe eingeteilt in:
- **faserverstärkte Verbundwerkstoffe**
  In der Matrix[2] sind kurze, einige Mikrometer dicke Fasern oder Endlosfasern eingebettet.
- **teilchenverstärkte Verbundwerkstoffe**
  Gleichmäßig verteilte, feinste Kristalle als Verbundphase im Grundwerkstoff ergeben einen isotropen[3] Verbundwerkstoff (z. B. Sinterwerkstoffe, Duromere mit anorganischen Füllstoffen).
- **Schichtverbundwerkstoffe**
  Verstärkungs- und Grundwerkstoff sind abwechselnd geschichtet (z. B. Metall und Dämmstoffe).
- **Durchdringungsverbundwerkstoffe**
  Die Verbundphase durchdringt raumnetzartig die Matrix (z. B. Kontaktwerkstoff W/Cu: gesintertes Wolframgerüst in einer Kupferphase. Er vermeidet Abreißfunken an hochbelasteten Schaltkontakten).

---

[2] Matrix: Grundstruktur, Mutterboden
[3] isos (griech.): gleich; tropos (griech.): Richtung; isotrop: nach allen Richtungen gleiches Verhalten

Einteilung der Werkstoffe

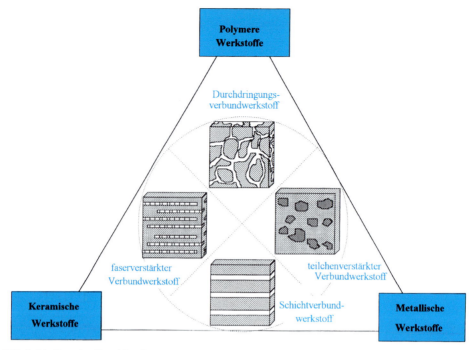

Möglichkeiten der Kombination und der räumlichen Anordnung von Werkstoffen

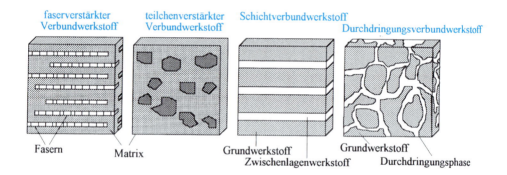

Faserverstärkte Verbundwerkstoffe (FVW)

Werden Bündel paralleler Endlosfasern (Rovings[4]) in eine dünne Matrix eingebettet, ergeben die einzelnen Verbundschichten einen Schichtstoff (Laminat). Durch die Faserrichtung in den einzelnen Schichten werden die Mechanischen Eigenschaften richtungsabhängig beeinflusst.

---

[4] roving (engl.): auf Reisen befindlich

Matrix	Verstärkungsfasern	Orientierung der Fasern	
Metalle	Metallfasern	*Endlosfasern:* – parallel gebündel – Roving	
Keramiken – Zementstein – Glas – Steingut	Glasfasern Kohlenstofffasern	*Kurzfasern:* – gerichtet – ungerichtet	
Kunststoffe – Polyester – Polycarbonate – Phenolharze – Epoxidharze – Siliconharze – Polybutadiene – Polyamide	Kunststofffasern Aramidfasern	*Langfasern:* – Gewebe – Matte	

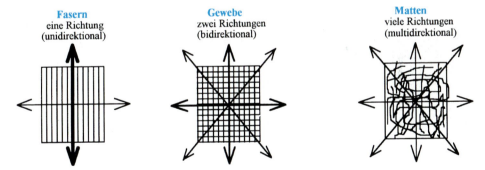

Fasern eine Richtung (unidirektional)

Gewebe zwei Richtungen (bidirektional)

Matten viele Richtungen (multidirektional)

abnehmende Zugfestigkeit im Verbundwerkstoff
abnehmende Richtungsabhängigkeit der Zugfestigkeit

Vergleich zwischen Festigkeit und Elastizität von Faser und Matrix

Aufgaben:

1. Wodurch unterscheiden sich Leichtmetalle von Schwermetallen?
2. Nach welchem Kriterium werden Edelmetalle von den unedlen Metallen unterschieden?
3. Zu welcher Gruppe zählen die natürlichen Werkstoffe?
4. Nach welchen Gesichtspunkten werden die natürlichen Werkstoffe unterteilt?
5. Wie lauten die technischen Gesichtspunkte zur Unterteilung der metallischen Werkstoffe?
6. Was verstehen Sie unter einem Verbundstoff?
7. Nennen Sie die drei Untergruppen der künstlichen Werkstoffe.
8. Benennen Sie die Hauptgruppen der Kunststoffe.
9. Erklären Sie den Begriff Hilfsstoffe.
10. Wie werden die beiden Komponenten der Verbundwerkstoffe allgemein bezeichnet?
11. Welche Vorteile bieten die Verbundwerkstoffe im Vergleich zu anderen Werkstoffen?
12. Beschreiben Sie den Einfluss der Orientierung der Fasern bei den Verbundwerkstoffen.
13. Suchen Sie in Ihrem Klassenzimmer nach Verbundwerkstoffen und ermitteln Sie die Komponenten. (Z. B. Beton besteht aus ...)
14. In vielen Polymeren sind Verbundwerkstoffe enthalten. Beschreiben Sie kurz den Aufbau von Verbundwerkstoffen.
15. Erläutern Sie die Begriffe Matrix, Laminat und Roving bei Verbundwerkstoffen.
16. Worin liegen die beiden wesentlichen Unterscheide der Verbundwerkstoffe Roving, Matte und Gewebe?

1.2 Eigenschaften der Werkstoffe

Für den Techniker ist die Kenntnis der Werkstoffeigenschaften sehr wichtig. Dieses Wissen ist zur Konstruktion, zur Herstellung und zur Reparatur von Maschinen und Vorrichtungen unerlässlich.

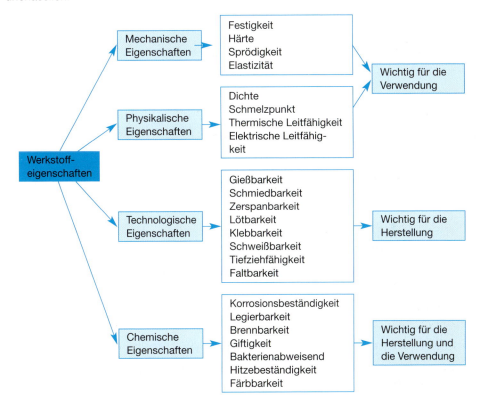

Einteilung der Werkstoffeigenschaften

Beispiele zu Werkstoffeigenschaften

Werkstoff Eigenschaften	Physikalische Eigenschaften	Technologische Eigenschaften	Chemische Eigenschaften
Kupfer	gute thermische Leitfähigkeit	gut spanlos verformbar durch Biegen und Falzen gut lötbar	korrosionsbeständig
Edelstahl	Festigkeit Elastizität Härte	spanlos verformbar durch Pressen und Prägen, polierbar	korrosionsbeständig bakterienabweisend
Kunststoff	Festigkeit Elastizität geringe Dichte	spanlos herstellbar durch Spinnen, Recken, Flechten	witterungsbeständig verrottungsfest (korrosionsbeständig)
Aluminium-legierungen	Festigkeit Dauerschwingfestigkeit geringe Dichte	gut spanend verformbar durch Fräsen, Drehen, Bohren	korrosionsbeständig

Begriffsklärungen der mechanischen Eigenschaften

Festigkeit
Die Festigkeit bezeichnet den Widerstand eines Werkstoffs gegen eine Verformung infolge äußerer Krafteinwirkung und ist der Kennwert für die Belastung eines Werkstoffes.
Die äußere Krafteinwirkung (Belastung) erzeugt im Werkstoff Spannungen (Beanspruchung).

$$\text{Festigkeit} = \frac{\text{Kraft}}{\text{Querschnittsfläche}} \text{ in N/mm}^2 \qquad \sigma = \frac{F}{S_0}$$

F Kraft in N σ Spannung in N/mm² S_0 Querschnittsfläche in mm²

Beispiel: Beispiel: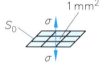

Die Querschnittsfläche wird nach DIN 50145 mit S_0 und nicht mit dem Buchstaben A gekennzeichnet, wie dies in der Physik gebräuchlich ist.

Dichte
Die Dichte bezeichnet die Masse eines Körpers je Volumeneinheit.

$$\text{Dichte} = \frac{\text{Masse}}{\text{Volumen}} \text{ in } \frac{\text{kg}}{\text{dm}^3} \qquad \varrho = \frac{m}{V}$$

ϱ Dichte in kg/dm³ m Masse in kg V Volumen in dm³

Elastizität
Die Elastizität kennzeichnet das Verhalten eines Werkstoffs, der nach Belastung wieder seine ursprüngliche Form einnimmt.

Härte
Die Härte bestimmt den Widerstand eines Werkstoffes gegen das Eindringen eines anderen Werkstoffs in seine Oberfläche.

Sprödigkeit
Die Sprödigkeit ist die Eigenschaft eines Werkstoffs unter Belastung zu brechen, ohne sich vorher geringfügig zu verformen.

Korrosionsbeständigkeit
Die Korrosionsbeständigkeit der Werkstoffe verhindert die Reaktion eines Werkstoffes mit seiner Umgebung. Veränderungen im Werkstoff, die zu Schäden bzw. Beeinträchtigungen führen können, werden verhindert. Die Korrosionsbeständigkeit wird durch eine homogene, reine und glatte Oberfläche der Werkstoffe gesteigert.

1.3 Charakteristische Eigenschaftsmerkmale von Werkstoffgruppen

Metalle

Die Metalle verfügen über eine gute Festigkeit, Dehnbarkeit, Verformbarkeit, Verfestigungsvermögen und weisen einen kristallinen Aufbau auf. Sie sind gekennzeichnet durch eine gute Leitfähigkeit von Schall, Wärme und elektrischem Strom. Charakteristisch ist ihr metallischer Glanz an der Schnittfläche und außer Kupfer und Gold ihre weiße Farbe. Nachteilig ist ihre Unbeständigkeit gegenüber Säuren und ihr Korrosionsverhalten.

Halbleiter

Halbleiter besitzen einen kristallinen Aufbau. Sie sind im reinen Zustand und bei tiefen Temperaturen elektrisch nicht leitend. Ihre Leitfähigkeit steigt aber bei Temperaturerhöhung, Belichtung oder Dotierung mit Fremdatomen deutlich an.

Keramische Werkstoffe

Die keramischen Werkstoffe verfügen über eine amorphe (gestaltlose) Struktur, eine geringe Duktilität (Geschmeidigkeit) und große Härte. Sie wirken gegen Wärme, Schall und elektrischen Strom als Isolatoren. Sie sind verschleißfest und beständig gegenüber Chemikalien, Wärme und Feuer. Ihre geringe Bruchfestigkeit bei nicht statischer Last ist durch die hohe Druckfestigkeit und geringe Zugfestigkeit bedingt. Bei ruhender Last sind sie aber sehr bruchfest.

Kunststoffe

Zu den hervorstechendsten günstigen Eigenschaften der Kunststoffe gehören geringe Dichte, gutes elektrisches Isoliervermögen, ausgezeichnete Beständigkeit gegen Chemikalien- und Witterungseinflüsse, geringe Wärmeleitfähigkeit und gute mechanische Eigenschaften.
Nachteilige Eigenschaften sind geringe Wärmebeständigkeit, niedriger Elastizitätsmodul[5], Zeitabhängigkeit der mechanischen Eigenschaftswerte (Kriechen) und problematische Abfallbeseitigung.

Verbundwerkstoffe

Die Verbundwerkstoffe sollen die günstigen Eigenschaften mehrerer Werkstoffe in einem Werkstoff vereinigen.
So verbinden faserverstärkte Kunststoffe gute mechanische Eigenschaften mit niedrigem Gewicht.
Faserverstärkte, keramische Werkstoffe besitzen eine erheblich höhere Festigkeit, Zähigkeit und Temperaturbeständigkeit gegenüber reinen keramischen Werkstoffen. Verbundwerkstoffe ermöglichen Konstruktionen, die mit herkömmlichen Werkstoffen (Metallen, Holz, Steine, ...) nicht ausführbar wären.

---

[5] Elastizitätsmodul ist das Maß für den Widerstand eines Werkstoffes bei elastischer Verformung.

Werkstoffstruktur und Werkstoffeigenschaften (Tabellarische Übersicht)

	Grundbausteine			Halbleiter
Grundbausteine	Metallatome			Halbmetallatome
Vorkommen	Wolframtyp	Kupfertyp	Magnesiumtyp	Silicium, Germanium, Arsen, Selen
Anordnung der Bausteine	krz kubisch raumzentriert	kfz kubisch-flächenzentriert	hd hexagonal	z. B. Siliciumkristallgitter (Schema)
Gitterstruktur	kristallin (regelmäßig)			kristallin (regelmäßig)
Bindungsart	Metallbindung Metallkationen im „Elektronengas"			Atombindung (Elektronenpaarbindungen)
Bindungskräfte	weniger stark			schwach
Störungen (gewollt, ungewollt)	Unregelmäßigkeiten im Raumgitter, Versetzungen, Leerstellen, Einlagerung von Fremdatomen			Einlagerung von Fremdatomen (Dotieren), Eigenleitung
Resultierende Eigenschaften	Erhöhung bzw. Verminderung der Zugfestigkeit, der elektrischen Leitfähigkeit, der Härte, der Verformbarkeit			Temperaturabhängigkeit und Erhöhung der elektrischen Leitfähigkeit

---

[6] derivare (lat.): ableiten: Derivate sind chemische Verbindungen, die sich aus einer anderen Verbindung darstellen lassen. Einzelne Atome bzw. Atomgruppen können unter Beibehaltung der Grundstruktur durch andere ersetzt werden.

Keramische Werkstoffe		Kunststoffe		
Metall- und Nichtmetallionen		Makromoleküle		
Alkali-, Erdalkali-, Erdmetalloxide Siliciumdioxide		Kohlenwasserstoffderivate[6]		
z. B. Quarzglas	z. B. Fensterglas	Thermoplast	Elast	Duromer
kristallin (regelmäßig)	amorph (unregelmäßig)	amorph (unregelmäßig)		
Mischformen von Ionen- und Atombindungen		Primärbindung (Atombindungen) und Sekundärbindung (z. B. Wasserstoffbrücken)		
sehr stark		schwach bis stark		
Einlagerung von Fremdatomen Netzwerkwandler, Mikrofehler in der Oberfläche		Einlagerung von Zusatzstoffen (Weichmacher, Füllstoffe, Fasern), Recken, Schäumen		
Gegenseitiges Verschieben der Atomlagen ist nicht möglich. Geringe Zugfestigkeit, hohe Druckfestigkeit, wasserabstoßend, geringe Verformbarkeit, Veränderung der Temperaturbeständigkeit		Lange Fadenmolekülketten lassen sich gegenseitig besser bzw. nicht mehr verschieben. Je nach Vernetzungsgrad ist der Polymer elastisch bis starr. Geringe bis sehr große Zugfestigkeit, wasserabstoßend, Temperaturabhängigkeit bzw. Temperaturbeständigkeit		

2 Prüfmethoden zur Bestimmung von Werkstoffeigenschaften

Eigenschaften und ihre Prüfung

Für den praktischen Einsatz von Werkstoffen ist die Kenntnis ihrer mechanischen Eigenschaften von besonderer Bedeutung. Qualitative Aussagen über Werkstoffeigenschaften werden mit standardisierten Prüfverfahren ermittelt.

Die Prüfung der Stoffe wird allgemein Materialprüfung genannt. Sie ist ein Bereich der Werkstoffprüfung. Die Gesamtheit der Verfahren zur Prüfung von Werkstoffen heißt Werkstoffprüfung.

Möglichkeiten der Werkstoffprüfung

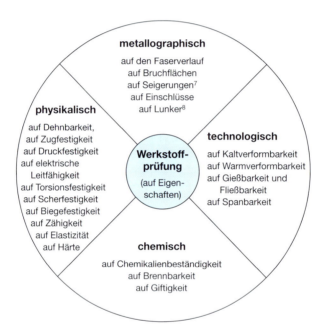

Aufgaben der Werkstoffprüfung

- Fertigungsüberwachung: Prüfung des Werkstoffes bei der Fertigung von Werkstücken,
- Abnahmeprüfung: Nachweis der geforderten Werkstoffeigenschaften am Werkstück durch den Hersteller gegenüber dem Kunden,
- Überwachung: Prüfung des Werkstoffs im Werkstück, während seines Gebrauchs,

---

[7] Seigerungen (saiger bergmännisch: senkrecht) sind örtliche Häufungen von Legierungselementen oder Verunreinigungen. Sie entwickeln sich durch Entmischungsvorgänge beim Erstarren aus homogenen Metallschmelzen.

[8] Lunker sind Schrumpfhohlräume in Gussblöcken und Gussstücken. Sie entstehen beim ungleichmäßigen Erstarren.

II Prüfmethoden zur Bestimmung von Werkstoffeigenschaften

- Schadensuntersuchung: Aufzeigen der Ursachen für das Versagen von Werkstoffen beim Gebrauch von Werkstücken,
- Werkstoffforschung: Test der Eigenschaften neuentwickelter Werkstoffe und des Verhaltens der Werkstoffe gegenüber bestimmten Beanspruchungen.

Die Werkstoffprüfung dient sowohl der laufenden Qualitätssicherung bzw. -überwachung der Werkstoffe und Erzeugnisse bei ihrer Herstellung als auch zur Verhinderung von Schadensfällen während ihres betrieblichen Einsatzes. Wurden Schadensfälle nicht rechtzeitig erkannt, wird die Werkstoffprüfung zur Erforschung der Versagensursache herangezogen.

Mit Hilfe von Prüfverfahren werden Werkstoffkennwerte ermittelt. Diese Aussagen über Eigenschaften wie Härte, Festigkeit und Verformbarkeit ermöglichen die Beurteilung neu entwickelter Werkstoffe.

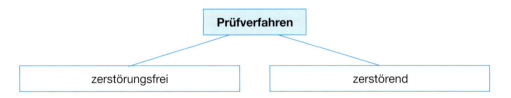

zerstörungsfrei	zerstörend
Das Werkstück ist nach der Prüfung bei Erfüllung der Kriterien in seinen Gebrauchseigenschaften nicht beeinträchtigt. z. B. Endkontrolle	Das Werkstück ist nach der Ermittlung der zu prüfenden Eigenschaft nicht mehr zu gebrauchen. Es ist zerstört. z. B. Qualitätskontrolle, Crashtest, Zugversuch

2.1 Zugversuch nach DIN 50145

Der Zugversuch vermittelt anschaulich das Spannungs-Dehnungsverhalten bei Zugbeanspruchung. Er erteilt Auskunft über Zugfestigkeit, Dehnbarkeit und Elastizität eines Werkstoffs.

Bei dieser Prüfung wird ein genormter Prüfkörper (auch Proportionalstab nach DIN 50125) in einer Zugmaschine bis zu einer bestimmten Dehnung, bzw. bis zum Bruch, gestreckt. Die Anfangsmesslänge der Zugprobe ist ihrem Anfangsdurchmesser proportional.

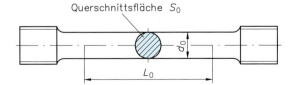

$L_0 = 5\,d_0$
für den kurzen Proportionalstab

$L_0 = 10\,d_0$
für den langen Proportionalstab

Prüfkörper

Zugversuch nach DIN 50145

Die Universalprüfmaschine erlaubt Zug-, Druck- und Biegeversuche.

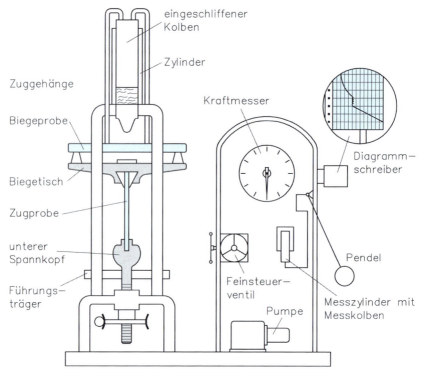

Zugmaschine (Prinzip)

Im Zugversuch werden u. a. die mechanischen Kenngrößen Zugfestigkeit und Streckgrenze bestimmt.
Werden die Spannungen als Kennwerte des Zugversuchs ermittelt, so sind diese mit dem Formelbuchstaben *R* und einem Index zu versehen.

> **Die maximal erreichbare Zugspannung heißt Zugfestigkeit R_m.**

Die **Dehnung** ε ist durch den Quotienten von Verlängerung ΔL und Anfangsmesslänge L_0 definiert und wird in Prozent angegeben. Sie ist damit unabhängig von den Abmessungen der Probe.

$$\text{Dehnung} = \frac{\text{Längenänderung}}{\text{Anfangsmesslänge}} \cdot 100\ \% \quad \text{bzw. Dehnung} = \frac{\text{Messlänge} - \text{Anfangsmesslänge}}{\text{Anfangsmesslänge}} \cdot 100\ \%$$

$$\varepsilon = \frac{\Delta L}{L_0} \cdot 100\ \% \quad \text{bzw. } \varepsilon = \frac{L - L_0}{L_0} \cdot 100\ \%$$

ε Dehnung in %
ΔL_r Längenänderung in mm
L_0 Anfangsmesslänge in mm
L Messlänge in mm

Elastizitätsmodul (*E*-Modul)
Der Anfangsbereich der Spannungs-Dehnungskurve (im Bereich der elastischen Verformung) liefert eine weitere charakteristische Werkstoffkenngröße, den Elastizitätsmodul *E*.

$$E = \frac{\sigma}{\varepsilon} \cdot 100\ \%\ \text{in}\ \frac{N}{mm^2}$$

σ Spannung in N/mm^2 $\quad$ ε Dehnung (im elastischen Bereich) in %

> **Der E-Modul ist ein Maß für die Steifigkeit des Werkstoffs und wird experimentell aus der Steigung ermittelt. Je kleiner der E-Modul, desto elastischer ist der Werkstoff.**
> **Das Hooke'sche Gesetz gilt nur im Bereich der elastischen Verformung.**

Werkstoffgruppe	Werkstoffe	E-Modul in N/mm^2
Metalle	Wolfram Stahl Titanlegierungen Gusseisen GG Al-Legierungen Aluminium	410000 200000 bis 210000 110000 80000 bis 130000 60000 bis 80000 71000
Keramische- werkstoffe	Diamant Aluminiumoxid Glas Beton	1000000 300000 bis 400000 75000 15000 bis 40000
Kunststoffe	PS Polysterol Epoxidharze PVC Polyvinylchlorid	3000 bis 3500 2000 bis 3000 1000 bis 2000
Verbund- werkstoffe	CFK GFK	70000 bis 270000 10000 bis 45000

Faustregel:
Gusseisen ist 2-mal, Aluminium und Glas sind 3-mal so elastisch wie Stahl.

Werkstoffkennwerte im Spannungs-Dehnungs-Diagramm

Zur besseren Vergleichbarkeit der Werkstoffkennwerte wird in der Praxis das Spannungs-Dehnungs-Diagramm verwendet. Es lässt sich aus dem Kraft-Verlängerungs-Diagramm ableiten.

Zugversuch nach DIN 50145

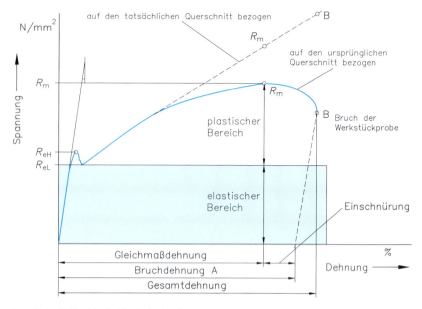

Die Gerade unterhalb R_{eL} ist die Hooke'sche Gerade

Spannungs-Dehnungs-Diagramm eines unlegierten Stahls

Werkstoffkennwerte aus dem Spannungs-Dehnungs-Diagramm:

Spannungswerte in N/mm²		
Formelzeichen	**Benennung**	**Formel**
R_P	**Proportionalitätsgrenze** Bis zu diesem Punkt sind Spannung und Dehnung zueinander proportional (Hooke'sches Gesetz)	–
$R_{P\,0,01}$	**Elastizitätsgrenze (Technische Dehngrenze)** Die Spannung bei einer bleibenden Dehnung von 0,01 % ist die Elastizitätsgrenze. R_P und $R_{P\,0,01}$ werden in der Regel nicht ermittelt, weil der technische Aufwand ungerechtfertigt hoch wäre.	–
$R_{P\,0,2}$	**Dehngrenze** Spannungswert mit einer bleibenden Dehnung von 0,2 %. Sie entspricht in etwa R_{eH}.	–
R_{eH}	**Obere Streckgrenze (Fließgrenze)** Spannungswert, an dem mit zunehmender Dehnung die Spannung erstmals gleichbleibt oder fällt. (F_s Kraft an der Fließgrenze)	$R_{eH} = \dfrac{F_s}{S_0}$
R_{eL}	**Untere Streckgrenze** Beginn der plastischen Verformung. (F_{eL} = Kraft an der unteren Streckgrenze). Der Werkstoff verhält sich zwischen den Streckgrenzen (R_{eH} und R_{eL}) plastisch, wird matt und rauh. Im Druckversuch wird dieser Bereich auch Quetschgrenze genannt.	–
R_e	Die **Streckgrenze** kennzeichnet die Spannung, bei der die Zugspannung mit zunehmender Verlängerung erstmals gleichbleibt oder abfällt. Bei einem wesentlichen Abfall der Zugspannung wird zwischen der oberen Streckgrenze R_{eH} und der unteren Streckgrenze R_{eL} unterschieden.	–
R_m	**Maximale Zugfestigkeit** Beginn der Einschnürung. Der Bruch der Probe zeichnet sich ab.	$R_m = \dfrac{F_m}{S_0}$

Kräfte in N

Formelzeichen	Benennung	Formel
F_s	**Kraft an der Fließgrenze** Erstes Absinken der Kraft; entspricht der Kraft an der oberen Streckgrenze.	$F_s = R_{eH} \cdot S_0$
F_{eL}	**Kraft an der unteren Streckgrenze** Erneutes Ansteigen der Kraft; entspricht der Kraft an der unteren Streckgrenze.	–
F_m	**maximale Zugkraft** Höchste angelegte Kraft, während des Zugversuchs.	$F_m = R_m \cdot S_0$

Querschnittsflächen in mm²

Formelzeichen	Benennung	Formel
S, S_0	Anfangsquerschnittsfläche der Zugprobe	–
S_u	Bruchfläche der Zugprobe (kleinster Probenquerschnitt)	–

Versuchswerte

Formelzeichen	Benennung	Formel
Z	**Brucheinschnürung** Bleibende Querschnittsänderung bezogen auf S_0 nach dem Bruch der Zugprobe.	$Z = \dfrac{S_0 - S_u}{S_0} \cdot 100\,\%$
A	**Bruchdehnung (maximale Dehnung)** Bleibende Verlängerung $\Delta L_r = L_u - L_0$, bezogen auf die Anfangsmesslänge L_0 der Probe nach dem Bruch (L_0 Anfangsmesslänge, L_u Messlänge nach dem Bruch). Zum Vergleich der Proben wird die Bruchdehnung mit einem Index versehen: A_5 für den kurzen Proportionalstab A_{10} für den langen Proportionalstab. Brucheinschnürung und Bruchdehnung sind Anhaltspunkte für das Überschlagen der Sicherheit gegen das Brechen der Werkstoffe bei Überbeanspruchung.	$A = \dfrac{L_r}{L_0} \cdot 100\,\%$ $A = \dfrac{L_u - L_0}{L_0} \cdot 100\,\%$

Spannung: $\quad \sigma = \dfrac{F}{S_0} \qquad$ Dehnung: $\quad \varepsilon = \dfrac{\Delta L}{L_0} \cdot 100\,\% \qquad \varepsilon = \dfrac{L - L_0}{L_0} \cdot 100\,\%$

Fließgrenze: $\quad R_{eH} = \dfrac{F_s}{S_0} \qquad$ Brucheinschnürung: $\quad Z = \dfrac{S_0 - S_u}{S_0} \cdot 100\,\%$

Zugfestigkeit: $\quad R_m = \dfrac{F_m}{S_0} \qquad$ Bruchdehnung: $\quad A = \dfrac{\Delta L_r}{L_0} \cdot 100\,\% \qquad A = \dfrac{L_u - L_0}{L_0} \cdot 100\,\%$

Zugversuch nach DIN 50145

Spannungs-Dehnungs-Diagramm eines Baustahls

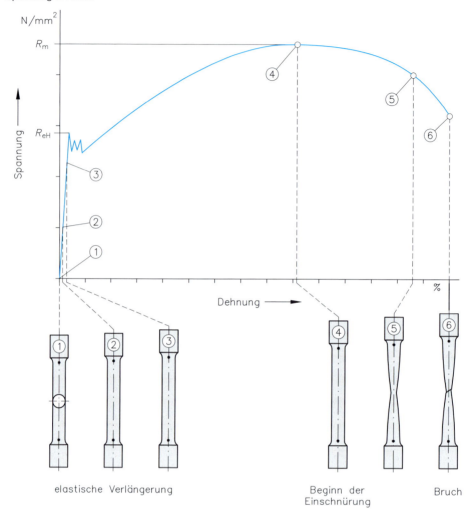

elastische Verlängerung — Beginn der Einschnürung — Bruch

Streckgrenzen und Dehngrenzen

$$\text{Streckgrenzenverhältnis} = \frac{R_{eH}}{R_m} = \frac{\text{Streckgrenze}}{\text{Zugfestigkeit}}$$

Beispiel:
Das Streckgrenzenverhältnis beträgt für Baustahl 0,5 und für vergüteten Stahl 0,9.

Das Streckgrenzenverhältnis ist das Maß für die Verfestigung und Einsetzbarkeit von Metallen.

Werkstoff mit unstetigem Übergang	Werkstoff mit stetigem Übergang
	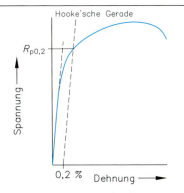
Bei **weichen Werkstoffen** (z. B. Baustahl) ergibt sich eine obere und untere Streckgrenze im Spannungs-Dehnungs-Diagramm. Man spricht von einem *unstetigen Übergang* vom elastischen zum plastischen Bereich. Deshalb werden hier die Streckgrenzen (R_{eH}, R_{eL}) ermittelt.	Bei **harten Werkstoffen** (z. B. vergütete oder legierte Stähle) erfolgt ein *stetiger Übergang*. Eine merkliche Dehnung tritt ohne Spannungsabfall auf. Darum wird bei harten Werkstoffen die Dehngrenze $R_{p\,0,2}$ bestimmt.

Dehngrenze $R_{P\,0,2}$

Spannungswert mit einer bleibenden Dehnung von 0,2 %. Sie entspricht in etwa R_{eH}. Beim Zugversuch darf zur Bestimmung der 0,2 %-Dehngrenze die Spannungsänderung je Sekunde nicht größer als 30 N/mm² werden.

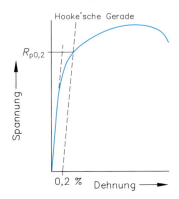

Um die 0,2 %-Dehngrenze zu ermitteln, wird im Spannungs-Dehnungs-Diagramm eine Parallele zur Hooke'schen Geraden im Abstand von 0,2 % Dehnung gezogen. Der Schnittpunkt mit der Spannungs-Dehnungskurve ergibt den Spannungswert der Dehngrenze $R_{P\,0,2}$.

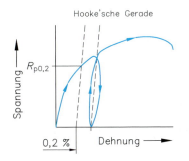

Ist die Hooke'sche Gerade (Dehnung nur im elastischen Bereich) sehr kurz (d. h. eine exakte Gerade ist nicht zu erkennen), wird die Zugprobe nach erkennbarem Überschreiten der Dehngrenze entlastet und erneut belastet. Das Schreibgerät zeichnet dabei eine Schleife, deren Mittellinie eine Parallele zur Hooke'schen Geraden darstellt. Diese Hilfslinie dient nun zur Bestimmung der Dehngrenze.

Aufgaben:

1. Welche Werkstoffkennwerte trennen beim Zugversuch den elastischen vom plastischen Bereich?

2. a) Was bedeutet stetiger bzw. unstetiger Übergang im Spannungs-Dehnungs-Diagramm?
   b) Was wird hier bestimmt?
   c) Um welche Werkstoffe handelt es sich mit stetigem bzw. mit unstetigem Übergang im Spannungs-Dehnungs-Diagramm?

3. Ein kurzer Proportionalstab ergab im Zugversuch folgende Werte:
   Ausgangslänge: $L_0 = 40$ mm
   Bruchlänge: $L_u = 50{,}3$ mm
   Kraft beim Bruch: $F_m = 36$ kN
   Kraft an der Fließgrenze: $F_s = 22{,}3$ kN
   Querschnittsfläche am Bruch: $S_u = 43{,}6$ mm²

   Ermitteln Sie: Ausgangsdurchmesser, Zugfestigkeit, Bruchdehnung, Fließgrenze und Einschnürung.

4. In welchem Bereich des Spannungs-Dehnungs-Diagramms gilt das Hooke'sche Gesetz?

5. Welche Bedeutung haben Bruchdehnung und Brucheinschnürung eines Werkstoffes für den Techniker?

2.2 Härteprüfung

Die Härteprüfung als technisch objektives Prüfverfahren ermittelt:
- Anhaltswerte für den Widerstand gegen das Eindringen eines anderen Körpers,
- Anhaltswerte für die Zerspanbarkeit;
- das Laufverhalten von Lagerwerkstoffen,
- das Verhalten bei Beanspruchung durch Verschleiß.

Je nach Art oder Zustand des Werkstoffes werden drei Härteprüfverfahren (Brinell-, Vickers- und Rockwellhärteprüfung) angewendet.

Härteprüfung nach Rockwell (DIN 50103)

Bei den Verfahren nach Rockwell wird ein Diamantkegel mit dem Spitzenwinkel von 120° (HRC, HRA), bzw. eine gehärtete Stahlkugel (HRB, HRF), unter Prüfvorkraft F_0 (98 ± 2 N) auf das Prüfstück gedrückt. Die Messuhr wird nun auf Null gestellt. Die mit F_0 erreichte Eindringtiefe t_0 stellt eine sichere Basis für die Härteprüfung dar, weil die Unebenheiten des Prüfstücks und ein mögliches Spiel im Prüfgerät ausgeschaltet werden.
Als zweiter Schritt wird die Prüfkraft F_1 aufgetragen (die Größe richtet sich nach Art der Prüfung). Der Prüfstempel dringt nun um die Tiefe t_1 weiter in das Prüfstück ein.
Als dritter Schritt wird die Prüfkraft F_1 entfernt. Der Zeiger der Messuhr geht nun von der Eindringtiefe t_1 auf die verbleibende Eindringtiefe t_b zurück. Je weiter der Prüfstempel in den Prüfkörper eindringt, desto weicher ist dieser.

Auf Grund von Erfahrungen wurde die maximale Eindringtiefe mit 0,200 mm festgelegt und in 100 gleiche Abschnitte zu je 0,002 mm unterteilt. Jeder Abschnitt ist als eine Rockwellhärteeinheit definiert. Eine Eindringtiefe t_b von 0,200 mm entspricht Null Rockwellhärteeinheiten, bei t_b = 0,000 mm entspricht dies 100 Rockwellhärteeinheiten.

Somit ergibt sich die Formel zur Berechnung der Rockwellhärte:

$$\text{Rockwellhärte} = 100 - \frac{\text{verbleibende Eindringtiefe } t_b}{0,002 \text{ mm}} \quad \text{x HRC} = (100 - 500 \cdot t_b) \text{ HRC}$$

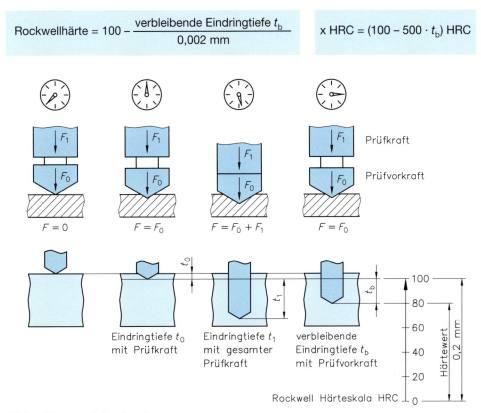

Härteprüfung nach Rockwell

Beispiel:
Wenn der Prüfkegel nach Abnehmen der Prüfkraft F_1 um 0,04 mm (verbleibende Eindringtiefe t_b) in die Probe eingedrungen ist, fehlen noch 0,16 mm an der maximalen Eindringtiefe. Somit ergibt sich der Härtewert 80 HRC.

$$\text{x HRC} = \left(100 - \frac{0,04 \text{ mm}}{0,002 \text{ mm}}\right) \text{HRC} = 80 \text{ HRC} \quad \text{oder} \quad \text{x HRC} = (100 - 500 \cdot 0,04) \text{ HRC} = 80 \text{ HRC}$$

Härteprüfung nach Brinell – Belastungsgrade

Bei der Brinellhärteprüfung muss die Prüfkraft so groß gewählt werden, dass die gehärtete Stahlkugel (Prüfstempel) einen Eindruckdurchmesser von $d = 0,2 \cdot D$ bis $d = 0,7 \cdot D$ bewirkt. Für weichere Werkstoffe muss deshalb die aufgebrachte Prüfkraft geringer sein als bei här-

Härteprüfung

teren. Die Prüfkraft berechnet sich aus dem Belastungsgrad α und dem Kugeldurchmesser D. Genormte Prüfstempel haben die Kugeldurchmesser 1; 2,5; 5; 10 mm und richten sich nach der Probendicke.

$$\text{Kraft} = \frac{\text{Belastungsgrad} \cdot \text{Kugeldurchmesser}}{0{,}102} \text{ in N} \qquad F = \frac{\alpha \cdot D^2}{0{,}102}$$

F Kraft in N α Belastungsgrad in N/mm² D Kugeldurchmesser in mm

Werkstoff	Belastungsgrad α	Härtemessbereich HB
Stahl und Gusseisen	30	67 bis 450
Nichteisenmetalle und ihre Legierungen	10	22 bis 315
Aluminium und Zink	5	11 bis 158
Lagermetalle	2,5	6 bis 78
Blei und Zinn	1,5	3 bis 39

Vergleich von Härtewerten und Belastungsgraden der Brinellhärte:

Werkstoff	Stahl	Grauguss		Kupfer und seine Legierungen			Leichtmetalle und ihre Legierungen			Blei Zinn
Härtewerte	–	<140	140	<35	35 bis 200	>200	<55	55 bis 130	>130	–
Belastungsgrad α	30	10	30	5	10	30	2,5 oder 5	10 oder 30	10 oder 30	1 oder 2,5

Beispiel: Härteprüfung einer Kupfer-Zink-Legierung:
Prüfkugel aus Hartmetall mit D = 5 mm, Belastungsgrad α = 10, Einwirkzeit t = 30 s; Als Prüfkraft errechnet sich F = 2451 N. Beträgt der Eindringdurchmesser d = 1,6 mm, entspricht dieses nach Tabelle oder Rechnung einer Brinell-Härtevergleichszahl von 121. Schreibweise: **121 HBW5/250/30**.

Härteprüfung nach Vickers – Prüfbereiche

Die Vickershärteprüfung verwendet einen kleinen pyramidenförmigen Diamantkegel als Prüfstempel. Sie gliedert sich in Abhängigkeit der aufgewendeten Prüfkraft in drei Bereiche:

Bereich	Prüfkraft in N
Makrobereich	49,03 bis 980,7
Kleinlastbereich	1,961 kleiner bis 49,03
Mikrobereich	kleiner 1,961

Die verwendeten Prüfkräfte sind im Makro- und Kleinlastbereich abgestuft und werden durch die Prüfbedingungen gekennzeichnet.

Kleinlastbereich		Makrobereich	
Prüfbedingung	Prüfkraft F in N	Prüfbedingung	Prüfkraft F in N
HV 0,2	1,961	HV 5	49,03
HV 0,3	2,942	HV 10	98,07
HV 0,5	4,903	HV 20	196,1
HV 1	9,807	HV 30	294,2
HV 2	19,61	HV 50	490,3
HV 3	29,42	HV 100	980,7

Die Probendicke soll mindestens das 1,5-fache der Eindringtiefe betragen.

Der Härtewert kennzeichnet die Prüfbedingungen

Die eindeutige Angabe einer Härteprüfung setzt sich aus dem Härtewert und den Kennzeichen für die Prüfbedingungen zusammen. Der Härtewert steht vor den Angaben der Prüfbedingungen.

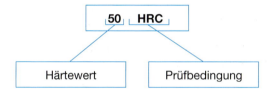

- Rockwellhärte

Prüfbedingungen			
Kurzzeichen des Prüfverfahrens HRC	Prüfkörper Kegel 120° (engl. cone) Werkstoff: Diamant	Kurzzeichen des Prüfverfahrens HRB	Prüfkörper Kugel (engl. ball) Ø 1,59 mm Werkstoff: gehärteter Stahl

Beispiel für eine normgerechte Angabe der Härte:

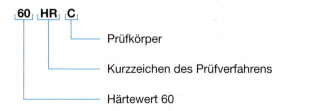

HRC: Rockwell-C-Verfahren
HRB: Rockwell-B-Verfahren

Härteprüfung

- **Brinellhärte**
  Beispiel:
  Normgerechte Angabe der Härteprüfung (Werkstoff C60)

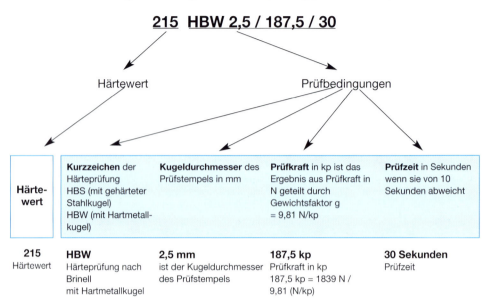

- **Vickershärte**
  Beispiel:
  Normgerechte Angabe der Härteprüfung nach Vickers

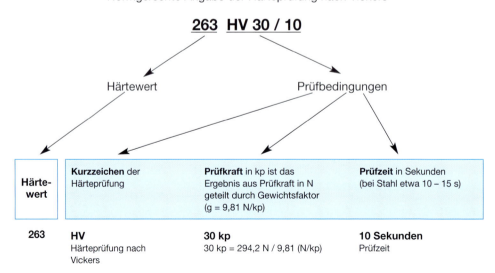

Härteprüfverfahren im Vergleich

Verfahren	Brinell	Vickers	Rockwell
Normung	DIN 50351	DIN 50133	DIN 50103
Kurzzeichen mit Prüfstempel	HBW Hartmetallkugel HBS Stahlkugel	HV Diamantpyramide	HRC, HRA Diamantkegel; HRB und HRF gehärtete Stahlkugel
Eindrucksfläche	rund (groß)	rautenförmig (klein)	kegelförmig (klein) rund (sehr klein)
Messung	mittlerer Durchmesser	Mittelwert der Diagonalen	verbleibende Eindringtiefe
Härtewert	indirekt ermittelt aus Tabelle	indirekt ermittelt aus Tabelle	direkte Anzeige des Härtewertes
Vorkraft	keine	keine	98 ± 2 Newton
Prüfkraft	je nach Belastungsgrad α (Tabellenwert)	im Makrobereich 49,03 bis 980,7 N im Kleinlastbereich: 1,961 bis kleiner 49,03 N im Mikrobereich: kleiner 1,961 N	Prüfkräfte für: HRC: 1373 N HRA: 490 N HRB: 883 N HRF: 490 N
Formel[1])	x HB = $0{,}102 \cdot \frac{F}{A}$ HB F = Prüfkraft in N A = Eindruckoberfläche $A = \frac{1}{2} \cdot D \cdot \pi \cdot (D - \sqrt{D^2 - d^2})$	x HV = $0{,}102 \cdot \frac{F}{A}$ HV F = Prüfkraft in N A = Eindruckoberfläche $A = d^2 / 1{,}854$ $1{,}854 = 2 \sin(136°/2)$	x HRC = $(100 - 500 \cdot t_b$ HRC) t_b = verbleibende Eindringtiefe
Oberfläche der Probe	glatt	glatt	unbehandelt
Schema der Härteprüfungen	Härteprüfung nach Brinell (Schema)	Härteprüfung nach Vickers (Schema)	Härteprüfung nach Rockwell (Schema)

[1]) Die Konstante 0,102 wurde eingeführt, um nach der Umstellung auf das SI-System Ergebnisse zu erreichen, die mit den auf der Grundlage des technischen Maßsystems festgestellten Werten vergleichbar sind. Als Beispiel für die Umrechnung 1N = 1/9,81 kp = 0,102 kp.

Verfahren	Brinell	Vickers	Rockwell
Anwendung	Stahl, Grauguss, Blei, Zinn, Kupfer, Kupferlegierungen Leichtmetalle und ihre Legierungen	Dünnwandige Werkstücke aus nitrierten oder einsatzgehärteten, gehärtetem und vergütetem Stahl; Nichteisenmetalle;	HRC, HRA: sehr harte Stoffe, die dicker als 0,5 mm sind; HRB, HRF: weiche Stähle, Messing, kaltgewalzte Bleche, Bronze, Sinterwerkstoffe
Vorteil	genaue, reproduzierbare Werte	Messung dünner Werkstücke fast ohne Beeinträchtigung	direkte Anzeige des Härtewertes
Nachteil	Umrechnung; nicht für harte und weiche Werkstücke	Umrechnung; nicht für weiche Werkstücke	nicht für weiche Werkstücke
Beispiele für Härtewerte	Kupfer, Aluminium: < 50 HB Aluminiumlegierungen: 50 – 100 HB unlegierte Stähle: 100 – 250 HB Wolfram: > 300 HB	640 HV 30 545 HV 1/20	Sinterwerkstoff: 40 HRB durchgehärteter Stahl: 60 HRC Diamant: 100 HRC
weitere Bemerkungen	Zwischen der Brinellhärte und der Zugfestigkeit R_m (max. 1,4 N/mm²) von Stahl besteht eine angenäherte Beziehung: $R_m \approx 3,5 * HB$ in N/mm² Beispiel: R_m bei 200 HB $R_m = 3,5 \cdot 200$ N/mm² $= 700$ N/mm² Grenze der Brinellprüfung: 450 HB Die Prüfkugel hat ca. 700 HB	Eindringtiefe wird optisch vergrößert Brinell entspricht der Vickershärte bis zu einem Wert von 300 HV	1 HRC = 0,002 mm Eindringtiefe t_b 1 HRB ≈ 10 HV 1 HRC ≈ 100 HV
Erfinder	J. August Brinell (1849-1925) schwedischer Ingenieur	Das Vickers-Härteprüfverfahren wurde von den Engländern R.L. Smith und G.E. Sandland entwickelt und 1925 veröffentlicht. Benannt wurde es nach der Firma Vickers-Armstrong Ltd., Crayford in England, welche als erste ein geeignetes Prüfgerät entwickelten.	Stanley P. Rockwell, amerik. Metalloge, veröffentlichte sein Härteprüfverfahren 1919.
Merke	Die Brinellhärte kann zur überschlägigen Berechnung der Zugfestigkeit benutzt werden.	Die Vickershärte kann zur Härtemessung von weichen und härtesten Materialien verwendet werden.	Die Härteprüfung nach Rockwell zeichnet sich durch einfache und schnelle Durchführung aus. Sie ist aus diesem Grunde gut für die serienmäßige Prüfung von Fertigteilen geeignet.

Aufgaben zur Brinellhärteprüfung:

1. Ein Baustahl wird nach Brinell unter Normalbedingungen auf Härte geprüft.
   a) Wie groß ist die aufgetragene Prüfkraft?
   b) Berechnen Sie den Härtewert, wenn der Eindruckdurchmesser ca. 3,89 mm beträgt.
   c) Wie lautet die vollständige Angabe der Prüfbedingungen der Brinellhärte bei einer Einwirkzeit von 10 Sekunden?
   d) Welche Zugfestigkeit hat der Stahl annähernd?
2. Bei einem Motorgehäuse wurde eine Brinellhärteprüfung mit einer Prüfkraft von 2,5 kN mit einem 5 mm Prüfkugeldurchmesser durchgeführt. Der Eindruckdurchmesser bei einer Einwirkzeit von 30 Sekunden wird mit 1,73 mm gemessen.
   a) Berechnen Sie den Härtewert.
   b) Geben Sie die normgerechte Angabe der Brinellhärte an.
3. Ein Kupferwerkstück weist nach Brinell folgende Prüfbedingungen auf:
   30 HBW 10/5/10. Erläutern Sie die Angaben und ermitteln Sie die Prüfkraft.
4. Für welche Werkstoffarten wird eine Härteprüfung nach Brinell durchgeführt?

Aufgaben zur Vickershärteprüfung:

5. Ein gehärtetes Stahlband mit einer Dicke von 0,5 mm hat eine Härtewert von 700 HV und eine Einwirkzeit von 20 Sekunden.
   a) Welche Prüfkraft wurde gewählt, wenn sie möglichst groß sein sollte?
   b) In welchem Bereich wurde geprüft?
   c) Wie lautet der normgerechte Härtewert der Vickersprüfung?
6. Ein gehärteter Federstahl 66Si7 hat folgende Angaben nach Vickers: 550 HV 50/30. Erläutern Sie die Angaben und ermitteln Sie die Prüfkraft.
7. Erklären Sie den Begriff Härte.
8. Mit einer Prüfkraft von 294,2 N wurde ein Einsatzstahl 16MnCr5 nach Vickers geprüft. Die Länge der Eindruckdiagonalen betrugen auf der Vergrößerung 0,42 mm.
   a) Berechnen Sie den Vickers Härtewert.
   b) Geben Sie die Vickershärte normgerecht an.

Aufgaben zur Rockwellhärteprüfung:

9. Worin bestehen die beiden grundsätzlichen Unterschiede zwischen der Rockwellhärteprüfung einerseits und den Härteprüfungen nach Brinell bzw. Vickers andererseits?
10. a) Berechnen Sie die bleibende Eindringtiefe für den Härtewert HRC 65.
    b) Welche Prüfkraft ist aufgebracht worden?
    c) Welche Form hat der Prüfstempel?
    d) Aus welchem Material ist der Prüfstempel gefertigt?
    e) Um welche Art von Werkstoff kann es sich bei dieser Härteprüfung gehandelt haben?
    f) Wie groß war die gesamte Kraft bei dieser Härteprüfung?
    g) Welcher Härtewert würde sich bei einer Vickershärteprüfung ergeben?
11. Beantworten Sie die Fragen der Aufgabe 10 für einen Härtewert HRB 30.

3 Metallische Werkstoffe

Metallische Werkstoffe verfügen über eine Reihe von Eigenschaften, die sie für den Einsatz im Maschinen-, Apparatebau unentbehrlich machen.

Werkstoffeigenschaften	Beispiele für Werkstoffe
hohe Härte und Festigkeit	Stahl, Titanlegierungen, Duraluminium
gute Verformbarkeit	Aluminium, Kupfer
geringe Dichte	Aluminium, Magnesium, Titan
gute elektrische Leitfähigkeit	Aluminium, Kupfer, Silber, Gold
gute thermische Leitfähigkeit	Aluminium, Kupfer, Stahl
gute Korrosionsbeständigkeit	austenitische Stähle
Schmelzpunkt	Blei, Zinn, Lötwerkstoffe, Wolfram, Molybdän
gute Gleiteigenschaften	Weißmetalle, Bronze, Rotguss
gutes Reflexionsvermögen	Silber, Aluminium
metallischer Glanz	alle Metalle an der Schnittfläche
Ferromagnetismus	Eisen, Nickel, Kobalt

3.1 Zusammenhang der Eigenschaften und Strukturen von Werkstoffen

Das Wissen um die Zusammenhänge zwischen den äußerlich messbaren Eigenschaften eines Werkstoffes und dessen Molekularaufbau[9] (innere Struktur) ermöglicht die optimale Anwendung bekannter und die Entwicklung einer Vielzahl neuer und verbesserter Werkstoffe.

Erst das Entschlüsseln des Molekülaufbaus mit seiner hochkomplizierten Architektur erklärt die großen Unterschiede im Verhalten der Werkstoffe.

Warum ist Fensterglas durchsichtig und spröde? Warum leitet Kupfer den elektrischen Strom, eine Folie aus Polyethylen (PE) aber nicht? Warum werden Brücken aus Stahl und Beton und nicht aus Hochfestfasern im Verbund mit Kunststoffen gebaut? Wann wird der Automotor aus korrosionsfester Keramik Wirklichkeit?

Fragen dieser Art können nur vor dem Hintergrund des atomaren und molekularen Baus der Werkstoffe beantwortet werden.

Die Chemie und Physik besagt, dass sich jedes Material aus einer Ansammlung von Atomen zusammensetzt:

- Im **Metall** lagern sich die Atome mit Metallbindungen zu einfachen Kristallgittern[10] zusammen.
- Die elementaren Baukörper der **keramischen Werkstoffe** bestehen aus Gittern, deren Bindungen ionische und kovalente Anteile aufweisen.
- Die **polymeren**[11] **Werkstoffe (Kunststoffe)** werden der organischen Chemie zugeordnet. Sie bestehen aus den Atomsorten Kohlenstoff, Wasserstoff und Sauerstoff, manchmal auch Stickstoff, Schwefel oder Halogenen, die zu ausgedehnten, kettenförmigen Strukturen zusammengefügt sind, den Makromolekülen[12].

Die Eigenschaften der Werkstoffe ergeben sich aus diesen Grundstrukturen durch planvolles Zusammenfügen zu makroskopischen Festkörpern:

- Bei den **Keramiken** wird ein mikrokristallines[13] Gefüge an den inneren Grenzflächen verkittet.
- Bei den **Kunststoffen** bauen die kleinen Molekülgruppen (Monomere[14]) lange Makromolekülketten auf. Diese „verfilzten", verknäuelten oder vernetzten Molekülketten bilden eine amorphe[15] Grundsubstanz in der z. B. Füllstoffe oder Weichmacher eingelagert werden können.

---

[9] molecula (lat.): kleine Masse
[10] kristallos (gri.): Eis, regelmäßiger Aufbau
[11] polys (gri.): viel, meros (gri.): Teil
[12] makros (gri.): groß, molecula (gri.): kleine Masse
[13] mikros (gri.): klein
[14] mono (lat.): eines; meros (gri.): Teil
[15] amorphie (gri.): Form- bzw. Gestaltlosigkeit

Struktureller Aufbau der Werkstoffe und ihre typischen Vertreter

Gitterstruktur	Darstellung	Beispiele
kristallin		Metall, Salz
teilkristallin	Molekülketten	spezielle Gläser, Polymere
amorph	Calciumion, Siliciumion, Natriumion, Sauerstoffion	keramische Werkstoffe
verknäuelt	verknäulte Molekülketten	Thermoplast (Plastomer)
verzweigt	verzweigte Molekülketten	Elastomer (Elast)
vernetzt	Netzpunkte (Festpunkte), vernetzte Molekülketten	Duromer (Duroplast)

Einteilung der Stoffe auf grund ihrer Atomanordnung:

- **Amorphe Struktur**
  Die Teilchen weisen eine regellose, zufällige Anordnung auf und zeichnen sich durch keinen festen Schmelzpunkt aus, z. B. Glas, Wachs.
- **Kristalline Struktur**
  Die Teilchen sind periodisch gleichmäßig angeordnet, z. B. Metalle

Kristalle

Kristalle sind stoffspezifisch geformte Körper mit natürlicher, ebenflächiger gesetzmäßiger Begrenzung.

Gitterstruktur	kubisch[16]	tetragonal[17]	hexagonal[18]
Darstellung			
Beispiele	Steinsalz, Bleiglanz, Pyrit	Alaun, Magneteisenerz	Zink

Kristalle entstehen:
- beim Eindampfen von Lösungen fester Stoffe,
- beim Abkühlen der heißgesättigten Lösung fester Stoffe,
- und beim Erstarren einer Schmelze.

Die makroskopische Gestalt der Kristalle entsteht durch das Aneinanderfügen kleiner Bausteine, der Elementarzellen.

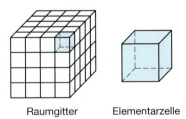

Raumgitter   Elementarzelle

Die regelmäßige Gestalt der Kristalle zeigt, dass sich die kleinsten Teilchen in einer Elementarzelle in einer ganz bestimmten Ordnung aufbauen.

---

[16] kubisch: würfelartig
[17] tetra (gri.): vier, tetragonal: viereckig
[18] hexa (gri.): sechs, hexagonal: sechseckig

3.2 Bindungsarten und Bindungskräfte

Bei den Kristallen werden im Wesentlichen drei Grundtypen von Bindungsarten unterschieden. Diese sollen an den Beispielen von Kochsalz, Diamant und Kupfer erläutert werden. Alle drei Stoffe bilden kubische Kristalle aus.

Beispiele: Bindungsstruktur kubischer Kristallgitter

Bindung	Ionenbindung	kovalente Bindung	Metallbindung
Darstellung	○ Chloranion (1–) Natriumkation (+1)	● Kohlenstoffatome	○ Kupferkationen (2+)
Beispiele	Kochsalz	Diamant	Kupfer

Ionenbindung

Bei der Ionenbindung liegen die Bindungspartner (Atome, Moleküle) als Ionen[19] (elektrisch geladene Teilchen) vor. Durch Elektronenabgabe der Atome oder Moleküle entstehen Kationen (positiv geladene Ionen), durch die Aufnahme von Elektronen bilden sich Anionen (negativ geladene Ionen). Kationen[20] und Anionen[21] sind durch ihre ungerichtete elektrostatische Wechselwirkung (vgl. Gesetz der Ladungen: Ungleichnamige Ladungen ziehen sich an) zu einem Teilchenverbund mit räumlich periodischer Anordnung der Bausteine auf Gitterplätzen fixiert.

Ein einfaches Beispiel für einen aus Ionen aufgebauten Festkörper ist der Kochsalzkristall (Na⁺Cl⁻). Hier sind die Natrium-Kationen und die Chlor-Anionen in einem kubischen Ionengitter angeordnet.

Foto eines Kochsalzkristalls (NaCl)

---

[19] ion (gri.): Wanderer
[20] kata (gri.): hinab, hodos (gri.): Weg; Der Strom fließt (technisch) vom positiven zum negativen Pol gewissermaßen hinab.
[21] ana (gri.): hinauf, hodos (gri.): Weg

> Stoffe mit einer Ionenbindung heißen Salze. Sie sind hart und spröde. Die Ionenbindung beruht auf der Abgabe und Aufnahme von Elektronen. Alle Verbindungen mit Ionenbindungen haben salzartigen Charakter.

Kovalente Bindungen (Atombindungen)

Zur kovalenten[22] Bindung tragen beide Bindungspartner Elektronen bei. Deshalb heißt die kovalente Bindung aus **Elektronenpaarbindung** (gemeinsame Elektronenpaare, Überlappung der Orbitale). Bei der kovalenten Bindung zwischen gleichen Atomen liegt eine symmetrische Verteilung der Elektronenpaare vor. Dies ist die **unpolare Bindung**, da es zu keiner Ladungsverschiebung kommt.

Als Beispiel für einen kristallinen Festkörper sei der Diamant genannt. Bei ihm sind die Bausteine über ein Netzwerk kovalenter Bindungen miteinander verknüpft. Jedes Kohlenstoffatom ist über vier tetraedisch ausgerichtete Elektronenpaarbindungen mit vier Nachbarkohlenstoffatomen verbunden. So ergibt sich ein kubischer Kristall.

Bei Atomen mit unterschiedlich großer Elektronegativität kommt es, je nach Elektronegativitätsdifferenz, zu einer mehr oder weniger unsymmetrischen (polarisierten) Verteilung der von den Bindungselektronen erzeugten Ladungsdichte zwischen den Bindungszentren. Dies ist die **polare Atombindung**. Hier hat eine Ladungsverschiebung der Elektronenpaare zum elektronegativ stärkeren Atom stattgefunden.

> Die Atombindung beruht darauf, dass die Atome gemeinsame Elektronenpaare besitzen, welche die beteiligten Atomkerne umhüllen und zusammenhalten.

Beispiel:
Unterschied der Kohlenstoffmodifikationen Graphit und Diamant.

Graphit
Der Kristallgitter des Graphits besteht aus übereinandergelagerten ebenen Kohlenstoffschichten, in welchen die Kohlenstoffatome zu Sechsecken zusammengefügt sind. Die so gestaltete Schichtenfolge bildet ein sogenanntes Wabennetz aus. Da in den Sechseckebenen jedes Kohlenstoffatom nur mit drei anderen eine unpolare Atombindung ausbildet, sind lediglich nur drei der vier Valenzelektronen als Elektronenpaarbindungen gebunden. Die vierten Außenelektronen der Kohlenstoffatome bilden eine Art „Elektronengas". Die Bindungen zwischen den Wabenschichten sind nur schwache Van der Waals-Kräfte. Somit erklären sich die gute elektrische Leitfähigkeit, sowie das gute Gleitverhalten des Graphits.

Eigenschaften des Graphitkristalls in verschiedenen Richtung

Eigenschaften		Richtungen	
		↔	↑↓
Dichte	kg/dm³	2,266	2,266
E-Modul	N/mm²	≈ 1200000	≈ 35000
Spez. elektr. Widerstand	μΩ cm	50	1000000
Wärmeleitfähigkeit	W/mK	> 407	≈ 81
Wärmeausdehnung (linear)	10⁻⁶/K	− 1,5	+ 28,6

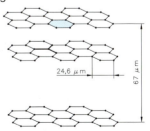

Kristallgitter des Graphits

---
[22] konvalent (lat.): einander gleichwertig
[23] Von seiner großen Härte leitet der Diamant auch den Namen ab: adamentinos (gri.): hart

Diamant

Das Kristallgitter des Diamanten[23] unterscheidet sich von dem des Graphits dadurch, dass die Ebenen mit unpolaren Atombindungen zusammengehalten werden. Die vierten Valenzelektronen bilden mit den Kohlenstoffatomen der benachbarten Ebene abwechselnd nach oben und nach unten eine kovalente Bindung aus. Dies bewirkt eine Wellung, Parallelverschiebung und den geringeren Abstand der Wabenschichten. Das Fehlen des „Elektronengases" macht den Diamanten zum Nichtleiter, und die geknickten, fest miteinander verbundenen Ebenen bewirken die hohe Festigkeit sowie die außerordentliche Härte des Diamanten nach allen drei Richtungen des Raumes. Im Gegensatz zum Ionengitter des Kochsalzes liegt bei Diamanten ein Atomgitter vor.

Eigenschaften des Diamants	
Dichte	3,51 kg/dm^3
Schmelzpunkt	3550 °C
Umwandlung in Graphit bei	1500 °C
Elektrische Leitfähigkeit	Nichtleiter
Härte (nach Mohs-Skala)	10 sehr hart

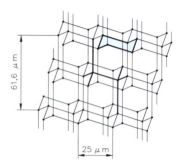

Kristallgitter des Diamanten

Metallbindung

Bei der metallischen Bindung sind die „Bindungselektronen" nicht mehr einzelnen Paaren von Bindungspartnern zugeordnet, sondern bilden ein dem gesamten Teilchenverband des Feststoffes zugeordnetes „Elektronengas". Die positiven Atomrümpfe der Metallatome besetzen in regelmäßiger Anordnung die Plätze eines periodischen Raumgitters und bilden ein Molekülgitter bzw. Kristallgitter.

Bei der Metallbindung können sich die Valenzelektronen zwischen den Metallkationen (Atomrümpfen) frei bewegen und als „Elektronengas" (negativ) die positiven Atomrümpfe einhüllen.

Am Beispiel von Aluminium ist erkennbar, dass der gesamte Teilchenverband des Feststoffes in einer regelmäßigen Anordnung ein Molekülgitter ausbildet. Bei Aluminium sind dies kubische Kristalle mit einem kubisch-flächen-zentrierten Gittertyp (kfz).

Kristalline Stoffe mit kovalenten, wie auch mit metallischen Bindungen, können Molekülgitter ausbilden.

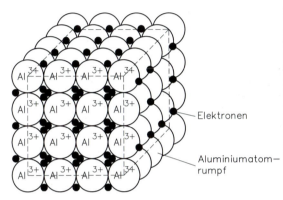

Aluminiumatome im Molekülgitter

Elektronenmikroskopische Aufnahme einer geätzten Aluminiumoberfläche (V 8000:1)

Die Metallkristalle sind nur aus positiven Atomrümpfen aufgebaut, die von freibeweglichen Elektronen umgeben sind.

Wirken Kräfte auf ein Metallkristall, so gleiten die Schichten der Metallkationen gut übereinander, ohne dass der Gesamtzusammenhang zerstört wird. Die Verformungen von Metallen geschieht als Verschiebung entlang der Gleitebenen. Daraus resultiert die gute Verformbarkeit der Metalle.

Der Zusammenhalt der kristallinen Festkörper resultiert auf der Wechselwirkung der anziehenden und abstoßenden Kräfte zwischen den Atomen bzw. Ionen. Die Festigkeit hängt von der Bindungsart und dem Abstand der Bindungsparter ab.

Bindungsarten im Vergleich

Atombindung	Ionenbindung	Metallbindung
	Kation Anion	freies Elektron ("Elektronengas") Atomrumpf (Metallkation)
Bindung durch gemeinsame(s) Elektronenpaar(e) • Unpolare Atombindung bei gleichen Atomen $\Delta EN^{24} = 0$ z. B. O_2, H_2, N_2, O_3 • Polare Atombindung verschiedene Atome $\Delta EN^{24} \neq 0$ z. B. H_2O, HCl, HF	Durch Elektronenabgabe und Elektronenaufnahme entstehen Kationen und Anionen. Die Bindung ergibt sich durch elektrostatische Anziehung der unterschiedlich geladenen Ionen.	„Metallkationen mit bindendem Elektronengas" (freie, abgegebene Elektronen) infolge der geringen Ionisierungsenergie der Metalle.
Aufbau und typische Eigenschaften		
Einzelne abgeschlossene Moleküle, meistens flüchtige Stoffe, Sonderstellen: Dipolmoleküle, sind meistens sehr hoch, hart und spröde	Bildung von Ionengitter, Feststoffe, Schmelzpunkt und Siedepunkt, gute Verformbarkeit, Wärme- und elektrische Leiter	Bildung von Metallgitter Feststoffe (Ausnahme Quecksilber), Metallglanz
Versuche mit verschiedenen Stoffen		
Versuchsaufbau		Strommesser, Glühlampe, Elektroden
Stoffe destilliertes Wasser Zuckerlösung, Alkohol	KNO_3-Pulver	KNO_3-Schmelze	KNO_3-Lösung	Metallplatte
Beobachtung kein Zeigerausschlag, elektrischer Strom fließt nicht, Lampe brennt nicht	kein Zeigerausschlag, elektrischer Strom fließt nicht, Lampe brennt nicht	Zeigerausschlag, elektrischer Strom fließt, Lampe brennt	Zeigerausschlag, elektrischer Strom fließt, Lampe brennt	Zeigerausschlag, elektrischer Strom fließt, Lampe brennt
Erkenntnis nicht leitend	nicht leitend	elektrisch leitend	elektrisch leitend	elektrisch leitend

---

[24] ΔEN ist die Differnz der Elektronegativität. Die Elektronegativität ist ein relatives Maß für die Fähigkeit der Atome, bindende Elektronenwolken anzuziehen.

Van der Waals-Kräfte

Eine weitere Bindung der festen Stoffe ist die **van der Waals'sche**[25] Bindung oder die **zwischenmolekulare Bindung**. Sie beruht auf der Anziehung zwischen den Molekülen mit einem kurzzeitig auftretenden elektrischen oder magnetischen Dipol.

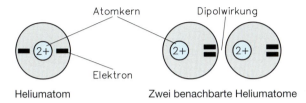

Van der Waals-Kräfte zwischen Helium-Atomen

Elektronen halten sich innerhalb bestimmter Räume um den Atomkern auf. Während kurzer Zeit kann die Ladungsverteilung unsymmetrisch werden, so dass das Atom oder Molekül als Dipol mit einem negativen und positiven Pol erscheint. Ist in einem solchen Augenblick ein anderes Atom oder Molekül in der Nähe, so werden dessen Elektronen in Richtung zur positiven Seite des ersten Atoms bzw. Moleküls verschoben, so dass auch dieses Atom (Molekül) zu einem Dipol wird. Weil dieser Dipol – im Gegensatz zu polaren Molekülen, z. B. Wasser, Salzsäure – erst unter Einwirkung eines äußeren elektrischen Feldes entsteht, heißt er **induzierter Dipol**.

> **Van der Waals-Kräfte sind elektrostatische Kräfte zwischen induzierten Dipolen und anderen Atomen oder Molekülen.**

Sie sind schwache Anziehungskräfte und nehmen mit zunehmender Entfernung der beiden Teilchen rasch ab. Sie werden jedoch größer, je größer die Oberfläche der Teilchen (die Möglichkeit zur Polarisierung steigt) und je leichter die Elektronen in einem Atom oder Molekül durch ein Nachbarteilchen verschiebbar sind. Beide Faktoren erklären die Zunahme der Van der Waals-Kräfte mit steigender Atom- oder Molekülmasse.

> **Die Stärke der zwischenmolekularen Bindungskräfte hängt von der Größe, Gestalt, Ordnung und Bewegungsenergie der Moleküle ab.**

Alle kristallisierten organischen Verbindungen bilden derartige Van der Waals-Kristalle aus.

Wasserstoffbrückenbindung

Im Gegensatz zu den induzierten Dipolen gibt es **permanente Dipole** infolge **dauernder unsymmetrischer Ladungsverteilung**. Solche Dipolkräfte sind besonders wirksam, wenn ein Wasserstoffatom mit einem stark elektronegativen Atom (z. B. Fluor, Sauerstoff, Stickstoff) verbunden ist. Das positiv polarisierte H-Atom wirkt wegen seiner geringen Größe

---

[25] Johannes Diderik van der Waals (1837-1923), Professor der Physik in Amsterdam

nach außen auf ein negativ polarisiertes Atom besonders stark anziehend. Diese Beziehung heißt **Wasserstoffbrückenbindung**. Sie erhöht die Wasserlöslichkeit, Zähflüssigkeit, Oberflächenspannung (bei Flüssigkeiten), Schmelz- und Siedepunkte.

Beispiel:
Wasserstoffbrückenbildung zwischen Wasser- und Fluorwasserstoffmolekülen (Schema)

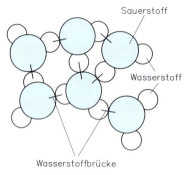
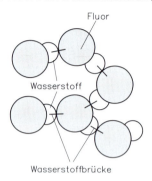

Wasserstoffbrücken zwischen Wassermolekülen

Wasserstoffbrücken zwischen Fluorwasserstoffmolekülen

Aufgaben:

1. a) Was besagt der Begriff „amorphe Struktur"?
   b) Geben Sie Beispiele an.
2. Definieren Sie den Begriff „Kristall".
3. a) Welche Bezeichnung erhalten Stoffe mit Ionenbindung?
   b) Welche Eigenschaften weisen diese Art von Verbindungen auf?
   c) Worauf beruht die Ionenbindung?
4. Worauf beruht der Zusammenhalt in der Atombindung?
5. a) Durch welche Eigenschaften unterscheiden sich Graphit und Diamant?
   b) Wie sind diese verschiedenen Eigenschaften zu erklären?
6. Warum sind Metalle leicht verformbar?
7. Welche Bindungsarten bilden Molekülgitter aus?
8. a) Was besagt der Begriff „Elektronengas".
   b) Warum spielt dieser Begriff in der Elektrotechnik eine große Rolle?
9. Erklären Sie die Van der Waals-Kräfte.
10. Was wird unter einem „induzierten Dipol" verstanden?
11. a) Welche Bindungskräfte bilden „permanente Dipole" infolge der unsymmetrischen Ladungsverteilung aus?
    b) Skizzieren Sie diesen Bindungstyp an einem Beispiel.
12. Wovon ist die Stärke der zwischen molekularen Bindungskräfte abhängig?
13. Welche Eigenschaften und in welcher Weise beeinflussen die Wasserstoffbrücken im Molekülverband?
14. Geben Sie den Aufbau und die typischen Eigenschaften für die folgenden Bindungsarten an.
    a) Atombindung,   b) Ionenbindung,   c) Metallbindung

3.3 Mikrostruktur

Untersuchungen mit dem Mikroskop lassen erkennen, dass sowohl die reinen Metalle als auch die Metalllegierungen aus vielen winzigen Körnern (Kristallen) aufgebaut sind. Deren Gesamtheit stellt das Gefüge dar. Eine Ausnahme bilden Einkristalle (Monokristalle), die keine Kornstruktur aufweisen. Die Körner weisen einen kristallinen Zustand auf, wobei jedes Korn einen eigenen Kristall darstellt. Im Kristall sind die Atome in Form eines Raumgitters angeordnet.

Das Gefüge des Metalls bildet sich bei der Erstarrung einer Schmelze. Es entstehen zur gleichen Zeit viele kleine Kristalle, die sich in ihrem Wachstum gegenseitig behindern. Aus diesem Grund entwickeln sich während des Erstarrungsvorganges keine wohlausgebildeten (reinen) Kristalle (Idealkristalle), sondern unregelmäßige Vielflächner, die **Kristallite** genannt werden.

Versuch: Kristallisationsmodell mit Seifenblasen

a) **Geräte**
Flache Glasschale (z. B. Petrischale), Wasser, flüssige Schmierseife, Einwegspritze mit Kanüle ($\varnothing$ 0,45 mm), Luftballon.

b) **Versuchsdurchführung**
Wasser und Schmierseife werden gründlich zu einer Seifenlösung vermischt. Diese wird in die Glasschale geschüttet. Der Kolben der Einwegspritze wird entfernt. Ein aufgeblasener Luftballon wird nun mit einem Einfüllschlauchstück über den Vorratsbehälter der Spritze geschoben und befestigt. Wird die Spritze in die Seifenlösung getaucht, entstehen infolge der ausströmenden Luft viele kleine Seifenblasen von etwa 1-2 mm Durchmesser. Durch langsames Hin- und Herbewegen der Kanüle ordnen sich die Seifenblasen auf eine sehr regelmäßige Weise an.

Achtung: Die Seifenblasen dürfen sich nicht übereinanderschichten!

Mikrostruktur

c) **Beobachtung**
Es bildet sich ein Netzwerk aus Seifenblasen mit:
1: dichteste Packung
2: kleinere Seifenblasen
3: größere Seifenblasen
4: unbesetzte Plätze (Leerstellen)
5: Korngrenzen oder Versetzungen

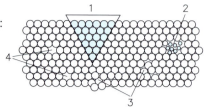

d) **Erkenntnis**
Wie in einem realen Netzwerk bilden sich Baufehler (Leerstellen, Fremdatome, Versetzungen und Korngrenzen). Die dichteste Anordnung (dichteste Packung) der Seifenblasen ist gut zu erkennen. Würde das Seifenblasennetzwerk eingefroren, so ergäbe dies eine kristalline Struktur.

In der Metallschmelze liegen die Atome ungeordnet vor. Im Verlauf der Abkühlung verringert sich die Bewegungsintensität der Atome. Unter der Wirkung der zwischen ihnen herrschenden Bindungskräfte lagern sie sich zu räumlichen Gitterelementen zusammen. Die Kristallisationskeime wachsen durch weitgehend geordnete Anlagerung weiterer Atome zu Kristalliten. Die in unterschiedlichen Richtungen gewachsenen Körner sind durch Korngrenzen getrennt.

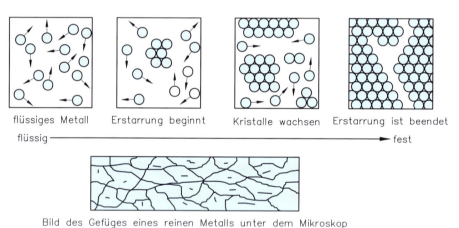

Schematische Darstellung der Entstehung eines kristallinen Gefüges aus der Schmelze

Das Gefüge metallischer Werkstoffe besitzt einen kristallinen Aufbau. Korngrenzen trennen die unterschiedlich orientierten Körner (Kristallite)

Ein Werkstoff mit feinkörnigem Gefüge hat bessere mechanische Eigenschaften und ist deshalb stärker beanspruchbar als ein Werkstoff mit grobkörnigem Gefüge.

3.3.1 Kristallsysteme

Mikroskopische Untersuchungen der Gefüge von Werkstoffen zeigen die sichtbaren, kleineren Bestandteile ihrer Stoffgemische, die Phasen mit ihren Korngrenzen. Bei der Durchleuchtung mit Röntgenstrahlen wird die Struktur der Phasen weiter erforscht. Die Teilchen

liefern dabei durch optische Effekte (Interferenz und Beugung) Muster, aus denen die Anordnung und der Abstand der Teilchen erkennbar wird, das Kristallgitter.
Das kleinste Strukturelement eines Kristallgitters heißt **Elementarzelle**.

Beschreibung einer Elementarzelle

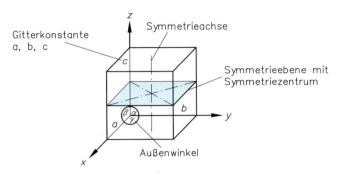

Elementarzelle

Die Kantenlängen der Elementarzellen in den Richtungen x, y, z sind die Gitterkonstanten a, b, c. Sie können mit Hilfe von Röntgenmikrostrukturverfahren experimentell bestimmt werden. Die Anordnung der Atome in den Elementarzellen charakterisiert den Gittertyp. Die Erforschung der Werkstoffe hat gezeigt, dass es sieben verschiedene Formen von Elementarzellen gibt.

Die meisten Metalle und Metallverbindungen gehören dem kubischen, tetragonalen oder dem hexagonalen Kristallsystem an.

Kristallsysteme im Vergleich

Darstellung			
	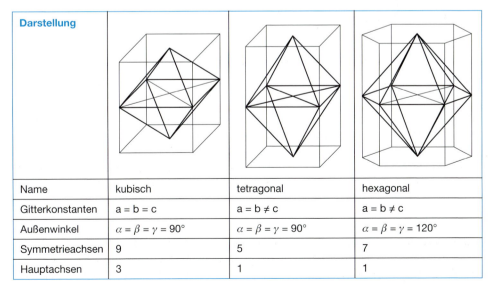		
Name	kubisch	tetragonal	hexagonal
Gitterkonstanten	a = b = c	a = b ≠ c	a = b ≠ c
Außenwinkel	$\alpha = \beta = \gamma = 90°$	$\alpha = \beta = \gamma = 90°$	$\alpha = \beta = \gamma = 120°$
Symmetrieachsen	9	5	7
Hauptachsen	3	1	1

Das **kubisch-reguläre Kristallsystem** besitzt die höchste Symmetrie. Die drei Achsen stehen senkrecht aufeinander und sind gleich lang.

Das **tetragonale Kristallsystem** besitzt ebenfalls drei Achsen, die aufeinander senkrecht stehen. Zwei von ihnen sind gleich lang und die dritte ist von abweichender Länge.

Das **hexagonale System** besitzt eine 6-eckige Symmetrieebene und drei unterschiedlich lange Nebenachsen. Sie liegen in einer Ebene, bilden untereinander Winkel von 120° und stehen senkrecht auf der Hauptachse.

Wegen der Winzigkeit der Kristallgitter werden sie zum besseren Verständnis als Modelle dargestellt. Das **Stäbchenmodell** zeigt sehr gut die geometrische Struktur (z. B. Würfen, Quader), wobei die Teilchen (Ionen, Atome) sich nicht berühren und nicht maßstäblich gezeichnet werden.

Beim **Kugelmodell** sind die Teilchendurchmesser und Teilchenabstände etwa maßstäblich dargestellt. Die Teilchen liegen somit dichter beieinander. Die Kugelpackungen sind gut erkennbar.

> Die häufigsten Kristallgittertypen der Metalle sind:
> - **Wolfram-Typ: krz** (kubisch-raumzentriert)
> - **Kupfer-Typ: kfz** (kubisch-flächenzentriert)
> - **Magnesium-Typ: hd** (hexagonal-flächenzentriert)

Name	Wolfram-Typ	Kupfer-Typ	Magnesium-Typ
Gittertyp	krz	kfz	hd
Koordinationszahl[1]	8	12	12
Beispiele	Chrom, Vanadium, Molybdän, α-Eisen	Gold, Nickel, Blei Aluminium, γ-Eisen	Zink, Titan Cadmium, Kobalt

Kristallsysteme als Stäbchenmodelle

Alle Metalle mit einem kubischen Kristallsystem besitzen ein Raumgitter aus krz- oder kfz-Elementarzellen.

---

[1] Koordinationszahl ist die Anzahl der direkten Nachbarn eines Gitteratoms; coordinare (lat.): beiordnen

Kugelpackungen

Name	Wolfram-Typ	Kupfer-Typ	Magnesium-Typ
Gittertyp	krz	kfz	hd
Gleitebenen	6	4	1
Gleitrichtungen	2	3	3
Gleitsysteme	6 · 2 = 12	4 · 3 = 12	1 · 3 = 3
Packungsdichte	–	kubisch dichtest	hexagonal dichtest
Raumerfüllung	68 %	74 %	74 %

Kugelpackungen der Kristallgittertypen

Die Raumerfüllung der Metallkristallite (Metallkörner) durch „Atomkugeln" heißt Packungsdichte.

Beispiel: Werden in eine würfelförmige Schachtel viele, gleich große Kugeln (z. B. Murmeln) gefüllt, so ordnen sie sich nach leichtem Schütten auf dichtest mögliche Weise an. Die Kugeln liegen bei der benachbarten Reihe auf Lücke.

> **Der Kupfer-Typ (kfz) und der Magnesium-Typ (hd) haben dichteste Kugelpackungen.**

Für die Duktilität[2] eines Metalls ist es von großer Bedeutung, ob sein Gitter dichtest gepackte Kugeln aufweist und in wie vielen Richtungen des Raumes solche Gitterebenen vorliegen. Ebenen mit dichtest gepackten Kugeln gleiten gut aneinander vorbei (z. B. beim Hämmern, Walzen).

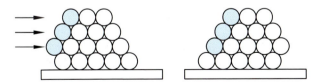

Gleiten dichtester Kugelpackungen

---

[2] Duktilität ist die Verformbarkeit ohne Verlust des Zusammenhalts.

Mikrostruktur

Metalle des Wolfram-Typs sind infolge der fehlenden dichtest gepackten Kugelpackungen kaum duktil, sondern eher spröde.

Bei Metallen mit dem kfz-Gittertyp (kubisch dichteste Kugelpackung) liegen in vier Richtungen des Raumes dichtest besetzte Kugelpackungen vor (parallel zu den vier Tetraederflächen und senkrecht zu den vier Diagonalen der Elementarzellen).

Die zum dem Magnesium-Typ zählenden Metalle besitzen die hexagonal dichteste Kugelpackung, welche nur in einer Richtung des Raumes (parallel zur Grundfläche) verläuft.

Metalle des Kupfertyps sind duktiler als die des Magnesium-Typs, während Metalle des Wolfram-Typs die geringste Verformbarkeit aufweisen.

Magnesium- und Kupfer-Typ in der Gegenüberstellung

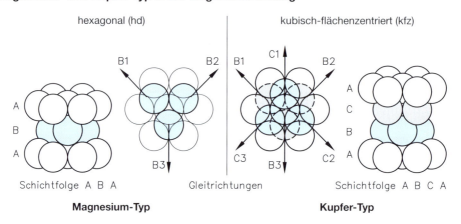

Bei der dichtesten Kugelpackung liegen die Teilchen (Atome, Ionen) auf Lücke, d. h. jedes Teilchen der zweiten Schicht liegt in der Mulde von drei Teilchen der darunterliegenden Schicht.

Beim **Magnesium-Typ** (hd) liegt die dritte Schicht senkrecht über der ersten, d. h. zwei Schichten wechseln periodisch ab.

Beim **Kupfer-Typ** (kfz) liegen die Teilchen der dritten Schicht in den Mulden von drei Teilchen der zweiten Schicht. Somit ergeben sich drei versetzte Schichtenfolgen. Die vierte Schicht liegt wieder senkrecht über der ersten. Es wechseln sich drei Schichten periodisch ab.

Mit Hilfe von Tennisbällen (bzw. Tischtennisbällen) können die Stapelfolgen der Kugelpackungen sehr gut modellhaft aufgezeigt werden.

Gleitebenen

Die Gleitebenen sind Flächen innerhalb des Kristallverbandes, über die einzelne Teile der Kristallite verschoben werden können. Die Gleitebenen sind hauptsächlich Gitterebenen dichtester Atompackungen.

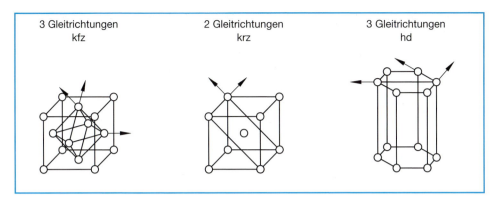

Schematische Darstellung der Gleitebenen und Gleitrichtungen kfz/krz/hd

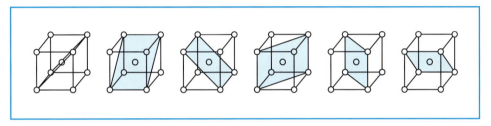

Schematische Darstellung der Gleitebenen krz (Übersicht)

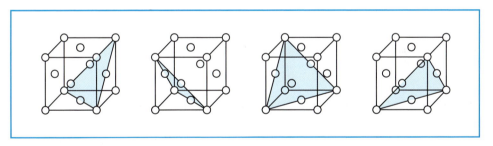

Schematische Darstellung der Gleitebenen kfz (in einer Gleitrichtung) Übersicht

Die plastische Verformbarkeit der Metalle steigt mit der Anzahl der Gleitebenen und Gleitrichtungen. Das Produkt aus der Zahl der Gleitebenen und Gleitrichtungen erklärt die Gleitmöglichkeiten eines Kristallgitters. Die Vielzahl der Gleitmöglichkeiten des Kupfertyps (kfz, 4 · 3 = 12) bedingt seine gute plastische Verformbarkeit. Der krz-Gittertyp (Wolfram-Typ, 4 · 2 = 8) ist weniger gut plastisch verformbar, während sich der Magnesium-Typ (hd, 1 · 3 = 3) schlecht spanlos umformen lässt.

Mikrostruktur

kfz-Gittertyp			hd-Gittertyp			krz-Gittertyp		
Metall	Smp in °C / Sdp in °C	Eigenschaften	Metall	Smp in °C / Sdp in °C	Eigenschaften	Metall	Smp in °C / Sdp in °C	Eigenschaften
Kupfer Cu	1083 / 2350	Ziemlich weich, sehr dehnbar, zweitbester Leiter des el. Stromes und der Wärme	Magnesium Mg	650 / 1120	Mäßig hart, ziemlich dehnbar, sehr kleine Dichte (1,74 kg/dm³)	Wolfram W	3400 / 5700	Hart
Silber Ag	960 / 2150	Im reinen Zustand sehr weich und verformbar bester Leiter für den el. Strom und die Wärme	Zink Zn	419 / 906	Ziemlich spröde, aber zwischen 100 °C und 150 °C gut verformbar	Chrom Cr	1900 / 2300	Sehr hart und spröde
Gold Au	1063 / 2960	Rein sehr weich, hohe Dichte (19,3 kg/dm³)	Kobalt Co	1490 / 3185	Hart und zäh, ferromagnetisch	Molybdän Mo	2630 / 4800	Ziemlich hart
Aluminium Al	660 / 2260	Sehr dehnbar, kalt walzbar guter Leiter für Wärme u. el. Strom	Titan Ti	1670 / 3250	Hart, zäh, bei Rotglut schmiedbar, geringe Dichte (4,5 kg/dm³)	Vanadium V	1717 / 3000	Sehr hart
Blei Pb	327 / 1750	Sehr weich und dehnbar				Mangan Mn	1247 / 2100	Hart und sehr spröde
Nickel Ni	1450 / 3350	Ziemlich weich, zäh und dehnbar, etwas ferromagnetisch				Eisen Fe	1535 / 3000	Rein ziemlich weich, walzbar, schweißbar, ferromagnetisch
Platin Pt	1770 / 4350	Ziemlich weich, leicht verformbar				Tantal Ta	3000 / 5000	Sehr hart und trotzdem außerordentlich dehnbar

Smp Schmelzpunkt in °Celsius
Sdp Siedepunkt in °Celsius

Eigenschaften einiger Metalle (geordnet nach Gittertyp)

3.3.2 Fehler im Gitteraufbau

Beim Kristallwachstum treten immer Baufehler auf. Diese Störstellen sind lokale Abweichungen vom regelmäßigen, geordneten Gitteraufbau.

**Metallische Idealkristalle weisen fehlerfreie Gitterebenen auf.
Realkristalle enthalten immer Gitterfehler.**

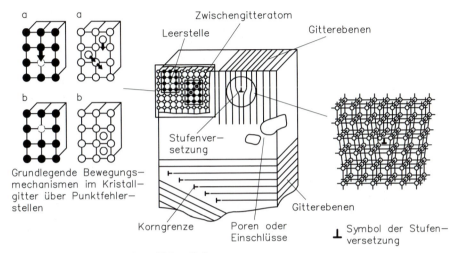

Realstruktur eines kubischen Kristallgitters

Gitterfehler führen zu Verzerrungen des Raumgitters und somit zu inneren Spannungen. Die Gitterfehler sind die Voraussetzung für wichtige Gefügeveränderungen. Sie ermöglichen die Diffusion (Wanderung von Fremdatomen durch Platzwechsel mit Leerstellen im Raumgitter) und erleichtern die plastische Verformung.

Die grundsätzlichen Gitterfehler:

- Punktfehler (Leerstellen, Zwischengitteratome und Fremdatome),
- Linienfehler (Eindimensionale Gitterfehler),
- Flächenfehler (Zweidimensionale Gitterfehler),
- Dreidimensionale Gitterfehler.

Punktfehler

Die Punktfehler bewirken eine elastische Verzerrung des Gitters. Sie vermindern die elektrische Leitfähigkeit und die Wärmeleitfähigkeit. Die Intensität der ständig vorhandenen Bewegungsabläufe der Elementarbausteine ist größtenteils temperaturabhängig. Am Elementarmechanismus von Bewegungsvorgängen mit einem Nettotransport von Materie sind meistens Punktfehlstellen beteiligt.

Die drei Arten der Punktfehler:
- Leerstellen,
- Zwischengitteratome,
- Fremdatome.

- **Leerstellen**

Unbesetze Plätze im Gitterverband erzeugen leere Stellen im Kristallgitter. Leerstellen entstehen durch Abschrecken, Kaltverformung oder Bestrahlung mit energiereichen Teilchen. In ihrer Umgebung können die Atomrümpfe bei der Erwärmung leicht auf andere Plätze wechseln. Es kommt zu einer Wanderung der Leerstellen im Gefüge (Diffusion).

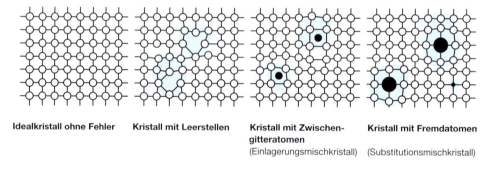

Idealkristall ohne Fehler   Kristall mit Leerstellen   Kristall mit Zwischen-   Kristall mit Fremdatomen
                                                         gitteratomen
                                                         (Einlagerungsmischkristall)   (Substitutionsmischkristall)

- **Zwischengitteratome**

Lagern sich andersartige Teilchen (Fremdatome) im Kristallverband zwischen den regulären Gitterplätzen ein, so entstehen **Einlagerungsmischkristalle**.
Bildung: Die Atomradien der Legierungspartner unterscheiden sich stark voneinander.

- **Fremdatome**

Sitzen fremde Atomrümpfe auf den regulären Gitterplätzen, heißt der Kristall **Substitutionsmischkristall**.
Bildung: Die Atomradien der Legierungspartner sind etwa gleich groß und kristallisieren im selben Gittertyp (z. B. Nickel mit Kupfer).

Linienfehler (Eindimensionaler Gitterfehler)

Linienfehler verursachen Versetzungen im Gitterverband. Versetzungen sind die Grenzen zwischen den geglittenen und den noch nicht geglittenen Bereichen im Kristall.

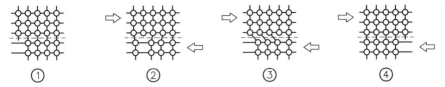

Die Verformung von Metallen geschieht als Versetzung entlang der Gleitebenen.
Versetzungen in zeitlicher Abfolge

- **Stufenversetzung**

Der partielle Einschub einer zusätzlichen Gitterebene oder die Beendigung einer Gitterebene führt im Kristall zur Ausbildung einer *Stufenversetzung*. Korngrenzen entstehen unter anderem durch eine Vielzahl benachbarter Stufenversetzungen in gestaffelter Abfolge. Kurzzeichen geben Auskunft über eine eingeschobene ($\perp$, positiv) oder eine endende ($\top$, negativ) Gitterebene.

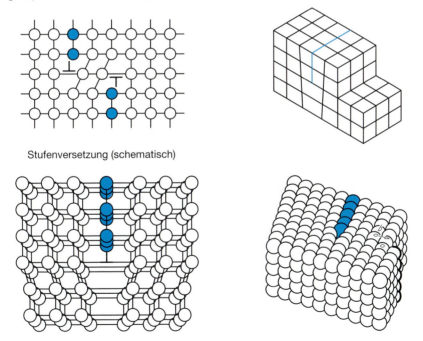

Stufenversetzung (schematisch)

Stufenversetzung in einem kubischen Kristall

Die eingeschobene „Extra-Netzebene" steht senkrecht auf der Gleitebene. Beide Ebenen schneiden sich in der Versetzungslinie.

- **Schraubenversetzung**

Die Versetzungslinie der Schraubenversetzung endet immer am Rand der Kristallfläche oder bildet einen geschlossenen Ring. Kurzzeichen für diesen Linienfehler ist ein Ring mit Punkt im Zentrum (⊙).

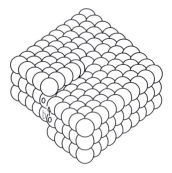
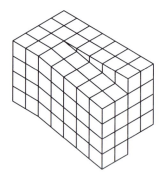

Schraubenversetzung (schematisch)

Flächenfehler (Zweidimensionaler Gitterfehler)

Zweidimensionale Baufehler in den Kristallgittern heißen Flächenfehler. Es werden Korngrenzenfehler und Stapelfehler unterschieden.

- **Stapelfehler**

Störstellen im Zählrhytmus der *Stapelfolge (Schichtenfolge)* der Gitterebenen heißen Stapelfehler. Sie entstehen durch Partialversetzungen in der Gleitebene von dichtest gepackten Raumgitter metallischer Elemente und Mischkristalle. Durch die lokale, atomare Verschiebung kann die eine Stapelfolge (z. B. ABCABCA des kfz-Gittertyps) in eine andere Stapelfolge (z. B. ABABA des hd-Gittertyps) wechseln. Vergleichen Sie die Gitterstrukturen von Kupfer (kfz-Gittertyp) und Magnesium (hd-Gittertyp).

Beispiel:

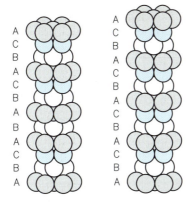

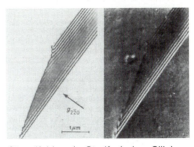

Stapelfehler (α-Streifen) im Silicium, (links Hellfeldabdeckung, rechts Dunkelfeldabdeckung) mit einem Transmissions-Elektronenmikroskop sichtbar gemacht.

Stapelfolge: ABCABABCABCA   ABCABCABCABCA
              fehlerhaft   fehlerfrei

> Bei der Metallbindung können sich die Valenzelektronen zwischen den Metallkationen (Atomrümpfen) frei bewegen und als „Elektronengas" (negativ) die positiven Atomrümpfe einhüllen.

Dreidimensionale Fehler

- **Hohlräume**
Entstehen durch das Zusammenwachsen von Leerstellen.

- **Seigerungen**[26]
Bezeichnen lokale Häufungen von Legierungselementen oder Verunreinigungen. Sie treten beim Erstarren von anfänglich homogenen Metallschmelzen auf.

Neben den hier aufgeführten Gitterfehlern existieren im Realgitter der Metalle noch eine Vielzahl weiterer Fehler, die aber nicht näher aufgezeigt werden, da sie von untergeordneter Bedeutung sind.

> Im realen Raumgitter der Metalle und Metalllegierungen sind die Gitterfehler unvermeidbar. Zahlreiche Eigenschaften können durch die Wirksamkeit der Gitterfehler erklärt werden.

---

[26] Seigerungen (saiger bergmännisch: senkrecht) sind örtliche Häufungen von Legierungselementen oder Verunreinigungen. Sie entwickeln sich durch Entmischungsvorgänge beim Erstarren aus homogenen Metallschmelzen.

Beispiel: mögliche Gitterfehler im Metallgefüge

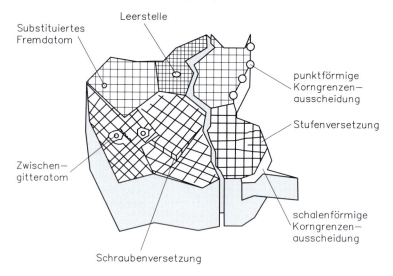

Schematischer Aufbau eines polykristallinen Metallgefüges

Aufgaben:

1. Erklären Sie den Unterschied zwischen Idealkristallen und Realkristallen.

2. Wie sind Störstellen im Kristallaufbau definiert?

3. a) Wie heißen die grundsätzlichen Gitterfehler in Kristallen?
   b) Benennen Sie für jede Art Beispiele.

4. a) Erläutern Sie anhand einer Skizze den Unterschied zwischen dem Einlagerungsmischkristall und dem Substitutionsmischkristall.
   b) Um welche Art von Gitterfehler handelt es sich hier?

5. Welcher Gitterfehler hat das Kurzzeichen „ein Punkt im Zentrum eines Ringes"?

6. Wie kann sich eine Stufenversetzung ausbilden?

7. a) Zu welchem Gitterfehlertyp gehört der Korngrenzenfehler?
   b) Welche Störstelle wird noch zu diesem Gitterfehler gezählt?

8. Erklären Sie die Begriffe
   a) Hohlräume
   b) Seigerungen

3.4 Makrostruktur

Korngröße und Kornanordnung sind die Makrostruktur (Gefüge) eines Metalls.

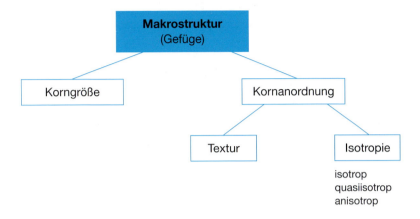

Einteilung der Makrostruktur

Der zeitliche Verlauf des Abkühlungsvorgangs einer Schmelze beeinflusst die Korngröße. Ist die Keimzahl hoch und die Kristallisationsgeschwindigkeit groß, entsteht ein feinkörniges Gefüge. Umgekehrt entwickelt sich ein grobkörniges Gefüge, wenn nur eine geringe Zahl von Keimen schnell wächst. Eine glatte Oberfläche deutet auf Feinkörnigkeit, eine rauhe Oberfläche auf Grobkörnigkeit des Gefüges hin.

Werkstoffe mit **feinkörnigem Gefüge** verfügen über eine hohe Festigkeit und Dehnung. Metalle mit **grobkörnigem Gefüge** neigen zum Bruch ohne Verformung und sind spröde.

> Werkstoffe mit feinkörnigem Gefüge besitzen bessere mechanische Eigenschaften und sind höher beanspruchbar als Werkstoffe mit grobkörnigem Gefüge.

Isotropie
Die Isotropie[3] bestimmt die makroskopischen, mechanischen Eigenschaften des Werkstoffs.

- **Isotrope** Werkstoffe

Sie weisen *keine* richtungsabhängige Eigenschaften auf.
Die Struktur aller nichtkristallinen (amorphen) Feststoffe (z. B. Glas, Teer, Wachs und amorphe Kunststoffe) ist isotrop.

---

[3] isos (griech.): gleich; tropos (griech.): Richtung; isotrop: nach allen Richtungen hin gleich

Makrostruktur

- **Quasiisotrope[4] Werkstücke**

Die Werkstoffeigenschaften sind in Längs- und Querrichtung scheinbar isotrop, weil sich keine unterschiedlichen Eigenschaften in Längs- und Querrichtung feststellen lassen.

Beispiel:
> Erstarrte Metallschmelzen bestehen aus vielen regellos gerichteten Kristalliten mit vollständig ungeordneter Orientierung.

- **Anisotrope Kristalle[5]**

Diese Kristalle weisen richtungsabhängige Eigenschaften auf.

Beispiel:

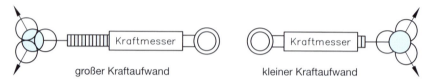

großer Kraftaufwand   kleiner Kraftaufwand

Die Kraft zum Abscheren (Festigkeit) ist richtungsabhängig. Hier liegt **Anisotropie** vor. Beim Monokristall sind die Eigenschaften (mechanisch, chemisch und physikalisch) richtungsabhängig.

> **Die Eigenschaften des Einkristalls sind anisotrop (richtungsabhängig).**

Auch Holz verhält sich anisotrop. Seine Festigkeit und Wasseraufnahme sind längs und quer zu Faser verschieden stark.

Textur

Bei einigen Verarbeitungsverfahren (Walzen, Schmieden, Gießen) werden ungewollt oder bewusst Kristallite erzeugt, die vorwiegend **eine Richtung** aufweisen oder sie richten die vorhandenen Körner (Recken, Strecken) in eine Vorzugsrichtung aus. Eine **Textur** liegt vor, wenn die Körner in einem Gefüge gleiche Orientierung aufweisen. Die spanlose gleichgerichtete Verformung erfolgt bei solchen Werkstücken unregelmäßig. Es bilden sich bevorzugte Gleitebenen.

> **Textur ist die Ausrichtung der Kristallite eines Metalls in einer bevorzugten Richtung. Werkstoffe mit Textur zeigen anisotropes Verhalten.**

Beim Tiefziehen von Blechen entstehen am Rand unerwünschte Zipfel, weil die Dehnbarkeit **nach allen Richtungen** (Seiten) **ungleich (anisotrop)** ist. Die Länge der Zipfel ist das Maß für die mechanische Anisotropie des Bleches.

---

[4] Quasiisotrop: gleichsam isotrop
[5] anisotrop: ungleich

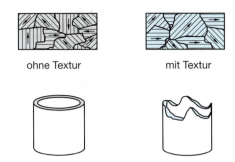

ohne Textur — mit Textur

keine Zipfelbildung — Zipfel an der tiefgezogenen Dosenhülle

Textur und Zipfelbildung

Je nach Art der Entstehungsursache wird unterschieden in:

- Walztextur,
- Rekristallisationstextur,
- Fasertextur,
- Schmiedetextur,
- Gusstextur.

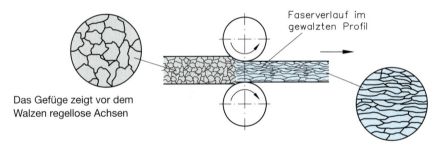

Das Gefüge zeigt vor dem Walzen regellose Achsen

Entstehung einer Walztextur

Das gestreckte Gefüge hat nach dem Walzen gleichgerichtete Achsen (Walztextur)

Die Walztextur ähnelt einem Monokristall mit anisotropem Verhalten. Beim Wiedererwärmen (Rekristallisation) kaltverformter Werkstoffteile entstehen Rekristallisationstexturen.

Beispiel:
Vor dem Rekristallisieren besitzt ein gewalztes Kupferblech in Walzrichtung einen höheren Verformungswiderstand als schräg zur Walzrichtung. Beim Tiefziehen (Kaltverfestigung) eines Bleches bleiben deshalb in Walzrichtung senkrechte Zipfel stehen. Unter 45° zur Walzrichtung ist das Stauchen erleichtert, wodurch diese Zonen eingezogen sind. Die Zipfelbildung kann durch bestimmte Walz- und Glühabläufe verhindert werden.

Texturen können aber auch bereits bei der Erstarrung entstehen. Die Kristallisation beginnt an den kalten Formwänden, an denen Wärme abgeleitet wird mit Kristallkeimen. Diese wachsen senkrecht zu der zur kühlenden Formwand weiter. So entstehen lange, dünne, parallelgewachsene Stängelkristalle. In der Gussblockmitte erstarrt die mit Verunreinigungen angereicherte Restschmelze wieder zu unregelmäßigen Kristalliten.

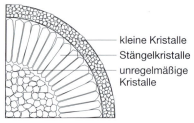

kleine Kristalle
Stängelkristalle
unregelmäßige Kristalle

Gefüge eines gegossenen Blockes
Gusstextur

An den Schweißnähten lässt sich eine ähnliche Ausrichtung der Kristallite senkrecht zur Kante der verschweißten Bleche erkennen.

> **Unterbrechungen der Einheitlichkeit (Homogenität) des Gefüges durch Stängelkristalle, Seigerungen und Lunker setzen die Festigkeit herab und begrenzen die Formbarkeit der Gussblöcke beim Walzen und Schmieden.**

3.5 Verformungsvorgänge in Metallen

Eine Vielzahl von Vorgängen im Kristallgitter spielt sich auf ganz bestimmten Netzebenen bzw. in genau definierten Richtungen im Gitter ab.

Bei hoher Packungsdichte der Atome längs einer Gittergeraden ist der Widerstand gegenüber einer Verformung längs dieser Gittergeraden besonders gering. So betragen die Elastizitätsmoduln für Ferrit (spezielle Eisen-Kohlenstoff-Verbindung) in Richtung der Raumdiagonalen der krz-Elementarzelle $E = 285$ kN/mm². Raumdiagonalen und Würfelkanten sind unterschiedlich dicht mit Atomen besetzt.

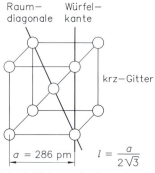
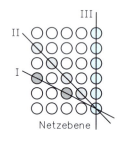

Die Elastizität ist in Richtung der Raumdiagonalen größer als in Richtung der Würfelkante.

Die Elastizität in Richtung der Achse-III ist am größten und in Richtung der Achse-I am geringsten.

Netzebene von Ferrit mit mehreren Gittergeraden

> **Die Elastizität nimmt mit größer werdender Packungsdichte auf einer Gittergeraden zu.**

3.5.1 Elastische und plastische Verformung bei Metallen

Elastische Verformung
Bei der *elastischen Verformung* kann die Beanspruchung die Gitterbindungskräfte nicht überwinden. Es kommt nur zu einer kleinen Gitterverzerrung, die nach Wegnahme der Beanspruchungskraft wieder verschwindet. Das *Hooke'sche Gesetz* beschreibt dieses elastische Verhalten. Alle Konstruktionsteile dürfen nur im Bereich der elastischen Verformung (z. B. Blattfedern) belastet werden.

Plastische Verformung
Geht ein Körper nach Wegnahme der äußeren Belastung nicht wieder in seine Ausgangsform zurück, so hat er sich plastisch verformt. Bei der plastischen Verformung gleiten einzelne Netzebenen (Gleitebenen) übereinander. Diese Gleitebenen bilden mit den bevorzugten Gleitrichtungen zusammen die Gleitsysteme.

> Die plastische Verformung eines Metalls steigt mit der Anzahl der Gleitsysteme (Gleitebenen und Gleitrichtungen). Kubische Kristalle verformen sich somit plastisch leichter als hexagonale.

Zur Demonstration der leichteren Verformbarkeit von kubischen Gittern gegenüber z. B. dem hexagonalen, eignet sich folgender Versuch: Mehrere dünne Kunststoffplatten werden mittels eines durch die Mitte verlaufenden Bindfadens befestigt, so dass die Platten nach allen Seiten frei beweglich sind. Die Kunststoffplatten sollen die Gleitebenen darstellen. Mit zwei angelegten Holzleisten wird eine Verformung in verschiedenen Richtungen durchgeführt. Der gleiche Vorgang mit wenigen, dickeren Platten zeigt, dass eine Verformung mit vielen Platten besser möglich ist

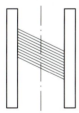 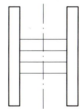

Viele Gleitmöglichkeiten bedeuten eine gute Verformbarkeit   Wenig Gleitmöglichkeiten bedeuten eine geringe Verformbarkeit

Demonstration der Verformbarkeit

Ein ideal plastischer Werkstoff würde sich nach Erreichen der Streckgrenze (Spannungs-Dehnungs-Diagramm) bis zum Bruch weiter plastisch verformen, ohne dass die äußere Beanspruchung erhöht werden muss. Bei den meisten Metallen und Metalllegierungen muss für eine weitere Aufrechterhaltung der plastischen Verformung die äußere Beanspruchung auf den Werkstoff permanent erhöht werden. Die im Innern des Werkstoffes ablaufende **Kaltverfestigung** ist die Ursache für dieses Verhalten.

> Bei der plastischen Verformung werden metallische Werkstoffe verfestigt. Dies hat zur Folge, dass für eine weitere Verformung immer größere Kräfte notwendig werden.

Verformungsvorgänge in Metallen

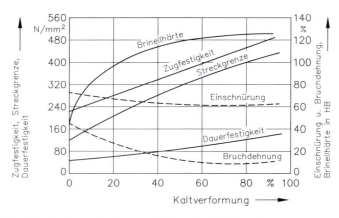

Änderung der Festigkeitseigenschaften von Kupfer durch Kaltverformung

Die plastische Verformung von fehlerfreien Kristallen (Idealkristallen) geschieht durch das starre Abgleiten der Kristallbereiche mit großer Aktivierungsenergie.
Versuch: Abgleiten von Kartenpäckchen eines Kartenspiels.

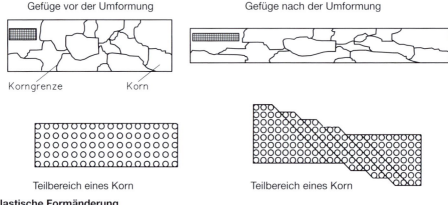

Plastische Formänderung

> Bei der Entstehung eines Kristallgitters aus einer riesigen Anzahl von Atomen kann sich (im Bruchteil von Sekunden) kein ideal geordnetes Gitter aufbauen. Somit ergeben sich immer Baufehler (wie Punktfehler, Linienfehler).

Gitterfehler bestimmen die Vorgänge der plastischen Verformung. Sie verringern die Festigkeit der Werkstoffe. Bei Realkristallen (Kristalle mit Baufehler) erfolgt die Verformung längs der Gleitebenen durch Wandern der Versetzungen. Sie erfordern geringsten Energieaufwand.

Versetzungen wandern bei Belastung durch das Kristallgefüge und bewirken dadurch ein Gleiten der Gitterebenen um jeweils einen Atomabstand. Nach diesem Mechanismus ist für eine Verschiebung einer ganzen Netzebene nur eine geringe Kraft notwendig.

Der Festkörperphysiker Mott erklärt Versetzungsvorgänge mit dem „Teppichprinzip". Zum Verschieben eines Teppichs gibt es zwei Möglichkeiten. Entweder er wird von der einen zur anderen Seite gezogen oder an einem Ende wird eine Falte gebildet und diese langsam bis an das andere Ende bewegt. Die zweite Methode erfordert bei einem großen, schweren Teppich erheblich weniger Anstrengung. Die Teppichfalte übernimmt in diesem Modell die Rolle der Versetzung.

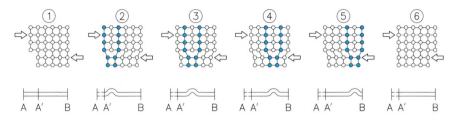

Teppichmodell

Die Verformungen von Metallen erfolgen entlang der Gleitebenen. Hierbei drückt eine Halbebene gegen ihre benachbarte, wodurch diese versetzt wird und so ihren Platz für die erste Halbebene frei macht usw. Auf diese Weise wandert die Versetzung durch das Kristallgitter. Diese Verschiebung ist gleichzusetzen mit dem Abgleiten entlang einer Längsebene durch Verschiebung einer Stufenversetzung.

Um die Festigkeit von Metallen zu erhöhen, muss das Wandern von Versetzungen durch Hindernisse und Blockaden im Kristallgefüge erschwert werden. Gitterfehler und Versetzungen bewirken eine Verspannung im Gefüge.

> Bei der Verfestigung verringern sich Bruchdehnung und Zähigkeit, während die Festigkeit, Streckgrenze und Härte des Werkstoffs zunehmen.

3.5.2 Rekristallisation

Die Rekristallisation ist eine Wärmebehandlung des Werkstoffs nach dem Kaltumformen. Sie bewirkt eine Neubildung des verzerrten kristallinen Gefüges und führt zum Abbau von Spannungen im Gefüge. Somit entsteht wieder ein Gefüge aus gleichmäßig ausgebildeten Körnern. Die Verspannungen und die Festigkeit nehmen ab, wodurch der Werkstoff erneut weiter verformt werden kann. Mit steigendem Verformungsgrad sinkt die notwendige Rekristallisationstemperatur.

Schwache Verformungen bilden grobkörnige Gefüge. Starke Verformungen ergeben ein feinkörniges Gefüge, weil viele der verformten Kristalle zerfallen und neue Keine ergeben.

> Je höher der bei der plastischen Verformung erzielte Verformungsgrad ist, umso niedriger ist die benötigte Rekristallisationstemperatur zur Beseitigung der Kaltverfestigung und umso feinkörniger ist das neu entstandene Gefüge.

Der Verformungsgrad v berechnet sich aus dem Quotienten der Querschnittsänderung und dem Anfangsquerschnitt des Werkstücks in Prozent.

$$\text{Verformungsgrad} = \frac{\text{Endquerschnittsfläche} - \text{Anfangsquerschnittsfläche}}{\text{Anfangsquerschnittsfläche}} \cdot 100 \text{ in \%}$$

$$v = \frac{A_2 - A_0}{A_0} \cdot 100 \text{ \%}$$

v Verformungsgrad in %
A_2 Endquerschnittsfläche in mm²
A_0 Anfangsquerschnittsfläche in mm²

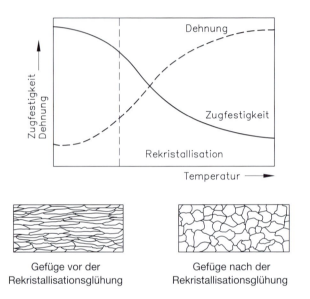

Änderung von Dehnung, Zugfestigkeit und Korngrenzen durch Rekristallisation

3.5.3 Kaltverformung und Warmverformung

Bei der Formgebung der Metalle wird zwischen einer Kaltverformung und einer Warmverformung unterschieden.

Die Kaltverformung führt durch Blockieren der Versetzungen zu einer Verfestigung des Gitters, ohne Gefügeneubildung. Dabei werden die Härte und die Zugfestigkeit erhöht, während sich die Zähigkeit und die Dehnung vermindern. Die Verformbarkeit ist begrenzt.

Die Verfestigung durch Umformen bei niedriger Temperatur wird Kaltverfestigung genannt. Härte und Festigkeit werden erhöht.

II Metallische Werkstoffe

Änderung von Dehnung, Zugfestigkeit und Korngrenzen durch Kaltverformung

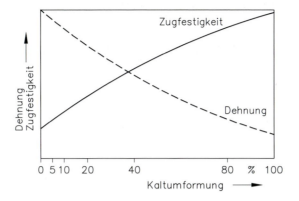

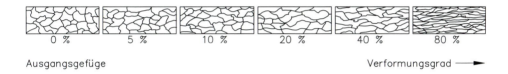

0 % 5 % 10 % 20 % 40 % 80 %

Ausgangsgefüge   Verformungsgrad ⟶

> Bei der **Kaltverformung** findet die Umformung des Werkstoffs unterhalb der Rekristallisationstemperatur statt.
> Die **Warmverformung** erfolgt über der Rekristallisationstemperatur. Hierbei laufen Verfestigung und Rekristallisation gleichzeitig ab.

Bei der Warmverformung erfolgt eine permanente Rekristallisation bei abnehmender Temperatur. Das Gefüge wird während der Formänderung feinkörniger und die Verformungsarbeit kleiner. Der Verformungsgrad ist hierbei nahezu unbegrenzt.

Ein Beispiel für Warmverformung ist das Schmieden. Hier entsteht ständig ein neues Gefüge. Die Festigkeit und die Zähigkeit in Streckrichtung steigen.

Vorteil der Warmverformung

Die geforderten Verformungsgrade werden mit geringerem Kraftaufwand als bei der Kaltumformung erreicht.

Beispiel:
Wird Blei bei Raumtemperatur (ca. 20 °C) plastisch verformt, so ist dies eine Warmverformung, denn Blei hat eine sehr niedrige Rekristallisationstemperatur (−33 °C). Deshalb ist bei Blei eine Verformung ohne auftretende Verfestigung möglich.

Die Rekristallisationstemperatur errechnet sich nach der Faustformel:

> Rekristallisationstemperatur ≈ 0,4 · Schmelztemperatur in Kelvin

$$T_R \approx 0{,}4\, T_S$$

> Rekristallisationstemperatur ≈ 0,4 (Schmelztemperatur +273) −273 in °Celsius

$$\vartheta_R \approx 0{,}4\, (\vartheta_S + 273) - 273$$

T_R Rekristallisationstemperatur in Kelvin
ϑ_R Rekristallisationstemperatur in °Celsius
T_S Schmelztemperatur in Kelvin
ϑ_S Schmelztemperatur in °Celsius

Die Rekristallisationstemperatur ist sehr stark vom Verformungsgrad der Kristallite abhängig. Bei steigender Verformung erhöhen sich die Spannungen in den Kristalliten. Damit benötigen die Kristallite eine geringere Wärmeenergie, um zu zerfallen und zu rekristallisieren.

> Je höher der Verformungsgrad, desto geringer ist die Rekristallisationstemperatur.

Metalle	Schmelztemperatur ϑ_S in °C	Rekristallisationstemperatur ϑ_R in °C	
		aus ϑ_S berechnet	gemessen
Blei	327	−33	0
Zinn	232	−71	0
Zink	419	4	10 bis 80
Aluminium	660	100	150
Kupfer	1083	270	200
Eisen	1536	450	400

Schmelztemperaturen und Rekristallisationstemperaturen einiger Metalle

3.5.4 Diffusion im Kristallgitter

Die Kristallgitter der Werkstoffe sind keine starren, unveränderlichen Gebilde. Bei steigender Temperatur bewegen sich die Atome um ihre Ruhelage. Die Schwingungen der Atome werden mit zunehmender Temperatur immer heftiger und die Möglichkeit der Atome, im Gitter zu wandern, nimmt zu. Besonders begünstigt werden diese temperaturabhängigen Platzwechselvorgänge durch Baufehler, wie Leerstellen oder Fremdatome. Der durch die Wärmezufuhr ausgelöste Platzwechsel der Atome wird als **Diffusion** bezeichnet.

Selbstdiffusion	Fremddiffusion
Bei der Selbstdiffusion springen die Atome in Leerstellen des eigenen Gitters.	Befinden sich in einem Gitter auch Atome einer anderen Elementart (Fremdatome) in einer nicht gleichmäßigen Konzentration, so bewegen sich diese im Gitterverband, bis sich eine gleichmäßige Verteilung einstellt.

Diffusionsarten

> Die Leerstellendiffusion ist die wichtigste Diffusionsart bei den Metallen. Sie beeinflusst u. a. die Korrosion. Die Diffusion ist temperatur- und zeitabhängig.

Die Diffusion läuft nur bei sehr hoher Temperatur und bei langsamer Abkühlung ab. Eine schnelle Abkühlung behindert die Diffusion oder verhindert sie gänzlich.

3.6 Eigenschaftsänderung durch Legieren

Für viele technische Anwendungen sind reine Metalle ungeeignet. Deshalb werden Legierungen verarbeitet.

Metalllegierungen bestehen aus mindestens zwei chemischen Elementen, von denen mindestens eines einen metallischen Charakter besitzt. Diese Elemente werden als Komponenten einer Zwei-, Drei- oder Mehrstoff-Legierung bezeichnet. Durch entsprechende Wahl des Legierungselements werden die Eigenschaften dem jeweiligen Verwendungszweck angepasst.

So bestehen z. B. Weichlot-Legierungen aus den Komponenten Blei und Zinn (Zweistoff-Legierung). Legierte Stähle enthalten neben Eisen und Kohlenstoff mindestens noch eine weitere Legierungskomponente, z. B. Chrom und Vanadium (Drei- oder Mehrstoff-Legierung).

Zur Kennzeichnung der Legierungen werden normalerweise neben dem Grundmetall die zugeführten Komponenten angegeben: z. B. eine Al-Si-Legierung hat als Grundmetall Aluminium und Silicium als Zusatzkomponente. Verunreinigungen werden nicht ausgewiesen, da sie auf grund ihrer geringen Menge keinen oder nur einen unwesentlichen Einfluss auf die Eigenschaften haben.

> Durch Legieren werden Werkstoffe mit genau definierten Eigenschaften hergestellt.

Eigenschaftsänderung durch Legieren

Legierungsstrukturen

Viele Metalle mischen sich im geschmolzenen Zustand. Die erstarrte Lösung ist die **Legierung**. Je nach Art der Verteilung (homogen[6] oder heterogen[7]) der Elemente im Kristallgitter wird von einer **homogenen Legierung** oder von einer **heterogenen Legierung** gesprochen.

Eine **Legierung** ist **homogen**, wenn alle ihre Kristalle die gleiche Zusammensetzung haben. Die Kristalle können sich aber nach Größe und Gestalt stark unterscheiden. Homogene Legierungen bilden sogenannte **Mischkristalle** aus.

Heterogene Legierungen bestehen aus mindestens zwei in ihrer Zusammensetzung verschiedenen Körnern. Das Gefüge ist ein sogenanntes **Kristallgemisch**.

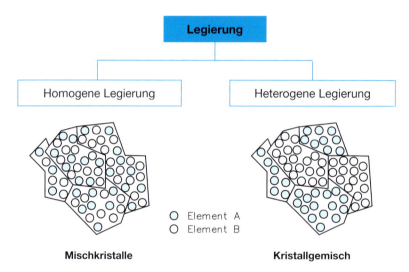

Das **Mischkristall-Gefüge** besteht aus homogen angeordneten Körnern, welche aber selbst heterogen aufgebaut sind.

Das **Kristallgemisch** enthält heterogen angeordnete Körner. Diese Körner bestehen aus mindestens zwei verschiedenen Kristallarten, die Mischkristalle oder reine Kristalle sein können.

Legierungsarten

---

[6] homoios (gri.): gleich, gennan (gri.): erzeugen
[7] heteros (gri.): anders

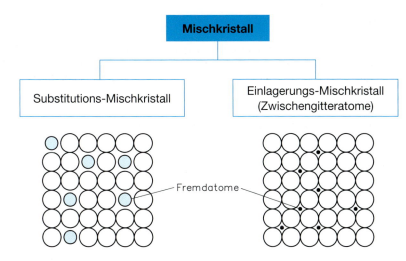

Fremdatome treten an die Stelle der Atome des aufnehmenden Gitterverbandes.

Fremdatome mit besonders kleinen Atomradien werden auf Zwischengitterplätzen eingebaut.

Aufgaben:

1. Erläutern Sie den Begriff Legierung.

2. Erklären Sie mit Hilfe einer Skizze den Unterschied zwischen Mischkristall und Kristallgemisch.

3. Wie entstehen die Einlagerungs-Mischkristalle und welche Eigenschaften ergeben sich?

4. a) Welche Art von Mischkristall bilden Eisen- und Kohlenstoffatome?
   (Atomradius von Kohlenstoff: $0{,}71 \cdot 10^{-10}$m, Atomradius von Eisen: $1{,}14 \cdot 10^{-10}$m)
   b) Welche Art von Mischkristall bilden Kupfer- und Goldatome?
   (Atomradius von Kupfer: $1{,}3 \cdot 10^{-10}$m, Atomradius von Eisen: $1{,}14 \cdot 10^{-10}$m)

5. Strukturieren Sie in einer graphischen Übersicht die Legierungsarten, deren Gefüge und Kristallaufbau.

3.6.1 Zustandsdiagramme – Grundtypen

Das Gefüge bildet sich während der Abkühlung aus der Schmelze. Wird der zeitliche Verlauf der Temperatur graphisch dargestellt, ergibt sich die Abkühlungskurve der Schmelze.

Beispiel: Abkühlungskurve (Erstarrungskurve) eines reinen Zinks[8]

1. Das reine Zink wird geschmolzen und erheblich über den Schmelzpunkt hinaus erwärmt.
2. Die Zinkschmelze kühlt ab. Die Temperatur der Schmelze wird in kurzen, gleichen Zeitabständen gemessen.
3. Das Diagramm zeigt die Abkühlungskurve von Zink.

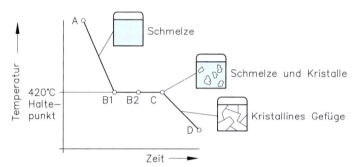

Erstarrungskurve von reinem Zink

Auswertung

A-B: In diesem Bereich kühlt die Schmelze gleichmäßig ab.

B1: Beginn der Erstarrung.

B1-C: In diesem Zustand findet der Übergang vom flüssigen in den festen, kristallinen Zustand des Metalls statt. Trotz Wärmeentzug bleibt die Temperatur wegen der Erstarrungswärme konstant. Erst bei vollständiger Erstarrung des Metalls sinkt die Temperatur weiter.

B2: Wachsen der Kristalle.

C: Ende der Erstarrung.

C-D: Das nun feste Metall kühlt gleichmäßig bis auf Raumtemperatur ab.

Am Haltepunkt beginnt und endet die Erstarrung bei konstanter Temperatur. Alle reinen Metalle weisen einen Haltepunkt auf.

---

[8] Der Name Zink kommt daher, weil das Zinkmineral Galmei häufig Zinken (Zacken) aufweist. Der dt. Arzt Paracelsus gebrauchte daher das Wort Zinck für dieses Mineral, das dann auf das daraus gewinnbare Metall übertragen wurde.

Abkühlungskurven für verschiedene Werkstofftypen verlaufen unterschiedlich. Knick- und Haltepunkte deuten auf Phasenänderungen (Änderung des Aggregatzustandes) hin.

Abkühlungs-kurve	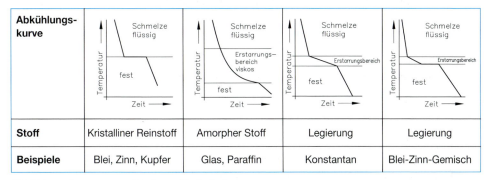			
Stoff	Kristalliner Reinstoff	Amorpher Stoff	Legierung	Legierung
Beispiele	Blei, Zinn, Kupfer	Glas, Paraffin	Konstantan	Blei-Zinn-Gemisch

Abkühlungskurven verschiedener Werkstoffe

Kristalline Reinstoffe besitzen nur einen Haltepunkt. Die Temperatur am Haltepunkt entspricht dem Schmelzpunkt des Werkstoffs. Die Temperatur am Schmelzpunkt ist gleich der Erstarrungstemperatur.

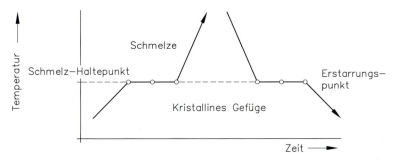

Schmelzkurve und Abkühlungskurve eines Metalls

Amorphe Werkstoffe weisen keinen Haltepunkt auf. Die Schmelze wird bei Abkühlung immer zähflüssiger, bis sie völlig erstarrt ist. Nach er Erstarrung verläuft die Abkühlungskurve linear.

Eine Legierung zeigt wegen der verschiedenen Schmelzpunkte der Legierungskomponenten einen Schmelz- und Erstarrungsbereich im Zustandsschaubild. Unterschiedliche Mischungsverhältnisse beeinflussen den Erstarrungsbeginn.

Einige Legierungen zeigen neben einem Erstarrungsbereich auch noch eine Haltelinie in ihrer Abkühlungskurve.

> Stoffgemische mit zwei Legierungskomponenten ergeben binäre[9] Zustandsdiagramme.

---

[9] binär: aus zwei Einheiten bestehend

Eigenschaftsänderung durch Legieren

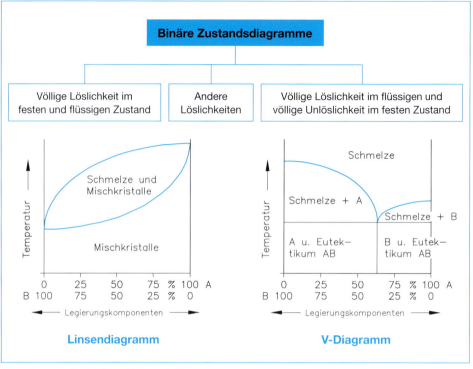

Grundformen der binären Zustandsdiagramme

Wie ein binäres Zustandsschaubild aus Abkühlungskurven entwickelt wird, soll an einer Zweistoff-Legierung (z. B. Konstantan: Kupfer-Nickel-Legierung) erläutert werden.

Linsendiagramm

Kennwerte	Kupfer[10]	Nickel[11]
Atomradius in picometer	1,17	1,15
Chemische Wertigkeit	+2	+2
Gittertyp	kfz	kfz
Redoxpotential in Volt	+0,34	−0,23
Schmelzpunkt in °C	1083	1453

Werkstoffkennwerte der Komponenten

---

[10] Kupfer (lat. cuprum) wurde nach dem Fundort Zypern (lat. cyprium) benannt.
[11] Der Name Nickel kommt von den türkischen Berggeistern (Kobolden, Nickel). Die Cobalterze sind den Kupfererzen sehr ähnlich. Die Bergleute konnten aber aus ihnen weder Kupfer noch Nickel gewinnen und glaubten sich deshalb von diesen Berggeistern genarrt.

Konstruktion des Linsendiagramms aus Cu-Ni-Legierungen

1. Für verschiedene Zusammensetzungen der Cu-Ni-Verbindungen werden die Abkühlungskurven ermittelt und nebeneinander in einem Koordinatensystem angetragen.

Metall	Reinmetall	Legierung 2	Legierung 3	Legierung 4	Legierung 5	Legierung 6
Kupfer	100 %	80 %	60 %	40 %	20 %	0 %
Nickel	0 %	20 %	40 %	60 %	80 %	100 %

Angaben in Gewichtsprozent

2. Neben den Abkühlungskurven wird ein neues Koordinatensystem gezeichnet. Auf der Ordinate wird die Temperatur, auf der Abszisse werden die Konzentrationen angetragen.
3. Die einzelnen Knick- und Haltepunkte werden in das Konzentrations-Temperatur-Schaubild übertragen.
4. Durch Verbinden der Knick- und Haltepunkte im Zustandsdiagramm lassen sich die Phasengrenzen rekonstruieren. Das Zustandsschaubild zeigt die Form einer Linse.

Abkühlungskurven und Zustandsdiagramm von Cu-Ni-Legierungen

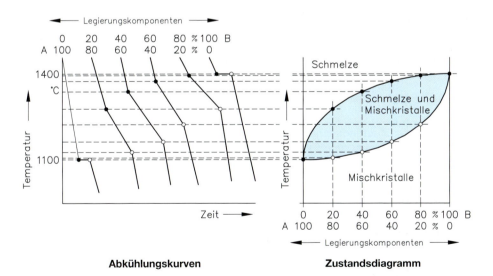

Abkühlungskurven   Zustandsdiagramm

Auswertung der Abkühlungskurven

Die Abkühlungskurven des reinen Kupfers und des reinen Nickels zeigen einen Haltepunkt (Schmelzpunkt). Die anderen Abkühlungskurven der Cu-Ni-Legierungen weisen keinen Haltepunkt auf, sondern zeigen zwei Knickpunkte.

Abkühlungskurve

Die Legierung (60 % Cu – 40% Ni) weist ein Erstarrungsintervall zwischen den Temperaturen 1280 °C und 1205 °C auf, da zunächst Kristallkeime (Dendrite) gebildet werden, die sehr nickelhaltig (ca. 98 % Ni und 2% Cu) sind. Durch die Ausscheidung dieser dendritenförmig wachsenden Primärmischkristalle mit hohem Nickelgehalt verarmt die Schmelze an Nickel und die Schmelztemperatur wird erniedrigt. So liegt bei 1250 °C ein Verhältnis Schmelze : Mischkristalle von 65:35 vor, während in den Mischkristallen eine Konzentration von Cu:Ni = 48:52 herrscht. Gleichzeitig mit der Änderung der Zusammensetzung der Schmelze ändert sich aber auch infolge der Diffusion die Zusammensetzung der gebildeten Ni-reichen Kristalle. Nach Abschluss der Diffusion weisen die festen Mischkristalle wieder eine Konzentration von Cu:Ni = 60:40 auf. Bei der Temperatur von 1195 °C ist die gesamte Legierung vollständig erstarrt.

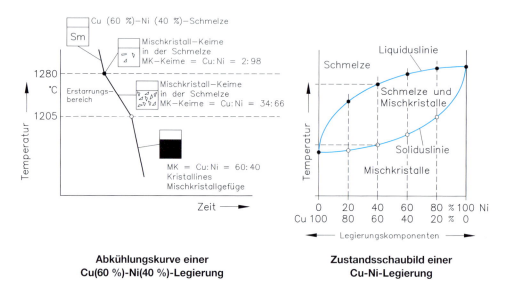

Abkühlungskurve einer
Cu(60 %)-Ni(40 %)-Legierung

Zustandsschaubild einer
Cu-Ni-Legierung

Auswertung des Zustandsschaubildes

Das Linsendiagramm ist typisch für Legierungssysteme mit lückenloser Mischkristallbildung. Der Vergleich von Atomradien, Wertigkeit und Gittertyp ergibt, dass beide Komponenten fast identisch sind.

Die *obere Verbindungslinie der Knickpunkte* stellt die Grenzlinie der Schmelze zum flüssig-kristallinen-Bereich dar. Ihr Name ist **Liquiduslinie**[12]. Oberhalb dieser Liquiduslinie ist die Legierung flüssig. Die Liquiduslinie kennzeichnet die beginnende Erstarrung der Kristalle.

Die *Verbindungslinie der unteren Knickpunkte* stellt die Grenzlinie des flüssig-kristallinen-Bereichs zum kristallinen-Bereich dar. Ihr Name lautet **Soliduslinie**[13]. Unterhalb dieser Soliduslinie ist die Legierung vollständig kristallin, also fest, erstarrt. Die Soliduslinie kennzeichnet die beendete Erstarrung der Kristalle.

Im Bereich zwischen der Liquiduslinie und der Soliduslinie liegen in der Schmelze feste Mischkristalle aus Kupfer und Nickel vor. Die Schmelze ist hier teilweise flüssig und teilweise kristallin, also teigig.

---

[12] liquidus (lat.): flüssig
[13] solidus (lat.): fest

Linsendiagramme sind binäre Zustandsbilder von Legierungen, deren Komponenten völlig ineinander löslich (unbegrenzt mischbar) sind. Sie bilden Mischkristalle aus. Diese unbegrenzte Mischbarkeit ist ein Sonderfall unter den Legierungen. Er tritt nur auf, wenn die beiden Komponenten in den gleichen Gittertypen kristallisieren und die Atomdurchmesser der beteiligten Elemente sich nicht stark voneinander unterscheiden.

Legierungen mit Mischkristallen schmelzen und erstarren in einem Temperaturintervall.

Die Mischkristallbildung beeinflusst stark die Eigenschaften der Legierung. So werden durch den Einbau von Fremdatomen in das Kristallgitter die Zugfestigkeit und die Härte, aber auch der elektrische Widerstand dieser Komponente deutlich erhöht, während die Dehnung und der Temperaturkoeffizient des elektrischen Widerstandes sich verringern.

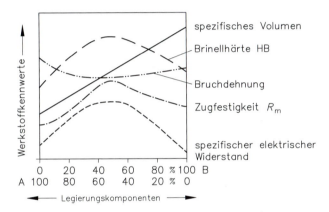

Eigenschaftsänderung durch Mischkristallbildung

Arbeiten mit dem Linsendiagramm

1. Bestimmung der Temperaturwerte des Erstarrungsintervalls

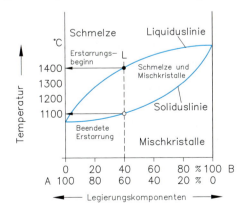

2. Ermittlung der durchschnittlichen Konzentration der Phasen bei gegebener Temperatur

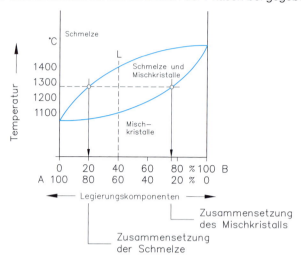

3. Berechnung der Zusammensetzung im Zweiphasenbereich bei vorgegebener Temperatur und Legierungskonzentration.

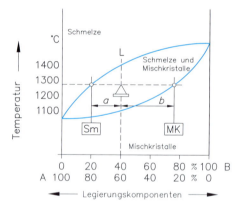

Die Berechnung der Massen erfolgt mit Hilfe des **Gesetzes der „abgewandten" Hebelarme**. Bei konstanter Temperatur sind die Phasenmengen den zugehörigen (abgewandten) Abszissenabschnitten umgekehrt proportional.

Das Verhältnis der Massen entspricht dem Verhältnis der Strecken.

$$\frac{[\text{Schmelze}]}{[\text{Mischkristalle}]} = \frac{\text{Strecke } b}{\text{Strecke } a}$$

Die der Schmelze abgewandte Strecke bestimmt deren Massenanteil, während die den Mischkristallen abgewandte Strecke den Massenanteil der Mischkristalle bestimmt.

Strecke *a*: Massenanteil der Mischkristalle
Strecke *b*: Massenanteil der Schmelze
Strecke *a* + *b*: Gesamte Masse der Legierung (100 %)

Ermittlung der Konzentrationsanteile für die:

Schmelze	Mischkristalle
$[Sm] = \dfrac{b}{a+b} \cdot 100\,\%$	$[Mk] = \dfrac{a}{a+b} \cdot 100\,\%$

Beispiel: Anwendung des Zustandsdiagramm szur Untersuchung einer Legierung.

Aufgabe: Für eine Legierung mit 40 % Komponente B (aus Zustandsdiagramm von Seite 81 und 82) sind zu ermitteln:
1. Temperatur bei Beginn und bei Ende der Erstarrung
2. Zusammensetzung von Schmelze und Mischkristallen bei 1280 °C
3. Menge an Mischkristallen und Schmelze bei 1280 °C und einem Einsatz von 500 kg

Lösung: 1. Erstarrungsbeginn 1340 °C und beendete Erstarrung 1100 °C
2. Zusammensetzung der Mischkristalle: 75 % B und 25 % A
   Zusammensetzung der Schmelze: 20 % B und 80 % A
3. Strecke *a* = 8 Teile und Strecke *b* = 14 Teile
   Einsatz = *a* + *b* = 22 Teile = 500 kg

$$\text{Mischkristalle } a = 500\,\text{kg} \cdot \frac{8}{8+14} = 181{,}82\,\text{kg Mischkristalle}$$

$$\text{Schmelze } \quad b = 500\,\text{kg} \cdot \frac{14}{8+14} = 318{,}18\,\text{kg Schmelze}$$

V-Diagramm

Legierungen mit einer vollkommenen Löslichkeit der Komponenten in der flüssigen Phase und einer totalen Unmischbarkeit im kristallinen Zustand bilden ein **eutektisches System**[14]. Werden die Zusammensetzungen der Schmelze, die Schmelz- und Knickpunkte sowie die eutektische Temperatur der Abkühlungskurven in ein Zustandsschaubild eingetragen, entsteht ein Diagramm mit der Form des Buchstaben **V**, das **V-Diagramm**.

Beispiel: Blei-Antimon-Legierungen

Kennwerte	Blei	Antimon
Symbol des chem. Elemente	Pb	Sb
Atomradius in picometer	1,54	1,41
Gittertyp	kfz	rhombisch
Chem. Wertigkeit	2 und 4	3 und 5
Schmelzpunkt in °C	327 °C	630 °C
Redoxpotential in Volt	– 0,13 V	+ 0,2 V
Dichte in kg/dm³	11,34 kg/dm³	6,68 kg/dm³

Werkstoffkennwerte der Komponenten

---
[14] eutektikos (gri.): leicht schmelzbar, gut bearbeitbar, gut geformt

Bei der thermischen Analyse der Pb-Sb-Gemenge zeigen die Abkühlungskurven der reinen Metalle Blei und Antimon einen Haltepunkt in Höhe ihrer Schmelzpunkte (Blei: 327 °C, Antimon: 630 °C), welcher durch das Freiwerden der Kristallisationswärme beim Übergang von der flüssigen zur festen Phase bedingt ist.

Die Abkühlungskurven mit Pb-Sb-Komponenten zeigen einen Knickpunkt und einen Haltepunkt, der aber unterhalb der Schmelzpunkte der reinen Kristalle liegt.

Bei Mischungsverhältnissen, die vom eutektischen Gemisch abweichen, scheidet sich die Überschusskomponente als Primärkristalle aus. Hat die Restschmelze die Konzentration des Eutektikums erreicht, erstarrt sie sofort.

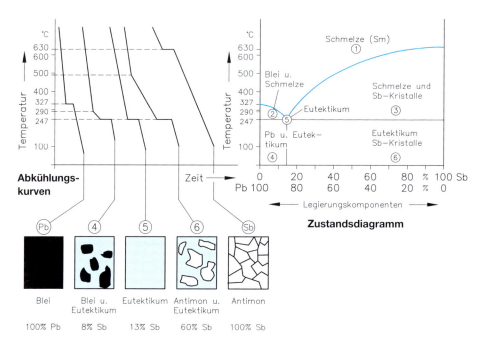

Gefügebilder der Blei-Antimon-Legierungen

Erklärung:

- In einem Pb-Sb-Gemisch mit einem Bleianteil größer 87 % (2) bilden sich zuerst reine Blei-Kristalle (sogenannte Primärkristalle), bevor am Haltepunkt von ca. 247 °C die Restschmelze plötzlich erstarrt (4).

- Die Pb-Sb-Gemische mit einer Zusammensetzung von *Pb < 87 %* (3) bilden zuerst reine Antimon-Kristalle aus, bevor am Haltepunkt von ca. 247 °C ein plötzliches Erstarren der verbleibenden Schmelze einsetzt (6).

- Das Pb-Sb-Gemisch mit einer Zusammensetzung von *Pb:Sb = 87 %:13 %* (5) erstarrt sofort am Haltepunkt bei ca. 247 °C (kein Erstarrungsbereich). Dieses Gemisch wird **eutektisches Gemisch** oder **Eutektikum** genannt. Im **Eutektikum** liegen kleine Kristallite beider Metalle in sehr feiner, inniger Verteilung nebeneinander vor.

Das V-Diagramm des Pb/Sb-Systems zeigt sechs Zustandsbereiche:

- In der Schmelze sind Blei und Antimon homogen ineinander gelöst,
- Bleikristalle liegen in einer Pb-Sb-Schmelze,
- Antimon-Kristalle liegen in einer Pb-Sb-Schmelze,
- Blei-Kristalle sind vom festen Eutektikum umhüllt **(untereutektisch)**,
- Eutektikum,
- Antimon-Kristalle sind vom festen Eutektikum umhüllt **(übereutektisch)**.

> Eutektische Legierungen weisen wegen der feinkörnigen Gefügeausbildung z. B. höhere Festigkeit, niedrigere Erstarrungstemperatur als ihre reinen Komponenten auf und lassen sich gut vergießen.

Anwendungsbeispiele:

Eutektische Legierungen bleiben bis zum Erstarrungspunkt dünnflüssig und haben einen niedrigen Schmelzpunkt. Sie sind vor allem als Gusslegierungen (z. B. AlSi 12 : Grauguss) oder als Lote (z. B. Lötzinn LSn62 hat eine Zusammensetzung Pb : Sn = 38 : 62) von großem technischen Interesse.

Eutektische Gemische gibt es nicht nur bei Metallen. So lässt sich Aluminiumoxid mit 81,5 % Kryolith schon bei 950 °C schmelzen, während der Schmelzpunkt von reinem Aluminiumoxid bei 2015 °C liegt. Dies bedeutet eine erhebliche Energieeinsparung bei der Aluminiumerzeugung.

Auch bei Kältemischungen ist das eutektische Gemisch von entscheidender Bedeutung:

- So kann eine Eis-Salz-Mischung den Gefrierpunkt deutlich unter 0 °C senken.
  z. B. Eis : NaCl = 100 : 31 auf –21 °C, Eis : $CaCl_2$ = 100 : 143 auf –55 °C.
  Anwendung: Im Winter als Streusalz.

- Zu Kühlzwecken wird Trockeneis (festes CO_2) mit Alkohol vermengt, wodurch der Gefrierpunkt auf –78 °C zurückgeht.

	Reine Metalle	Legierungen	
		mit Mischkristallen	mit Kristallgemisch
Gitter-aufbau		völlige Löslichkeit im flüssigen und festen Zustand	völlige Löslichkeit im flüssigen und völlige Unlöslichkeit im festen Zustand
		Aufbau eines gemeinsamen Gitters Fremdatom auf Gitterplätzen / Fremdatom in Gitterlücken **Substitutions-mischkristall** / **Einlagerungs-mischkristall**	getrennter Gitteraufbau ● Komponente A ○ Komponente B

Eigenschaftsänderung durch Legieren

	Reine Metalle	Legierungen	
		mit Mischkristallen	mit Kristallgemisch
Abkühlungs-verlauf	Kurve: Schmelze – Schmelzpunkt – Erstarrung – Kristallines Gefüge (Temperatur/Zeit)	Kurve: Schmelze – Ausscheiden von Mischkristallen – Erstarrungsbereich – festes Gefüge	Kurve oben: Schmelze – Primärausscheidung – Erstarrungsbereich – festes Gefüge; Kurve unten: Schmelze – Eutektikum – festes Gefüge
Gefügebild	(Kristallgefüge)	(Mischkristallgefüge)	A und Eutektikum / Eutektikum aus A und B / B und Eutektikum
Allgemeine Eigenschaften		geringe Unterschiede der Atomradien; gleiche bzw. gleichdichte Kristallgitter; geringe Differenz der Redoxpotenziale; gleiche Anzahl der Valenzelektronen (gleiche Wertigkeit)	heterogenes Kristallgefüge; Eine der Komponenten ist härter und spröder als die andere.
Technologische Eigenschaften			
Kaltumformung		Alle Kristalle sind beteiligt. Wenn einfache Kristallgitter (kfz, krz) vorliegen, ist die Kaltumformung gut bis sehr gut.	Die Kaltumformung ist gering, weil nur die „weichere" Kristallart daran teilnimmt.
Zerspanbarkeit		Fließspan und Schmieren des Werkstoffs, weil die spröde bzw. spanbrechende Phase fehlt.	Die Zerspanbarkeit ist gut. Die sprödere Komponente bricht den Span. Kein Fließspan!
Gießbarkeit		Weniger gut, da der längere Erstarrungsbereich und die Kristallseigerung zu größeren Schwindmaßen und somit zu inneren Spannungen führen.	Gute Gießbarkeit; geringes Schwindmaß; gutes Formfüllungsvermögen; niedrigere Schmelztemperatur als bei reinen Metallen
Verwendung		Knetlegierungen Widerstandslegierungen Korrosionsbeständige Legierungen	Automatenlegierungen Gusslegierungen Lagermetalle

Gegenüberstellung reiner Metalle mit binären Legierungen mit Mischkristall- und Kristallgemischbildung

Aufgaben:

1. Welche Art eines Mischkristalls bilden folgende Komponenten aus?

Element	Eisen	Gold	Kupfer	Kohlenstoff
Atomradius	228 pm	280 pm	255 pm	142 pm

(pm picometer)

a) Eisen und Kohlenstoff
b) Kupfer und Gold

2. Ist zwischen Blei und Zink eine vollkommene Löslichkeit im festen Zustand zu erwarten? Begründen Sie Ihre Antwort.

Kennwerte	Blei	Zink
Dichte in kg/dm^3	11,3	7,1
Relative Atommasse in u	207	65
Gittertyp	kfz	hd
Schmelzpunkt in °C	327	419

3. Ein Werkstofflabor hat den Auftrag erhalten eine Probe dahingehend zu untersuchen, ob es sich dabei um eine Legierung mit vollkommener Mischkristallbildung oder um reines Metall handelt. Wie wäre eine Überprüfung möglich, ohne dass eine chemische Analyse erfolgt? Begründen Sie Ihre Antwort.

4. Zu welchen Legierungsarten gehören folgende Abkühlungskurven?

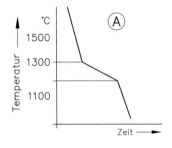
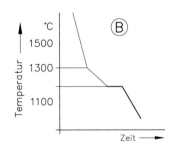

5. In der Elektroindustrie werden möglichst niedrig schmelzende, schnell erstarrende Lote benötigt. Welche Blei-Zinn-Legierung empfehlen Sie?

6. Ein Ausschnitt eines Al-Si-Zustandsdiagramm hat folgendes Aussehen:

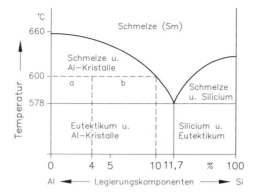

Untersuchen Sie die Legierung mit 4 % Silicium.

a) Bei welcher Temperatur beginnt die Erstarrung?

b) Zeichnen Sie die Abkühlungskurve für die beginnende Erstarrung und beschriften Sie die wichtigen Punkte und Bereiche.

c) Ordnen Sie den skizzierten Gefügebildern den Prozentanteil an Silicium zu und beschriften Sie die Bestandteile der Gefüge.

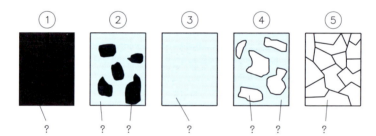

7. Ordnen Sie den Darstellungen die folgenden Texte zu:

a) Gefügebild einer Legierung mit Kristallgemenge.

b) Gefügebild einer Legierung mit Mischkristallen.

c) Gitteraufbau einer Legierung mit Kristallgemenge.

d) Gitteraufbau einer Legierung mit Mischkristallen.

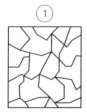

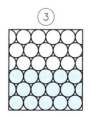

8. Übernehmen und beschriften Sie das Zustandsschaubild der Silber-Kupfer-Legierung.

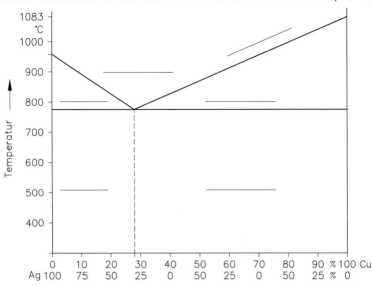

3.6.2 Eisen-Kohlenstoff-Diagramm

Zustandsschaubilder realer Stoffsysteme sind meistens wesentlich komplexer als das Linsendiagramm bzw. das V-Diagramm. Die beiden genannten Diagrammarten stellen Sonderfälle der Legierungsbildung dar. Komplizierte Zustandsdiagramme können häufig auf die beiden Grundtypen zurückgeführt werden.

Eisenwerkstoffe verfügen auf Grund der besonderen Eigenschaften des Eisens über eine große technische und wirtschaftliche Bedeutung. Kein anderes Metall kann durch Legierungszusätze und Wärmebehandlungen in seinen Eigenschaften, und somit in seinen Verwendungsmöglichkeiten, so vielseitig verändert werden. Die wichtigste Eigenschaftsänderung ist die Steigerung der Festigkeit in Verbindung mit der Verringerung der Verformbarkeit. Den bedeutendsten Einfluss hat dabei der Kohlenstoff. Der Kohlenstoff senkt die Schmelztemperatur des Eisens erheblich. Dies bildet die Basis für eine gut Vergießbarkeit der meisten Eisengusswerkstoffe (Ausnahme: Stahlguss).

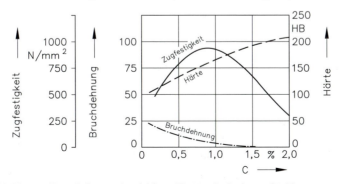

Einfluss des Kohlenstoffs auf die mechanischen Eigenschaften von Stahl

Das Eisen weist im Gegensatz zu anderen Metallen (z. B. Aluminium, Kupfer, Zink, Wismut, Cadmium) in seiner Abkühlungskurve mehrere Haltepunkte auf.

Abkühlungskurve von Eisen

δ-Eisen
Bei 1536 °C erstarrt Eisen aus der Schmelze zu Kristallen im krz-Gitter. Es ist nicht magnetisierbar (paramagnetisch).

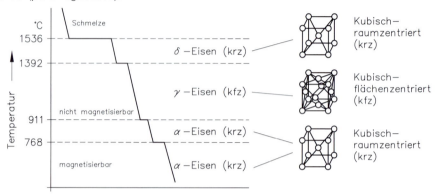

γ-Eisen
Beim Haltepunkt 1392 °C bauen die Fe-Atome das dichtere kfz-Gitter auf. Das γ-Eisen ist paramagnetisch.

α-Eisen
Am dritten Haltepunkt der Abkühlungskurve bei 911 °C bildet das Eisen wiederum ein krz-Gitter aus. Unterhalb 768 °C ist das Eisen wieder magnetisierbar (ferromagnetisch).
Diese Gitteränderungen des Eisens werden auch in der Längenausdehnungskurve (Dilatometerkurve) deutlich.

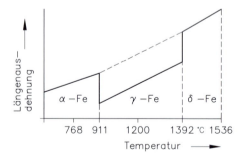

Die Längenausdehnungskurve zeigt bei Erwärmung bis 911 °C eine Längenzunahme. Hier verkürzt sich das Eisenstück schlagartig (Übergang von krz zum kfz Gitter). Das kfz-Gitter benötigt mehr Eisenatome zum Aufbau (kfz: 14 Atome pro Elementarzelle mit einer Gitterkonstanten von 364 pm, krz: 9 Atome pro Elementarzelle mit einer Gitterkonstanten von 290 pm) als das krz-Gitter, wodurch sich die Längenverkürzung ergibt. Bei weiterer Erwärmung nimmt die Länge wieder zu. Bei einer Temperatur von 1392 °C erfolgt ein schlagartiger Längenzuwachs (vom kfz zum krz Gitter). Bis zum Schmelzpunkt von 1536 °C nimmt die Länge weiter zu.

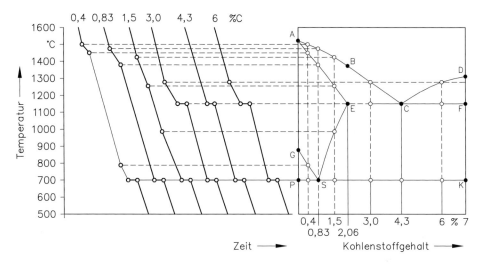

Abkühlungskurven für Fe-C-Legierungen   **Zustandsdiagramm für Fe-D-Legierungen**

Das Zustandsschaubild von Fe-C-Legierungen[15] stellt eine Kombination von Linsen-Diagrammen und V-Diagrammen dar.

Die Linienverläufe A-B und A-E zeigen eine Erstarrung gemäß dem Linsen-Diagrammtyp. Eisen und Kohlenstoff lösen sich im festen Zustand bis zu einem Kohlenstoffgehalt von 2,06%.
Das Gefüge oberhalb der Kurve G-S-E heißt Austenit[16]. Es besteht aus homogenen γ-Mischkristallen.

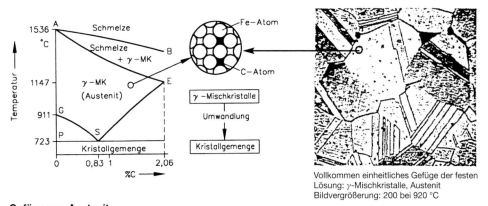

Vollkommen einheitliches Gefüge der festen Lösung: γ-Mischkristalle, Austenit
Bildvergrößerung: 200 bei 920 °C

Gefüge von Austenit

---

[15] Das Symbol Fe für Eisen leitet seinen Namen aus dem lateinischen „ferrum" ab, (französisch: fer, englisch: iron). Fe-C-Legierungen sind Eisen-Kohlenstoff-Legierungen.
[16] Benannt nach Sir W.C. Roberts-Austen

Die Erstarrung der Fe-C-Legierungen mit mehr als 2,06 % Kohlenstoff verläuft entlang der Linienzüge B-C-D und E-C-F. Hier erfolgt die Erstarrung gemäß dem **V-Diagramm-typ**.

> **Der eutektische Punkt liegt bei 1147 °C und 4,3 % Kohlenstoff.**
> **Der Gefügename des Eutektikums ist Ledeburit[17].**

Anmerkung: Die weitere Behandlung der Eisen-Kohlenstoff-Legierungen bezieht sich nur auf den Stahlbereich (Kohlenstoffanteil max. 2,06 %).

Der untere linke Teil des Zustandsschaubilds entspricht ebenfalls dem V-Diagrammtyp. Hier findet kein Übergang von der flüssigen zur kristallinen Phase, sondern ein Gitterwechsel von kfz nach krz. Die Löslichkeit des Kohlenstoffs hängt von der Temperatur und von der Gitterart des lösenden Mischkristalls ab. So vermag das γ-Eisen maximal 2,06 % Kohlenstoff, das α-Eisen aber nur 0,02 % Kohlenstoff zu lösen. Bei ca. 20 °C löst sich kaum Kohlenstoff im α-Eisen.

Ungelöster Kohlenstoff tritt im Eisen in zwei Modifikationen auf:

- Als elementarer Kohlenstoff (Graphit) oder
- als intermetallische Phase Fe_3C (chemische Bezeichnung: Eisencarbid[18], metallographische Bezeichnung: Zementit).

Wegen der zwei Modifikationen des Kohlenstoffs ergeben sich zwei Zustandsschaubilder in einem:

- Das stabile System Eisen-Graphit Fe-C und
- das metastabile[19] System Eisen-Eisencarbid $Fe-Fe_3C$ (Fe_3C zerfällt bei hohen Temperaturen).

Metastabiles System Eisen-Eisencarbid ($Fe-Fe_3C$)

Die ausgezogenen Linien im Zustandsdiagramm zeigen das $Fe-Fe_3C$-Diagramm. In diesem System kristallisieren die Stähle, Stahlguss, Hartguss und Temperguss. Das Eisencarbid hat ein kompliziertes Gitter. Es ist sehr hart und spröde. Reines Fe_3C enthält 6,67 % Kohlenstoff.

---

[17] Nach dem Metallurgen A. Ledebur benannt.
[18] carbon (lat.): Kohle
[19] meta (gri.): veränderlich, verschieden

II Metallische Werkstoffe

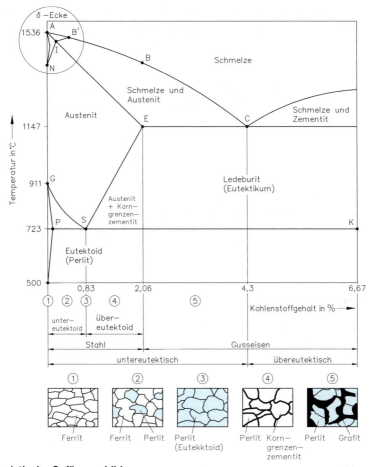

Charakteristische Gefügeausbildungen

Entsprechend den drei Gittermodifikationen des Eisens bilden sich auch drei Mischkristalle (MK) mit dem Kohlenstoff.

Phasenbezeichnung	Gefügename	max. C-Gehalt bei °C
δ-Mischkristall	δ-Ferrit	0,1 % bei 1493 °C
γ-Mischkristall	Austenit	2,06 % bei 1147 °C
α-Mischkristall	Ferrit	0,02 % bei 723 °C

Mischkristalle im Fe-Fe$_3$C-Diagramm

Der Kohlenstoff lagert sich in die Gitterlücken zwischen den Eisenatomen ein. Die δ-Mischkristalle und die sie umgebenden Phasen (δ-Ecke) entlang des LINIENZUGS A-B'-I-N haben nur eine geringe technische Bedeutung.

Phasenbezeichnung	Gefügename	entsteht durch	entsteht bei
Fe_3C	Primärzementit	Primäre Kristallisation aus der Schmelze	CD-Linie
Fe_3C	Sekundärzementit (Korngrenzenzementit)	Ausscheidung aus dem Austenit	ES-Linie
Fe_3C	Tertiärzementit (Korngrenzenzementit)	Ausscheidung aus dem Ferrit	PQ-Linie

Formen des Eisencarbids

> Metallographisch heißt das Eisencarbid (Fe_3C) Zementit.

Zementit entwickelt sich immer dann, wenn die Lösungsfähigkeit einer anderen Phase (Schmelze, α-Mischkristalle) für Kohlenstoff mit sinkender Temperatur abnimmt.

Kristallgemisch	entsteht bei	entsteht aus	Gefügename	Gefügeanordnung
α-MK + Fe_3C (88 % + 12 %)	0,83 % C 723 °C	γ-MK	Perlit (Eutektoid)	Lamellar, abwechselnd breite Ferritlamellen und schmale Zementitlamellen

Kristallgemisch im Eisen-Eisencarbid-Diagramm

Am eutektoiden Punkt S bildet sich ein charakteristisches Kristallgemisch. Unterhalb 723 °C ist Austenit nicht mehr stabil und zerfällt in Perlit. Perlit ist ein Kristallgemisch aus feinverteiltem, schichtenförmig nebeneinander liegendem Ferrit und Zementit.

> Das Eutektoid Perlit[20] bildet sich bei 723 °C und 0,83 % Kohlenstoff.

Entsprechend ihrer Lage zum eutektoiden Punkt S werden die Eisen-Kohlenstoff-Legierungen des metastabilen Systems in drei Gruppen unterteilt.

Bezeichnung	Kohlenstoffgehalt in Masseprozent
Untereutektoider Stahl	0 bis < 0,83 %
Eutektoider Stahl	0,83 %
Übereutektoider Stahl	> 0,83 bis 2,06 %

---

[20] Der Name kommt von dem perlmuttartigen (Muschel) Aussehen des Schliffbildes.

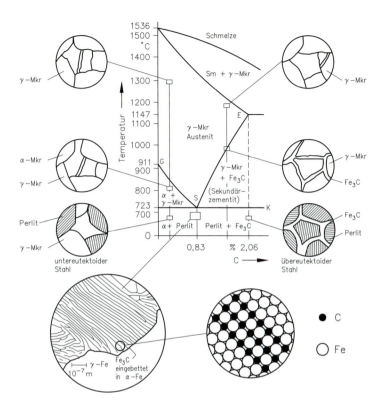

Stahl enthält weniger als 2,06% Kohlenstoff. Stahl ist schmiedbar und härtbar. Das Eisen-Kohlenstoff-Diagramm beschreibt die Kristallisations- und Umwandlungsvorgänge von unlegierten Stählen und Gusseisenwerkstoffen für langsam verlaufende Temperaturänderungen. Die γ-Mischkristall-Umwandlung erfolgt durch zeit- und temperaturabhängige Platzwechselvorgänge (Diffusion) der Eisen-Kohlenstoffatome im Gitter.

Untereutektoider Stahl: Stahl mit weniger als 0,83 % Kohlenstoff. Er besitzt ein Ferrit-Perlit-Gefüge.
Übereutektoider Stahl: Stahl mit mehr als 0,83 % Kohlenstoff. Er verfügt über ein Perlit-Zementit-Gefüge. An den Grenzen lagert sich der Korngrenzenzementit ab.

Je größer der Zementitanteil im Gefüge wird, umso härter, aber auch umso spröder ist der Stahl.

Nichtmagnetisierbare Stähle sind wegen der hohen Chrom-, Nickel- und Manganzusätze auch unterhalb 723 °C **(Curie-Punkt[21])** nicht magnetisierbar. Alle übrigen Stähle sind nur oberhalb dieser Temperatur (723 °C) nicht magnetisch.

> **Gusseisen enthält mehr als 2,06 % Kohlenstoff. Es ist nicht schmiedbar und auch nicht härtbar.**

Gefügename	Erklärung
Austenit	γ-Mischkristalle mit kfz-Gitter, Die spitzeckigen Körner sind weich, zäh und unmagnetisch. Bei 1147 °C löst es bis zu 2,06 % Kohlenstoff.
Ferrit	α-Eisen mit krz-Gitter, löst fast keinen Kohlenstoff, Die Körner sind weich (60HV), zäh und magnetisierbar.
Zementit	Chemische Verbindung von Eisencarbid Fe_3C. Durchzieht die Ferritkörner ist hart, spröde (1100HV330) und magnetisierbar. Liegt bei Stählen mit < 0,83 % Kohlenstoff als Streifen-Schalenzementit vor.
Perlit	Eutektoides Gefüge aus Ferrit und Zementit. Es bildet sich bei 723 °C und 0,83 % Kohlenstoff. Seine Kristalle sind mittelhart (ca. 200-280HB).

Aufgaben:

1. Zeichnen und beschriften Sie die Gefügebilder von Ferrit, Zementit, Perlit, Austenit!
2. Welche Aussage steckt in den Begriffen übereutektoid, untereutektoid bei Fe-C-Legierungen?
3. Erklären und Zeichnen Sie den Abkühlungsvorgang am eutektoiden Punkt.
4. Benennen Sie den Unterschied zwischen Eutektikum und Eutektoid.
5. Erläutern Sie die verschiedenen Haltepunkte bei Eisen.
6. Was zeigt die Dilatometerkurve von Eisen? Erklären Sie den Verlauf.
7. Definieren Sie den Begriff Eutektoid bei Fe-C-Legierungen.
8. Zeichnen und beschriften Sie ein vereinfachtes Zustandsbild für Fe-C-Legierungen für den Stahlbereich.
9. Welchen maximalen Kohlenstoffgehalt hat Stahl?

---

[21] Pierre Curie (franz. Physiker) entdeckte diese Veränderung.

3.7 Stoffeigenschaftsänderungen metallischer Werkstoffe

„Stoffeigenschaft ändern ist das Fertigen eines Stoffes durch Umlagern, Aussondern oder Einbringen von Stoffteilchen, wobei eine etwaige unwillkürliche Formänderung nicht zum Wesen der Verfahren gehört" (DIN 8580).

* GTW bedeutet *Weißer Temperguss* (Fe-C-Gusswerkstoff).

Viele technische Systeme erfordern Bauelemente, die besonders hart und verschleißfest sind. Ein Verfahren, die Härte von Stahl zu erhöhen, ist das Zusetzen von Kohlenstoff. Mit steigendem Kohlenstoffgehalt im untereutektoiden Stahl wächst der Perlitanteil, wodurch sich die Festigkeit und die Härte erhöhen.

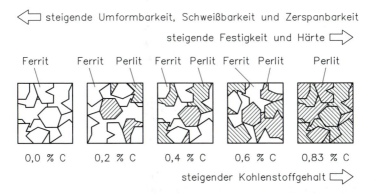

Enthält Stahl mehr als 0,83 % Kohlenstoff, so bildet sich im kristallinen Zustand Zementit. Dieser lagert sich schalenförmig um die Perlitkörner. Stähle dieser Art sind zwar sehr hart, aber schwer zu bearbeiten. Soll ein Eisenwerkstoff gut bearbeitbar und trotzdem sehr hart sein, muss auf ein anderes Verfahren zurückgegriffen werden.

3.8 Eigenschaftsänderungen durch Wärmebehandlungsverfahren

Wärmebehandlungsverfahren führen zu Gefügeveränderungen und bewirken dabei eine Eigenschaftsänderung.

3.8.1 Glühen

Beim Glühen wird der Stahl langsam bis zur Glühtemperatur erwärmt, bei dieser Temperatur gehalten und anschließend langsam abgekühlt. Dadurch werden innere Spannungen abgebaut, die durch plastische Verformung (Gießen, Walzen, Schmieden, Schweißen) aufgetreten sind.

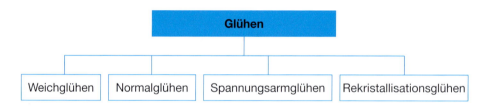

- **Weichglühen** ϑ = 680 °C bis 750 °C; t = mehrere Stunden
Stähle mit hohem Perlitanteil bewirken bei spanender Bearbeitung ein schnelles Stumpfwerden der Werkzeugschneide, weil die harten Zementitlamellen des Perlits zerbrochen werden. Das stundenlange Weichglühen wandelt den lamellenförmigen Zementit des Perlits bei Temperaturen dicht unterhalb oder bei 723 °C in kugelförmigen Zementit um. Der Glühvorgang vermindert zwar die Festigkeit und Härte des Stahls, bewirkt aber eine bessere spanende Bearbeitbarkeit.

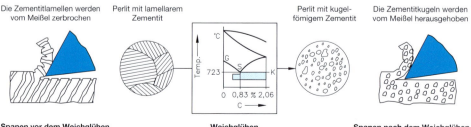

- **Normalglühen, ϑ = knapp über GSK, t = kurz**
Der Stahl wird kurzzeitig bis in den Austenitbereich erhitzt und dann bei Raumtemperatur abgekühlt. Dabei wird das durch z. B. Schweißen, Gießen, Schmieden veränderte Gefüge feinkörnig und gleichmäßig. Gitter werden kurz in Austenit umgewandelt, dabei Neubildung der Körner: neues, gleichmäßiges, feines Gefüge.

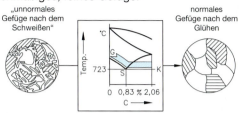

Normalglühen

- **Spannungsarmglühen, ϑ = 450 °C bis 650 °C**
Durch ungleichmäßiges Abkühlen, z. B. Schweißen, Gießen, Schmieden, erhält der Stahl oft starke Eigenspannungen. Das Spannungsarmglühen baut diese innere Spannungen ab. Dabei wird das Werkstück im gesamten Querschnitt über mehrere Stunden zwischen 450 °C und 650 °C erwärmt und langsam abgekühlt.

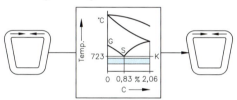

Spannungsarmglühen

Das Spannungsarmglühen wird dort angewandt, wo auf Grund vorhandener Eigenspannung ein Verziehen oder Reißen des Werkstückes eintreten kann. Diese Spannungen können durch Volumenvergrößerung des Kristallgitters (z. B. bei Martensitbildung), durch ungleichmäßige Temperaturänderungen oder durch Kaltverformungen auftreten. Wärmebewegung der Atome schwächt inneren Halt des Gitters. Beim Spannungsarmglühen lösen sich innere Spannungen durch plastisches Fließen der Körner.

- **Rekristallisationsglühen, ϑ = 550 °C bis 650 °C**
Die durch eine Streckung herbeigeführte Kaltverfestigung steigert zwar die Härte und die Festigkeit von Werkstoffen, vermindert aber Dehnung und Umformbarkeit. Bei großen Spannungen im Werkstück zerfallen die Körner (z. B. nach Kaltverformung). Aus Bruchstücken entstehen neue Körner, damit neues Gefüge (= Rekristallisation). Das Rekristallisationsglühen macht durch eine Kornneubildung Stähle wieder umformbar. Sie werden hierbei auf eine Temperatur von ca. 700 °C erhitzt. Das Rekristallisationsglühen wird bei Nichteisenmetallen häufig auch als Weichglühen bezeichnet.

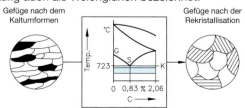

Rekristallisationsglühen

3.8.2 Härten

Beim Härten wird das Stahlgefüge mit einem Kohlenstoffanteil größer als 0,2 % und kleiner als 2,06 % durch Erwärmen in das Austenitgefüge überführt und anschließend sehr rasch abgekühlt.

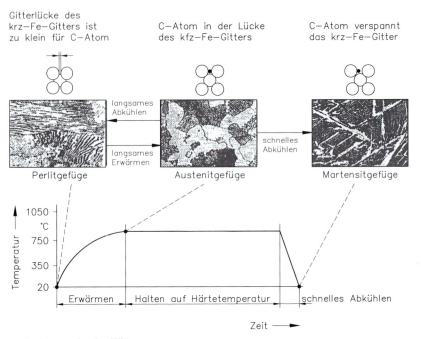

Gefügeveränderung durchs Härten

Das Härten erfolgt in drei Stufen:
- **Langsames Erwärme**n auf ca. 760 °C (überhalb der G-S-K-Linie), dies vermeidet große Temperaturunterschiede, die zu inneren Spannungen führen könnten,
- **Halten** auf Härtetemperatur,
- **Schnelles Abkühlen** (z. B. mit Wasser, Öl). Das Abschrecken[22] bewirkt an der Oberfläche und in weiten Bereichen des Stahls eine erhebliche Härtesteigerung.

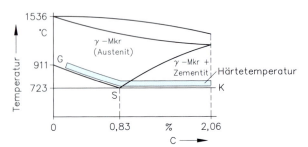

Austenitisierungstemperatur im Stahlbereich des Eisen-Kohlenstoff-Diagramms bei der Härtung

---

[22] Der Begriff Abschrecken soll nach DIN 17014 nicht mehr verwendet werden, obwohl er sehr treffend das Härten durch das rasche Abkühlen mit Wasser bezeichnet.

Zum Härten wird das Stahlstück ca. 30 °C bis 60 °C höher als die Temperatur entlang der G-S-K-Linie im Weisen-Kohlenstoff-Zustandsschaubild erwärmt. Jede größere Abweichung von diesen Temperaturen mindert die Härte und Festigkeit von unlegierten und legierten Stählen, da die Härte des Zementits an den Korngrenzen größer ist, als die des gehärteten Stahls.

Mit steigendem Kohlenstoffanteil nimmt die erzielbare Härte eines Werkstoffs zu.

Je nach Gefüge wird die Härtung unterschieden in:

- Eutektoide Umwandlung in der Perlitstufe
- Martensitische[23] Umwandlung in der Martensitstufe
- Zwischenstufenumwandlung in der Zwischenstufe (Bainitstufe[24])
- Ausscheidungshärtung

Martensithärtung von Stahl

Die Stahlhärtung wird meistens in der Martensitstufe durchgeführt. Dort erfolgt eine schlagartige Versetzung der Eisenatome des γ-Gitters (kfz) auf die Plätze des α-Gitters (krz). Dieser Effekt kann direkt wahrgenommen werden. Wird z. B. ein glühendes Stahlstück in Wasser getaucht, so ist neben dem Zischen des verdampfenden Wassers ein kurzer, heller Ton zu hören.

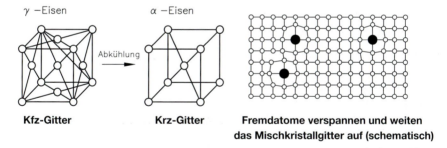

Kfz-Gitter   Krz-Gitter   Fremdatome verspannen und weiten das Mischkristallgitter auf (schematisch)

Den Kohlenstoffatomen bleibt infolge der schnellen Abkühlung keine Zeit aus den Gitterwürfeln herauszuwandern und sich wieder mit dem Eisen zu Zementit zu verbinden. Die Kohlenstoffatome bleiben bei der γ/α-Umwandlung auf den Plätzen, die sie im Austenit (kfz-Gitter, γ-Mischkristalle) eingenommen haben. Dadurch bilden sich tetragonal aufgeweitete α-Mischkristalle (Einlagerungsmischkristalle). Diese verursachen eine innere Verspannung im Gitter, die zu hoher Festigkeit und Härte führen. Dehnbarkeit und Zähigkeit werden aber vermindert.

Bei langsamer Abkühlung hätte sich der Zementit wieder streifenförmig zwischen die krz-Ferritkörner eingelagert und Perlit gebildet.

---

[23] A. Martens (Leiter des Staatl. Materialprüfungsamtes, Berlin) 1850...1914
[24] Bainit ist die englische Bezeichnung für das Zwischenstufengefüge

Größenvergleich von α-Eisen und Martensit

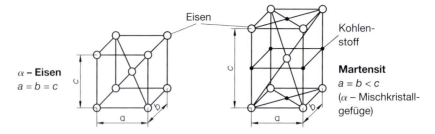

Die γ/α-Umwandlung ist eine innere, plastische Verformung. Sie erhöht die Versetzungsdichte und verursacht die große Härte der umgewandelten Körner (Martensit).

> Das langsame Erwärmen des Stahls bis hin zum Gefüge des Austenits (kfz-Gitter) mit dem anschließenden sofortigen Abkühlen wird als Härten bezeichnet. Die zwangsweise in den Gitterlücken des α-Eisens (krz-Gitter) eingeschlossenen Kohlenstoffatome bewirken Spannungen im krz-Gitter. Hierdurch tritt eine erhebliche Härtesteigerung ein. Das dabei entstandene, harte, feinnadelige Gefüge heißt Martensit.

Normalerweise besteht das Härtegefüge nicht vollständig aus Martensit. Einige Martensitnadeln sind in einer Grundsubstanz aus nicht umgewandelten Restaustenit oder Ferrit-Perlit eingebettet.

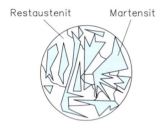

Härtegefüge (schematisch)

Härtegefüge aus Martensit (helle Nadeln) in nicht umgewandelten Austenit (dunkler Grund). Bildvergrößerung: 500 : 1

Restaustenit ist metastabil. Im Laufe der Zeit zerfällt er in Perlit. Infolge der unterschiedlichen Volumengrößen von Austenit und Perlit verzieht sich das Werkstück. Diese nachteilige Verminderung der Zähigkeit wird als das „natürliche Altern" des Stahls bezeichnet.

> Die Tiefe, bis zu der ein Martensitgefüge erzielt wird, heißt die Einhärtetiefe. Sie kann durch Legierungselemente vergrößert werden.

> Stahl mit weniger als 0,2 % Kohlenstoff wird normalerweise nicht gehärtet, weil sich ein zu geringer Martensitanteil ausbildet.

II Metallische Werkstoffe

> Werkstücke mit einem höheren Kohlenstoffanteil als 1,8 % werden nicht gehärtet. Die Härtung hätte einen sehr hohen Martensitanteil zur Folge. Das Werkstück bekäme Risse bzw. könnte zerspringen.

Hammer vor dem Härten
Hammer beim Abschrecken gesprungen

Hammer nach dem Härten und Abschrecken

3.8.3 Anlassen

Nach dem Durchhärten sind die Werkstücke hart und spröde („Glashärte"). Der Restaustenit wird durch Erwärmen unterhalb 723 °C beseitigt. Die „Glashärte" wird in „Gebrauchshärte" umgewandelt. Die gehärteten Stähle erhalten die gewünschte Zähigkeit.

Anlassen bei niedrigen Temperaturen bewirkt:
- eine geringe Härteminderung,
- einen kleinen Anstieg der Zähigkeit,
- eine starke Verminderung der Rissneigung

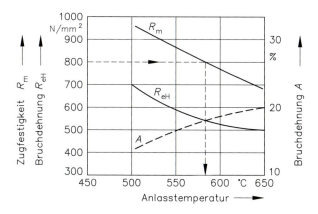

Anlassschaubild von 34Cr4

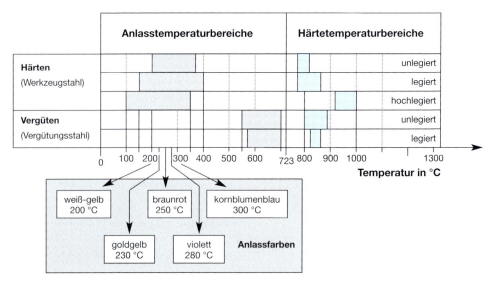

Farbänderungen des Stahls beim Anlassen im Temperaturbereich von 200 °C bis 300 °C.

Härte und Anlasstemperaturen von Stahl

3.8.4 Vergüten

Härten mit anschließendem Anlassen bei Temperaturen zwischen 400 °C und 700 °C wird als Vergüten bezeichnet. Zugfestigkeit und Zähigkeit des Stahls werden dabei erheblich gesteigert.

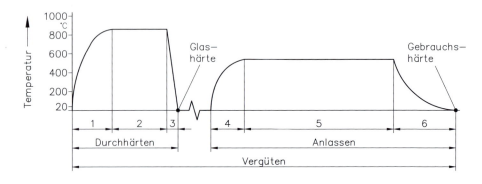

① Erwärmen ② Halten der Temperatur (ca. 1 Stunde) ③ Rasches Abkühlen
④ Erwärmen ⑤ Halten der Temperatur (ca. 3-5 Stunden) ⑥ Abkühlen auf Raumtemperatur

Zeit-Temperatur-Diagramm beim Vergüten

3.8.5 Randschichthärten

Der Stahl wird nur an der Oberfläche hart und verschleißfest, bleibt aber im Innern fest und zäh. Die Randschicht des meist vergüteten Stahls wird mittels Wärmezufuhr austenitisiert und sofort abgekühlt. Dabei bildet sich zwischen dem vergüteten Kern und dem hartgeglühten Rand eine Zwischenschicht, die Wärmespannungen aufnehmen kann. Dies wird durch Flamm-, Iduktions-, Tauch-, Elektronen- und Laserhärten erreicht.

3.8.6 Einsatzhärten

Die Randschichten eines kohlenstoffarmen (0,05 % bis 0,2 %), nicht härtbaren Stahls, werden durch ein spezielles Glühverfahren mit Kohlenstoff angereichert (aufgekohlt) und anschließend gehärtet. Somit werden gezielt einzelne Stellen des Werkstücks gehärtet (z. B. Zahnräder, Wellen), indem die nicht zu härtenden Bereiche durch Abdecken von der Aufkohlung ausgeschlossen werden.

3.8.7 Nitrieren

Das Nitrieren wird bei Fertigteilen und bei speziell legierten Stählen (Al, Cr, V) angewendet. Dabei erhält das Werkstück eine sehr harte Nitrid-Randschicht[25], bei allerdings geringer Härtetiefe. Die Härte wird nicht durch die Verspannung des Fe-C-Gitters verursacht. Dadurch verbessern sich Verschleißverhalten, Dauerfestigkeit und Korrosionsbeständigkeit.

Aufgaben:

1. Warum werden folgende Werkstücke gehärtet: Hammer, Schraubendreher, Reißnadel?
2. Warum wird beim Härten rasch abgekühlt?
3. Welchen Einfluss hat der Kohlenstoff auf die Härtbarkeit des Stahls?
4. Was unterscheidet Martensit vom α-Eisen?
5. Wodurch unterscheiden sich Härte- von den Anlasstemperaturen? Erklären Sie die jeweiligen Vorgänge im Eisengitter.
   a) Skizzieren Sie schematisch das Zeit-Temperatur-Diagramm beim Vergüten.
   b) Begründen Sie den Verlauf.
6. Beschreiben Sie Entstehung, Eigenschaften und Gefüge von Martensit.
7. Der Kohlenstoffanteil bestimmt, ob der Weisenwerkstoff gehärtet wird. Geben Sie die prozentualen Grenzwerte an und begründen Sie diese.

---

[25] Nitride sind Stickstoff-Verbindungen; nitrogenium (lat.): Stickstoff

3.9 Einteilung und Normung von Stählen

In der Technik werden Vereinbarungen in Normenblättern festgehalten. Die Normung ist ein Mittel zur Ordnung und Vereinheitlichung von Werkstoffen, Werkstücken und Fertigprodukten. In der Bundesrepublik gibt es eine Vielzahl von Normen, Richtlinien, Merk- und Arbeitsblättern, Sicherheitsregeln usw.

Wichtige Normenblätter sind:

- DIN-Normen
  sind Festlegungen, die das Deutsche Institut für Normung e.V. aufgestellt und mit dem Verbandszeichen DIN herausgegeben hat.

- EURONORMEN werden von der Europäischen Gesellschaft für Kohle und Stahl (EGKS) herausgegeben. Die Inhalte der EURONORMEN werden in den entsprechenden DIN-Normen berücksichtigt (z. B. DIN EN 10 027 für Stahl).

- ISO-Normen werden von der internationalen Normungsorganisation herausgegeben.

Normung ermöglicht nicht nur eine Kosteneinsparung durch Verringerung der Lagerhaltung, sondern auch eine kostengünstige Produktion durch hohe Stückzahlen und Austauschbarkeit der Einzelteile.

3.9.1 Einteilung der Stahlwerkstoffe und Kennzeichnung der Eigenschaften nach EURONORM

Die EURONORM wurde von der Europäischen Gemeinschaft für Kohle und Stahl aufgestellt um die Herstellung, die Güteklassen und den Handel von Stahlerzeugnissen innerhalb der Europäischen Gemeinschaft wirtschaftlicher zu gestalten.

Durch Kennbuchstaben werden die mechanischen, chemischen und technologischen Eigenschaften gekennzeichnet.

Die in der Technik verwendeten Stähle werden nach DIN EURONORM unterschieden nach:

- ihrem Gehalt an Legierungselementen, sowie
- ihren Anforderungen und Gebrauchseigenschaften.

Bezeichnungssystem für Stähle
(nach DIN EN 10 027)

Unterteilung nach der chemischen Zusammensetzung

- **unlegierte Stähle**
  Masseanteil des Elementes ist kleiner
  Mn: 1,65 %
  Si: 0,60 %
  Al: 0,05 %
  Ti: 0,05 %
  Cu: 0,40 %
  Ni und Cr: 0,30 %

- **legierte Stähle**
  mindestens ein Element erreicht oder überschreitet den Grenzgehalt

Unterteilung nach den Anforderungen und Gebrauchseigenschaften

- **Grundstähle (BS)**
  (sind unlegierte Stähle)
  – keine Wärmebehandlung
  – die Eigenschaften liegen innerhalb festgelegter Grenzen

- **Qualitätsstähle QS**
  (legiert LQ oder unlegiert UQ)
  – unlegierte Qualitätsstähle überschreiten die Eigenschaftsmerkmale der Grundstähle
  – legierte Qualitätsstähle sind nicht bestimmt für Oberflächenhärtung oder Vergütung

- **Edelstähle**
  (legiert LE oder unlegiert UE)
  – unlegierte Edelstähle sind meistens bestimmt für Oberflächenhärtung oder Vergütung
  – legierte Edelstähle sind z. B. nichtrostende, mit Cr und Ni legierte Stähle und Werkzeugstähle

3.9.2 Normung von Stählen nach DIN EN 10 027-1

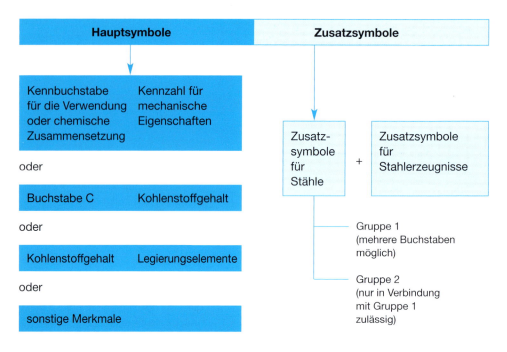

Aufbau des Kurznamens von Stählen nach DIN EN 10027

Kurznamen von Stählen mit Bezeichnung nach der Festigkeit

Für Stähle, die im Stahlbau zu Konstruktionszwecken verwendet werden, gibt der Kurzname der DIN EN 10027 Auskunft über die Festigkeitseigenschaften (Mindeststreckgrenze R_{eH}).

Beispiel:

Kennbuchstaben der Hauptsymbole entsprechend Verwendung und Eigenschaften

Hauptsymbole			
Kennbuchstaben für die Verwendung		Kennzahl für mechanische Eigenschaften bzw. Kennbuchstabe für Walzart	
S*	Stähle für den allgemeinen Stahlbau	Zahlenwert der Mindeststreckgrenze der kleinsten Erzeugnisdicke in N/mm²	
P*	Stähle für Druckbehälter		
L	Stähle für Rohrleitungen		
E	Stähle für den Maschinenbau		
H	Kaltgewalzte Flacherzeugnisse	Zahlenwert der Mindeststreckgrenze in N/mm²	
D	Flacherzeugnisse zum Kaltumformen	C	kaltgewalzt
* Als Kennzeichen für Stahlguss wird G vorangesetzt.		D	warmgewalzt
^		X	ohne Angabe der Walzart

Kennbuchstaben der Zusatzsymbole

Zusatzsymbole			
Gruppe 1		Gruppe 2 (nur mit Gruppe 1)	
M	thermomechanisch gewalzt	C	mit besonderer Kaltumformbarkeit
N	normalisiert	F	zum Schmieden
Q	vergütet	L	für tiefe Temperaturen
G	sonstige Angaben		
J	Hinweis auf Kerbschlagarbeit	M	thermomechanisch gewalzt
K	bei vorgegebener Temperatur	N	normalisiert
L	für tiefere Temperaturen	Q	vergütet
		W	wetterfest

Stähle für den allgemeinen Stahlbau (Kennbuchstabe S)

Buch-stabe	Eigenschaften	Zusatzsymbole für Stähle	
		Gruppe 1	Gruppe 2
S GS = Stahl-guss	Mindeststreckgrenze R_{eH} in N/mm²	**Kerbschlagarbeit** / **Prüftemperatur** 27J 40J 60J / °C JR KR LR / 20 J0 K0 L0 / 0 J2 K2 L2 / −20 J3 K3 L3 / −30 J4 K4 L4 / −40 J5 K5 L5 / −50 J6 K6 L6 / −60 für Feinkornbaustähle: M thermomechanisch gewalzt N normalgeglüht oder normalisierend gewalzt Q vergütet G1 unberuhigt vergossen G2 unberuhigt nicht zulässig G3 vollberuhigt und normalgeglüht	C gut kaltverformbar D für Schmelztauchüberzüge E für Emaillierung F zum Schmieden H für Hohlprofile L für tiefe Temperaturen M thermomechanisch gewalzt N normalgeglüht oder normalisierend gewalzt O für Offshore P Spundwandstahl Q vergütet S für Schiffsbau T für Rohre W wetterfest

Beispiele: **S 235 JR G2** (alte Bezeichnung: R St 37-2)

S 235:   unlegierter Baustahl mit $R_{eH} \geq 235$ N/mm²
JR: Kerbschlagarbeit mindestens 27J bei 20 °C
G2:   unberuhigt nicht zulässig

S 355 J2 G3

S 355:   unlegierter Baustahl mit $R_{eH} \geq 355$ N/mm2
J2:   Kerbschlagarbeit mindestens 27 J bei −20 °C
G3   vollberuhigter Stahl und normalgeglüht

Stähle für den Druckbehälterbau (Kennbuchstabe P)

Buch-stabe	Eigenschaften	Zusatzsymbole für Stähle	
		Gruppe 1	Gruppe 2
P GP = Stahl-guss	Mindeststreckgrenze R_{eH} in N/mm²	M thermomechanisch gewalzt N normalgeglüht oder normalisierend gewalzt Q vergütet } für Feinkornbaustähle B für Gasflaschen S für einfache Druckbehälter G andere Güten (evtl. mit Ziffern)	H für Hochtemperatur L für Niedrigtemperatur R für Raumtemperatur X für Hoch- und Niedrigtemperatur

Beispiele: **P 355 N H**

P 355: Stahl für den Druckbehälterbau mit einer Mindeststreckgrenze R_{eH} von 355 N/mm²
N: normalgeglüht
H: für Hochtemperatur

P 460 N

P 460: Feinkornbaustahl für den Druckbehälterbau mit einer Mindeststreckgrenze R_{eH} von 460 N/mm²
N: normalgeglüht

Stähle für den Maschinenbau (Kennbuchstabe E)

Buch-stabe	Eigenschaften	Zusatzsymbole für Stähle	
		Gruppe 1	Gruppe 2
E	Mindeststreckgrenze R_{eH} in N/mm² für die geringste Erzeugnisdicke	G andere Güten (evtl. mit Ziffer)	C mit besonderer Kaltumformbarkeit

Beispiel: **E 295**

E 295: unlegierter Maschinenbaustahl mit einer Mindeststreckgrenze R_{eH} von 295 N/mm²

Stähle für Rohrleitungen (Kennbuchstabe L)

Beispiel: **L 360 N**

L 360: Stahl für Rohrleitungen mit einer Mindeststreckgrenze R_{eH} von 360 N/mm²
N: normalgeglüht

3.9.3 Kurznamen von Stählen mit Bezeichnung nach der chemischen Zusammensetzung

Die Stähle unterscheiden sich nach dem Gehalt (Masseanteil) der Legierungselemente.

Unlegierte Stähle: Stähle, bei denen keiner der unten stehenden Grenzwerte erreicht wird.

Legierte Stähle: Mindestens ein Legierungselement muss den Grenzgehalt der Massenanteile überschreiten.

Grenzwerte zur Unterscheidung von legierten und unlegierten Stählen

Element	Al	B	Bi	Co	Cr	Cu	La	Mu	Mo	Nb	Ni	Pb	Se	Si	Te
Grenzgehalt in % (Massenanteile)	0,1	$8 \cdot 10^{-4}$	0,1	0,1	0,3	0,4	0,05	1,65	0,08	0,06	0,3	0,4	0,1	0,5	0,1
	Ti	V	W	Zr											
	0,05	0,1	0,1	0,05											

Unlegierte Stähle

Die Normbezeichnung unlegierter Stähle beginnt mit dem Symbol C für Kohlenstoff, gefolgt von der Kohlenstoffkennzahl, die das Hundertfache des mittleren C-Gehaltes (Masseanteil in %) angibt.

Kennzahl = mittlerer C-Gehalt (in %) x 100

Buchstabe	Kennzahl für Kohlenstoffgehalt	Zusatzsymbole für Stähle Gruppe 1
C GC = Stahlguss	100 · mittlerer C-Gehalt	E vorgeschriebener max. S-Gehalt (≤ 0,035 %) R vorgeschriebener Bereich für S-Gehalt (0,020 % bis 0,035 %) D zum Drahtziehen C mit besonderer Kaltumformbarkeit S für Federn U für Werkzeuge W für Schweißdraht
	außer Automatenstähle	G andere Güten (evtl. mit Ziffern)

Schema für die Kurzbezeichnung unlegierter Stähle

Beispiele: C 35
                       unlegierter Vergütungsstahl mit 0,35 % C-Gehalt

                       C 45 E   (alte Bezeichnung: Ck 45)
                                 unlegierter Vergütungsstahl mit 0,45 % C-Gehalt
                       E: Schwefelgehalt maximal 0,035 %

Unlegierte Stähle und niedriglegierte Stähle

Bei niedriglegierten Stählen und unlegierten Stählen beträgt der Gehalt der einzelnen Legierungselemente weniger als 5 %. Der Anteil an Kohlenstoff wird dabei nicht mitgezählt.

Nach DIN EN werden die Stähle gekennzeichnet durch:
- Kohlenstoffkennzahl (ohne Buchstabe C),
- Buchstaben für die charakteristischen Legierungselemente, geordnet nach abnehmenden Gehalten,
- Kennzahlen, die dem mittleren prozentualen Gehalt der Elemente x Faktor entsprechen, geordnet in der Reihenfolge der Legierungselemente.

Buchstabe	Kennzahl für Kohlenstoffgehalt	Legierungselemente	
ohne	100 · mittlerer C-Gehalt	Faktor	Elemente
		4	Cr, Co, Mn, Ni, Si, W
G... =		10	Al, Be, Cu, Mo, Nb, Pb, Ta, Ti, V, Zr
Stahlguss		100	C, Ce, N, P, S
		1000	B

Schema für die Kurzbezeichnung niedriglegierter Stähle

Berechnung des Gehalts eines Legierungselementes

Die Kennzahlen ergeben sich durch Multiplikation des Gehalts des Legierungselementes (in %) mit dem Faktor (lt. Tabelle).

Kennzahl = Gehalt des Legierungselementes (in %) x Faktor

Beispiele:
28 Mn 6
unlegierter Automatenstahl (Mn ≥1 %) mit 0,28 % C-Gehalt
Mn: Mangangehalt von 6:4 (%) = 1,5 %

42 Cr Mo 4
niedriglegierter Vergütungsstahl mit 0,42 % C-Gehalt
Cr: Chromgehalt 4:4 (%) = 1 %
Mo: Molybdän in wirksamen Anteilen

45 Cr Mo V 6 7
niedriglegierter Vergütungsstahl mit 0,45 % C-Gehalt
Cr: Chromgehalt 6:4 (%) = 1,5 %
Mo: Molybdängehalt 7:10 (%) = 0,7 %
V: Vanadium in wirksamen Anteilen

G 90 Cr 4
Stahlformguss mit 0,90 % C-Gehalt
Cr: Chromgehalt 4:4 (%) = 1 %

Hochlegierte Stähle

Bei den hochlegierten Stählen beträgt der Anteil mindestens eines Legierungselementes mehr als 5 %.

Der Kurzname beginnt mit dem großen Buchstaben **X**. Der Faktor zur Berechnung der Anteile der Legierungselemente ist 1 (Ausnahme bleibt der Faktor 100 für Kohlenstoff).

Es folgen:
- Kohlenstoffkennzahl (ohne Buchstabe C)
- Buchstaben für die charakteristischen Legierungselemente, geordnet nach abnehmenden Gehalten
- Kennzahlen – getrennt durch einen Bindestrich – die dem mittleren prozentualen Gehalt der Elemente entsprechen, geordnet in der Reihenfolge der Legierungselemente

Buchstabe	Kennzahl für Kohlenstoffgehalt	Legierungselemente	
X GX = Stahlguss	100 · mittlerer C-Gehalt	Faktor 1	gilt für alle Elemente

Schema für die Kurzbezeichnung hochlegierter Stähle

Beispiele: **X 22 Cr Mo V 12 1**
hochlegierter Stahl mit 0,22 % C-Gehalt
Cr: Chromgehalt 12:1 (%) = 12 %
Mo: Molybdän 1:1 (%) = 1 %
V: Vanadium in geringen Mengen vorhanden

GX 15 Cr 13
hochlegierter Stahlguss mit 0,15 % C-Gehalt
Cr: Chromgehalt 13:1 (%) = 13 %

Schnellarbeitsstähle

Der Kurzname von Schnellarbeitsstählen beginnt mit den Buchstaben **HS**. Es folgen in ganzen Zahlen die Gehalte von Wolfram, Molybdän, Vanadium und Cobalt. Der Kohlenstoffgehalt (0,6 % bis 1,2 %) und der Chromgehalt (meist 4 %) werden nicht angegeben.

Buchstabe	Legierungselemente
HS	Zahlen, getrennt durch Bindestrich, die den prozentualen Gehalt der Legierungselemente in fester Reihenfolge angeben: W-Mo-V-Co

Schema für die Kurzbezeichnung der Schnellarbeitsstähle

Beispiel: **HS 7-4-2-5**
Schnellarbeitsstahl mit 0,6 %-1,2 % C-Gehalt
7: Wolframgehalt 7 %
4: Molybdängehalt 4 %
2: Vanandiumgehalt 2 %
5: Cobaltgehalt 5 %

Zusatzsymbole für Stahlerzeugnisse

Die nachstehend tabellarisch aufgelisteten Zusatzsymbole nach DIN EN kennzeichnen den Behandlungszustand, die Art des Überzuges und besondere Anforderungen von Stahlerzeugnissen.

Symbole für den Behandlungszustand		Symbole für die Art des Überzuges		Symbole für besondere Anforderungen	
A	weichgeglüht	A	feueraluminiert	C	Grobkornstahl
AC	geglüht zur Erzielung kugeliger Karbide	AR	Aluminium-walz-plattiert	F	Feinkornstahl
AT	lösungsgeglüht	AS	mit Al-Si-Legierung überzogen	H	mit besonderer Härtbarkeit
C	kaltverfestigt	AZ	mit Al-Zn-Legierung überzogen	Zxx	Mindestbruchein-schnürung senkrecht zur Oberfläche von xx %
Cxxx	kaltverfestigt auf R_m = xxx N/mm²	CE	elektrolytisch verchromt		
CR	kaltgewalzt	CU	Cu-Überzug		
HC	warm-kalt geformt	IC	anorganisch beschichtet		
LC	leicht kalt nachgezogen bzw. leicht nachgewälzt	OC	organisch beschichtet		
M	thermomechanisch gewalzt	S	feuerverzinnt		
N	normal geglüht oder normalisierend gewalzt	SE	elektrolytisch verzinnt		
NT	normalgeglüht und angelassen	T	schmelztauchveredelt mit Pb-Sn-Legierung		
QA	luftgehärtet	TE	elektrolytisch mit Pb-Sn-Legierung überzogen		
QO	ölgehärtet	Z	feuerverzinkt		
QT	vergütet	ZA	mit Zn-Al-Legierung überzogen		
QW	wassergehärtet	ZE	elektrolytisch verzinkt		
S	kaltscherbar	ZF	diffusionsgeglühte Zinküberzüge		
T	angelassen	ZN	Zn-Ni-Überzug		
U	unbehandelt				

3.9.4 Werkstoffnummern von Stählen (DIN EN 10 027)

Werkstoffe werden nach DIN EN 10 027 auch mit einem systematischen Nummernsystem gekennzeichnet. Das Nummernsystem ist besonders für die Datenverarbeitung geeignet.

Die Werkstoffnummern für Stähle sind fünfstellig:
- Die erste Stelle kennzeichnet die Werkstoffhauptgruppe (Stahl: Nummer 1).
- Nach einem Punkt folgt die zweistellige Stahlgruppennummer. Sie gibt Auskunft über Zusammensetzung bzw. Verwendung des Stahls.
- Es folgt eine zweistellige Zählnummer, welche durch die europäische Stahlregistratur vergeben wird.

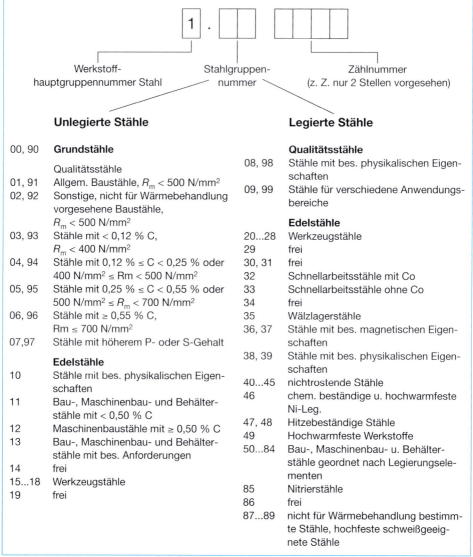

Unlegierte Stähle

00, 90	**Grundstähle**
	Qualitätsstähle
01, 91	Allgem. Baustähle, $R_m < 500$ N/mm²
02, 92	Sonstige, nicht für Wärmebehandlung vorgesehene Baustähle, $R_m < 500$ N/mm²
03, 93	Stähle mit < 0,12 % C, $R_m < 400$ N/mm²
04, 94	Stähle mit 0,12 % ≤ C < 0,25 % oder 400 N/mm² ≤ Rm < 500 N/mm²
05, 95	Stähle mit 0,25 % ≤ C < 0,55 % oder 500 N/mm² ≤ R_m < 700 N/mm²
06, 96	Stähle mit ≥ 0,55 % C, Rm ≤ 700 N/mm²
07, 97	Stähle mit höherem P- oder S-Gehalt
	Edelstähle
10	Stähle mit bes. physikalischen Eigenschaften
11	Bau-, Maschinenbau- und Behälterstähle mit < 0,50 % C
12	Maschinenbaustähle mit ≥ 0,50 % C
13	Bau-, Maschinenbau- und Behälterstähle mit bes. Anforderungen
14	frei
15...18	Werkzeugstähle
19	frei

Legierte Stähle

	Qualitätsstähle
08, 98	Stähle mit bes. physikalischen Eigenschaften
09, 99	Stähle für verschiedene Anwendungsbereiche
	Edelstähle
20...28	Werkzeugstähle
29	frei
30, 31	frei
32	Schnellarbeitsstähle mit Co
33	Schnellarbeitsstähle ohne Co
34	frei
35	Wälzlagerstähle
36, 37	Stähle mit bes. magnetischen Eigenschaften
38, 39	Stähle mit bes. physikalischen Eigenschaften
40...45	nichtrostende Stähle
46	chem. beständige u. hochwarmfeste Ni-Leg.
47, 48	Hitzebeständige Stähle
49	Hochwarmfeste Werkstoffe
50...84	Bau-, Maschinenbau- u. Behälterstähle geordnet nach Legierungselementen
85	Nitrierstähle
86	frei
87...89	nicht für Wärmebehandlung bestimmte Stähle, hochfeste schweißgeeignete Stähle

Nummernsystem von Stählen (DIN EN 10 027)

4 Keramische Werkstoffe

Die Frage „Was ist Keramik?" werden selbst Experten auf Anhieb nicht schlüssig beantworten können. Denn Keramik stellt eine Sammelbezeichnung für eine alte (schon im 7. Jahrhundert eingesetzt) wie vielfältige Werkstoffgruppe dar. Sie ist chemisch nicht so ohne weiteres in eine Schublade zu stecken. Was für den einen das Material, aus dem die Kaffeetasse oder das Waschbecken besteht, ist für den anderen der Werkstoff für den Kondensator, ein Ventil oder die Zahnfüllung, oder das Rohmaterial für Töpferwaren, Fliesen und Ziegel. Keramische Werkstoffe werden demnach nicht nur aus Ton, sondern aus einer Vielzahl von Rohstoffen (vor allem Oxide, Carbide, Nitride und Silicide) hergestellt und können die verschiedensten Formen annehmen. Durch das Brennen erhält der Werkstoff seine extrem hohe Temperaturbeständigkeit.

Definition

Materialwissenschaftler definieren den Begriff „Keramik" folgendermaßen:

„Zur Keramik[1] gehören alle nichtmetallischen, anorganischen, weitgehend wasserbeständigen, zu einem großen Teil (wenigstens 30 %) oder ganz kristallisierten Stoffe und Stoffgemische, sowie derartige Erzeugnisse, wenn diese auf entsprechend hohe Temperaturen erhitzt wurden, oder beim Gebrauch erhitzt werden". (A. Dietzel)

Einteilung

Keramische Werkstoffe lassen sich wie folgt einteilen:

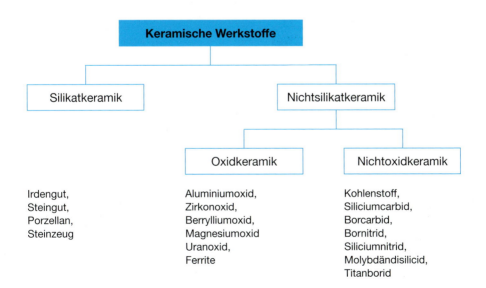

---

[1] ceramic (engl.): alle nichtmetallischen, anorganischen Feststoffe

Die drei Ausgangsstoffe (Dreistoffsystem) für Silikatkeramiken sind Ton, Quarzsand und Feldspat. Alle andere Keramiken sind Nichtsilikatkeramiken. Oxidkeramiken (mit Sauerstoff) korridieren, im Gegensatz zu den sauerstofffreien Keramiken, nicht an der Luft. Ihr Einsatzbereich ist je nach Art des Oxids verschieden. Oxide aus zwei Elementen (z. B. Aluminium und Sauerstoff) werden u. a. in Dichtungen von Kühlwasserpumpen der Pkws eingesetzt. Aus dem verschleißfesten Zirkoniumoxid werden Scheren und Messer gefertigt, während die Magnete in der Dichtung von Kühlschranktüren aus ternärem[2] Bariumferrit bestehen.

Herstellung

Die Herstellung ist für nahezu alle keramischen Werkstoffe gleich:
Die Rohstoffe werden zu einem rieselfähigen Pulver vermahlen und mit Wasser angefeuchtet. Die knetbare bzw. gießfähige Masse wird in die gewünschte Form gebracht und zu einem porenfreien Gefüge verdichtet. Der nachfolgende Brennvorgang (Sintern) verklebt die Einzelkörner an den Oberflächen miteinander. Dabei entsteht ein dichtes Gefüge.

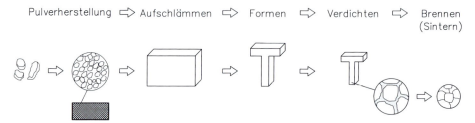

Schema der Herstellung vieler keramischer Werkstoffe

Eigenschaften

Erwünschte Eigenschaften	Unerwünschte Eigenschaften
hohe Verschleißbarkeit, hohe Temperaturbeständigkeit, chemische Beständigkeit (Korrosionsbeständigkeit), große Härte, geringe elektrische Leitfähigkeit, kleine Wärmeleitfähigkeit, geringe Dichte	große Sprödigkeit, geringe Zugfestigkeit

Besondere Eigenschaften der keramischen Werkstoffe

Struktureller Aufbau von keramischen Werkstoffen

In keramischen Werkstoffen werden die Atome zum Teil durch feste, kovalente Bindungen und zum Teil durch elektrostatische Wechselwirkung (Ionenbindungen) zusammengehalten. Die ionischen Bindungen sind sehr fest, aber ungerichtet. Die kovalenten Bindungen sind im Raum gerichtet und widersetzen sich dem Verschieben von Atomen und Atomlagen bei mechanischer Beanspruchung.

---

[2] ternär: Verbindung aus drei verschiedenen Elementen

Beispiel:
Diamant, als der härteste Werkstoff, besteht nur aus kovalent gebundenen Kohlenstoffatomen.

Die Mischung beider starker Bindungsarten ist für Keramiken typisch. Sie behindern die Bewegung der Elektronen und sind für das außerordentlich feste und wärmebeständige Gefüge, aber auch für die große Sprödigkeit und geringe Zugbefestigung verantwortlich. Keramische Werkstoffe verfügen über keine einheitliche Struktur. Sie sind sowohl kristallin als auch amorph.

> Keramische Werkstoffe enthalten Mischbindungen von Ionenbindungen und kovalenten Atombindungen. In keramischen Werkstoffen liegen kristalline Phasen und Glasphasen (amorph) nebeneinander.

Nichtsilikatkeramische Werkstoffe in neuen Technologien

Anwendung	geforderte Eigenschaft	Keramik
Elektrotechnik/Elektronik/Optik Substrate für integrierte Schaltungen, Laserwerkstoffe, Magnete, Sensoren, Natriumdampflampe, Isolierteile, Kondensatoren,	spezielle elektrische und magnetische Eigenschaften	Aluminiumoxid Al_2O_3, Aluminiumnitrid AlN, Ferrite[3], Titandioxid TiO_2
Hochtemperaturtechnik Brenner, Schweißdüsen, Wärmetauscher, Schutzrohre, Tiegel, Heizleiter	Temperaturbeständigkeit, Korrosionsbeständigkeit, Wärmeleitfähigkeit	Aluminiumoxid Al_2O_3, Siliciumnitrid Si_3N_4, Siliciumcarbid SiC, Kohlenstoff C, Bornitrid BN
Motorenbau Wärmeisolation, Ventilsitze, Gasturbinen, Turboladerrotor, Katalysatorträger, Zündkerze, λ-Sonde	Temperaturbeständigkeit, Korrosionsbeständigkeit, Wärmeleitfähigkeit, spez. elektrische Eigenschaften, geringe Dichte	Aluminiumoxid Al_2O_3, Aluminiumnitrat Al_2TiO_5, Siliciumcarbid SiC, Siliciumnitrid Si_3N_4, Zirkonoxid ZrO_2
Verfahrenstechnik Bauteile für chem. Apparatebau, Gleitringe, Armaturenteile, Papiermaschinenbeläge, Fadenführer, Drahtziehkonen	Korrosionsbeständigkeit, Verschleißfestigkeit	Aluminiumoxid Al_2O_3, Siliciumoxid SiO_2, Graphit C, Titandioxid TiO_2, Siliciumcarbid SiC, Zirkonoxid ZrO_2
Werkstoffbearbeitung Schneidwerkzeuge, Schleifscheiben, Sandstrahldüsen	Verschleißfestigkeit, Härte	Aluminiumoxid Al_2O_3, Siliciumnitrid Si_3N_4, Siliciumcarbid SiC, Borcarbid B_4C
Medizinische Technik Hüftgelenke, Knochenersatz	mechanische Festigkeit, Oberflächengüte, Körperverträglichkeit	Aluminiumoxid Al_2O_3, Calciumphosphat $Ca_3(PO_4)_2$

Verwendbarkeit von Nichtsilikatkeramiken

---

[3] Ferrite sind eisen(III)-oxidische Doppeloxide, z. B. Bariumferrit $BaO \cdot 6Fe_2O_3$

Hochtemperaturkeramiken

Hochtemperaturkeramiken sind hochfeuerfeste, harte Nichtsilikatkeramiken. Sie werden u. a. als Steine oder Formteile zum Ausmauern von Öfen oder Schmelztiegeln, als thermische Schutzrohre oder als Wärmeschutzfliesen für Raumgleiter verwendet. So halten z. B. Schamottesteine (55 % SiO_2, 45 % Al_2O_3) Temperaturen bis 1500 °C und Siliciumcarbid bis zu 2200 °C stand. Weitere Hochtemperaturkeramiken sind Forsterit (SiO_2, MgO), Dolomit (CaO, MgO) und Mullit (SiO_2, Al_2O_3, MgO).

Aluminiumoxid Al_2O_3 und Siliciumcarbid SiC werden sehr häufig in ihrer reinen Form verarbeitet. Siliciumcarbid wird u. a. wegen seiner sehr guten Wämreleitfähigkeit (vergleichbar den Metallen) als Wärmetauscher z. B. in Solarreceivern oder bei gasversorgten Heizgeräten eingesetzt.

Oxidkeramische Schneidwerkstoffe

Oxidkeramische Schneidwerkstoffe bestehen aus einem Sintergerüst aus Schmelzkorund in dessen Zwischenräumen Metalloxide (MgO, Cr_2O_3, TiC) eingelagert und mit einander gesintert werden. Sie sind diamantharte Werkstoffe, verschleißfest, äußerst temperaturbeständig, aber sehr stoßempfindlich. Als Hochleistungsschneidwerkzeuge erlauben sie extrem hohe Schnittgeschwindigkeiten und werden als billige, quadratische oder dreieckige Wendeplatten geliefert.

Beispiel:
Aluminiumoxid Al_2O_3 wird im Lichtbogen zu dem diamantharten Schmelzkorund zusammengeschmolzen. Er wird zu Schleifmitteln weiter verarbeitet.

Gegenüberstellung der physikalischen Eigenschaften einiger ausgewählter Schneidwerkstoffe

Eigenschaften	Stahl		Hartmetall	Oxidkeramische Schneidwerkstoffe
Dichte in kg/dm³	7,8		8 bis 15	3,9
Wärmeleitfähigkeit in W/K · cm	1,68 bis 5,04		2,1 bis 7,56	2,1
Vickershärte HV 30	≈ 600 unlegiert	≈ 850 hochlegiert (Schnellarbeitsstahl)	1300 bis 1800	1300 bis 1500
Erweichungstemperatur in °C	100	600	1200	1400
Herstellung	Erschmelzen		Sintern	Sintern

Silikatkeramiken

Silikatkeramiken sind die am verbreitetsten herkömmlichen, keramischen Gebrauchsgüter. Sie werden auch als Tonwaren bezeichnet, weil sie die natürlichen Tone wie Kaolinit ($Al_2O_3 \cdot 2SiO_2 \cdot 2H_2O$) bzw. Montmorillonit ($Al_2O_3 \cdot 4SiO_2 \cdot H_2O$) enthalten. Ein besonders wertvoller und reiner Ton ist der Kaolin[4] (Porzellanerde). Er besteht fast ausschließlich aus Kaolinit und wird zur Porzellanherstellung verwendet. Ton allein ist aber zur Herstellung von Tonwaren nicht geeignet, da er beim Brennen stark schwindet. Deshalb wird die Tonsubstanz mit Zusätzen (z. B. Magermittel und Flussmittel) versehen. „Magermittel" (z. B. Quarzsand SiO_2) vermindern das Schwinden. Die Sintertemperatur wird durch Zugabe von „Flussmitteln" (z. B. Kalk, Eisenoxide, Feldspat, Alkalihydroxide) erniedrigt. Ein hoher Anteil an Eisenoxiden bewirkt beim Brennen die braune bis rote Farbe der Tonwaren.

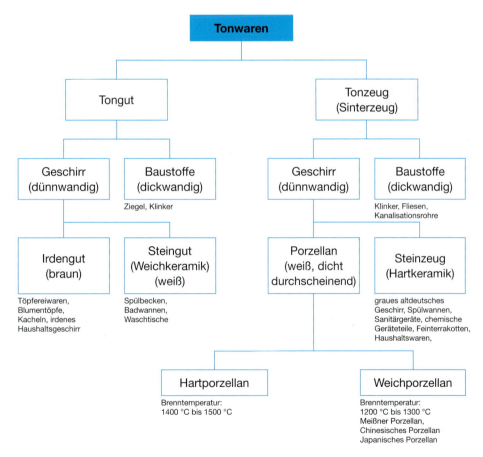

Einordnung der Tonwaren

---

[4] Kaolin hat seinen Namen vom Berg Kaoling (China). Dort wurde der zur Porzellanherstellung erforderliche Feldspat (nicht der heute als Kaolin bezeichnete Ton) gewonnen.

Keramik	Brenntemperatur	Dichte	Bruchstellen	Durchlässigkeit	Härte
Tongut	900-1200 °C wenig bzw. nicht gesintert	porig, porös	matt, erdig, klebt an der Zunge	durchlässig für Gase und Flüssigkeiten, undurchlässig mit Glasur	hart, spröde
Tonzeug	1200-1500 °C gesintert	gut, verkittet, nicht porös	dicht, oft glänzend, kleben nicht an der Zunge	undurchlässig	sehr hart, vom Stahl nicht ritzbar

Eine genaue Einteilung in Tongut und Tonzeug bereitet oft Schwierigkeiten, da die Grenzen fließend sind.

Porzellan

Porzellan[5] ist härter als Stahl und mit Ausnahme der Flusssäure HF säure- und laugenbeständig. Je nach Höhe der Brenntemperatur und der Konzentration der Rohstoffe bildet sich Hart- bzw. Weichporzellan.

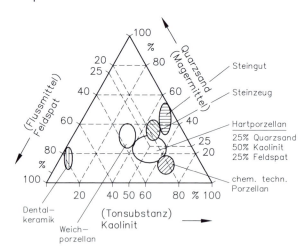

Konzentrationsdreieck (Quarzsand – Kaolinit – Feldspat)

Hartporzellan enthält Kaolin (50 %), Quarz (25 %) und Feldspat (25 %) und wird bei ca. 1400-1500 °C gebrannt. Die Härte ergibt sich beim Brennen. Die Blattstruktur wandelt sich in eine Raumnetzstruktur mit einer großen Volumenverminderung um. Dies ist vergleichbar mit der Zunahme der Dichte um ca. 60 % beim Übergang von der Blattstruktur des Graphits zur Raumnetzstruktur des Diamanten.

---

[5] porcellana (ital.): weiße Meermuschel; Porzellan war bei den Chinesen schon um das Jahr 600 bekannt. Erst 1710 wurde in Meißen das Porzellan in Europa fabrikmäßig hergestellt (Erfinder: E.W. von Tschirnhaus und J.F. Böttger).

Bei **Weichporzellan** wird der Kaolinanteil (auf ca. 25 %) verringert und die Konzentration des Quarzes (auf 45 %) und Feldspats (auf 30 %) erhöht, dadurch kann es bei niedrigeren Temperaturen (1200-1300 °C) gebrannt werden. Somit kann Weichporzellan farbenprächtiger verziert werden als Hartporzellan, weil die meisten Porzellanfarben (Muffelfeuerfarben und Scharffeuerfarben) aus feingemahlenen Metallen oder Metalloxiden bestehen und dabei die hohe Brenntemperatur von 1400 °C nicht aushalten würden. Das heutige Weichporzellan (25 % Tonsubstanz, 45 % Quarz, 30 % Feldspat) ist eine Nachbildung des japanischen Porzellans.

4.1 Zement

Zement[6] ist ein unentbehrlicher Baustoff. Er ist nahezu unbegrenzt verfügbar. Der Zement hat die Aufgabe, die Zuschläge wie Sand, Kies, Blähton oder Bimsstein miteinander zu verkitten. Mit Wasser versetzt, gut gemischt, verdichtet, erhärtet die entstandene Masse zu einem dauerfesten Material, ähnlich einem Gestein.

Eigenschaften der Normzemente

Für verschiedene Verwendungszwecke werden spezielle Zementarten mit definierten Eigenschaften benötigt.

Normzemente nach EN[7] 197 und DIN 1164

Zement ist pulverförmig und setzt sich hauptsächlich aus Calciumoxid CaO, Siliciumdioxid SiO_2, Aluminiumoxid Al_2O_3 und Eisen(III)oxid Fe_2O_3 zusammen. Zement ist ein hydraulisches Bindemittel, d. h. mit Wasser angemacht erhärtet es sowohl an der Luft als auch unter Wasser und bleibt fest. Bei Normzementen entwickelt sich kein Kalk- oder Magnesiatreiben, welches eine ungewünschte Volumenvergrößerung des Betons bewirken würde. Die erreichte Druckfestigkeit des Zementsteins nach 2 bis 7 Tagen heißt Anfangshärtung. Sie wird durch die „Mahlfeinheit" (mindestens 2200 cm^2/g) des Zementklinkers beeinflusst. Die Mindestdruckfestigkeit, die der erhärtete Zement nach 28 Tagen besitzen muss, wird durch vier Festigkeitsklassen angegeben.

---

[6] caementum (lat.): Mörtel
[7] EN 197 ist die Euronorm für Zement. Sie ist vom Europäischen Komitee für Normung (CEN) herausgegeben. Bis zum Inkrafttreten der EN 197 ist die DIN 1164 anzuwenden.

Zement

Festigkeitsklasse		Druckfestigkeit (N/mm²) nach				Kennfarbe	Farbe des
EN 197	DIN 1164	2 Tagen	7 Tagen	28 Tagen		d. Sackes	Aufdrucks
		min	min	min	max		
–	Z 25	–	10	25	45	violett	schwarz
CE 32,5 N	Z 35 L*	–	≥16/18	≥32,5/35	≥52,5/55	hellbraun	schwarz
CE 32,5 R	Z 35 F*	≥10/10	–	≥32,5/35	≥52,5/55	hellbraun	rot
CE 42,5 N	Z 45 L*	≥10/10	–	≥42,5/55	≥62,5/65	grün	schwarz
CE 42,5 R	Z 45 F*	≥20/20	–	≥42,5/55	≥62,5/65	grün	rot
CE 52,5 N	Z 55	≥20/30	–	≥52,5/55	–	rot	schwarz
CE 52,5 R	–	≥20/30	–	≥52,5/–	–	rot	weiß

* L = Zemente mit langsamer Anfangshärtung
* F = Zemente mit schneller Anfangshärtung (Frühfestigkeit)

Festigkeitsklassen und Kennfarben der Normalzemente

Vom Rohstoff zum Normzement

Zement wird aus Kalkstein ($CaCO_3$), Ton ($Al_2O_3 \cdot 2SiO_2 \cdot 2H_2O$) mit Quarzsand ($SiO_2$) und Eisen(III)-oxid ($Fe_2O_3$) hergestellt. Kalkmergel ist eine Gesteinsart aus Kalkstein, Ton und Eisenverbindungen mit einem für die Zementklinkerherstellung günstigen Mischungsverhältnis und wird deshalb als Rohstoff verwendet.

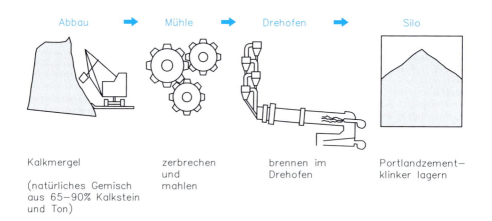

Abbau → Mühle → Drehofen → Silo

Kalkmergel (natürliches Gemisch aus 65–90% Kalkstein und Ton)

zerbrechen und mahlen

brennen im Drehofen

Portlandzement–klinker lagern

Portlandzementklinker

Der gemahlene Kalkmergel wird bis zum Sintern in Drehöfen[8] erhitzt. Dabei bildet sich der Portlandzementklinker aus den sogenannten Klinkerphasen u. a. Alit, Belit, Aluminat, Aluminatferrit.

---

[8] Drehöfen sind geneigt liegende, mit feuerfesten Steinen ausgekleidete Metallrohre mit mehreren Metern Durchmesser und 50 bis 200 m Länge, die langsam um ihre Längsachse rotieren.

Fachbegriff	Name	Chemische Formel	Kurz-bezeich-nung	Gewichts-mengenanteil in Gewichtsprozent
Alit [9]	Tricalciumsilicat	$3CaO \cdot SiO_2$	C_3S	45 bis 80
Belit [10]	Dicalsiumsilicat	$2CaO \cdot SiO_2$	C_2S	0 bis 32
Aluminat	Tricalciumaluminat	$3CaO \cdot Al_2O_3$	C_3A	4 bis 14
Aluminatferrit	Dicalciumaluminatferrit	$2CaO \cdot Al_2O_3 \cdot Fe_2O_3$	$C_2(A,F)$	7 bis 15
(*) Freikalk	freies Calciumoxid	CaO	C	0,1 bis 3
(*) Periklas	freies Magnesiumoxid	MgO	–	0,5 bis 4,5

Die Kurzbezeichnungen entsprechen nicht den Regeln der Chemie. Sie werden aber im Baugewerbe verwendet.
(*) Nebenprodukte des Zementklinkers

Erklärung der Klinkerphasen

Die Klinkerphasen Alit (A), Belit (B) und das oktaedrische Periklas (P) liegen in der Schmelze aus Aluminat und Aluminatferrit (F).

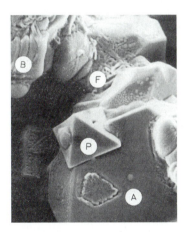

REM-Foto eines Portlandzement-Klinkers (Bildbreite 22 µm) in der Schmelze.

---

[9] Alit ist eine Bezeichnung von A.E. Törnebohm. Er hat die Phase zuerst gefunden. Da er über die chemische Zusammensetzung keine Aussage treffen konnte, verwendete er die ersten Buchstaben des Alphabets. Die Bezeichnung wird auch heute noch verwendet.
[10] Belit ist eine Bezeichnung von A.E. Törnebohm (siehe Alit).

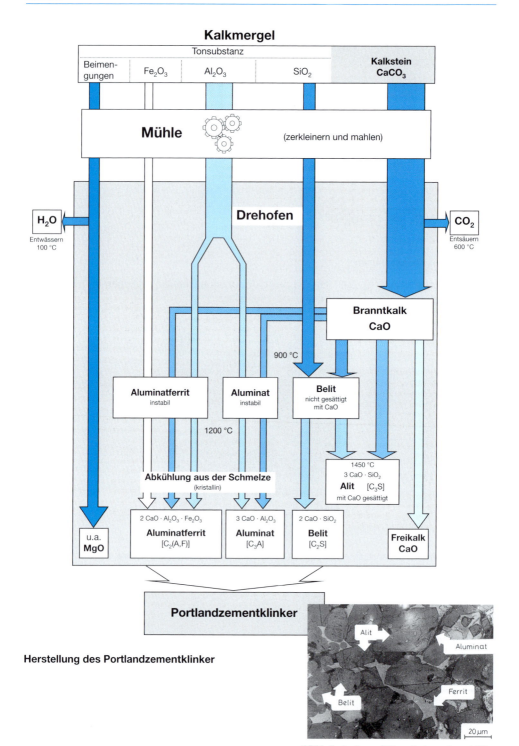

Herstellung des Portlandzementklinker

REM-Aufnahme (20 µm) eines Anschliffs des Portlandzementklinkers

Alit-Kristalle haben Kanten und Ecken. Belit-Kristalle sind meistens rund. Zwischen den Silikaten befindet sich die Grundmasse aus Aluminat und Aluminatferrit. Der Portlandzementklinker fällt beim Brennen in gesinterten Granalien (Größe eines Tennisballs) an.

Vom Portlandzementklinker zum Normalzement

Der Portlandzementklinker werden entweder mit Gips ($CaSO_4 \cdot 2H_2O$) oder Anhydrit ($CaSO_4$) oder mit beiden äußerst fein gemahlen und je nach Vorgabe mit Zusatzstoffen gemischt. Der fertige Zement wird in Silos gelagert.
Gips und Anhydrit sind Erstarrungsregler. Die Mahlfeinheit und die Zusatzstoffe bestimmen die Eigenschaften (z. B. Frühfestigkeit, Wärmeentwicklung beim Erstarren) des jeweiligen Zements.

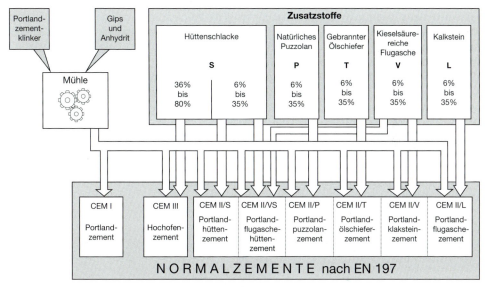

Vom Portlandzementklinker zu den Normalzementen

Anhydrit $CaSO_4$ ist kristallwasserfrei. Gips ist kristallwasserhaltiges Calciumsulfat $CaSO_4 \cdot 2H_2O$. Hüttenschlacke fällt bei der Roheisengewinnung ab.

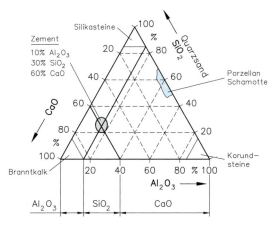

Konzentrationsdreieck für das Dreistoffsystem ($CaO - Al_2O_3 - SiO_2$)

4.2 Vom Zement zum Zementstein

Die physikalischen und chemischen Reaktionen des mit Wasser angemachten Zements beim Erstarren und anschließenden Erhärten, dauern über Jahre und werden als Hydratation bezeichnet.

Wasser wird mit Zement angemacht – Was geschieht?

Wenige Minuten nach dem „Anmachen" (Wasserzugabe) entsteht eine Art flüssiger Zementleim. Daraus entwickelt sich das Zementgel. Beim Auskristallisieren bilden sich sehr feine, meistens faserige Kristalle, die gegenseitig ihr Wachstum stoppen können, während an anderer Stelle wieder neue Kristalle entstehen, bis die Hydratation beendet ist. Bei diesem Vorgang wird Wärme frei. Der Wasserbedarf beträgt ca. 40 % des Zementgewichts. Die Ausbildung der Kristalle benötigt etwa 25 % Wasser, während weitere 10 % bis 15 % in den Kristallzwischenräumen zunächst eingelagert werden. Steht der Hydratation zu viel Wasser zu Verfügung, werden die Zwischenräume zu groß und die Dichtigkeit vermindert sich. Ist zu wenig Wasser für die Reaktionen vorhanden, so werden die Reaktionen abgebrochen und der Zementstein trocknet vorzeitig aus. Ein Teil des Zements bleibt somit ungenützt. Der Zementstein (erhärtetes Zementgel) kann die geforderte Festigkeit nicht erreichen. Die Wasserzugabe muss deshalb ziemlich genau erfolgen. Deshalb wird der Wasserzementwert bestimmt. Er regelt das Verhältnis der Zugabe von Wasser zum Zement. Ohne Gips bzw. Anhydrit würde der Zementleim zu schnell erhärten und die Weiterverarbeitung erschweren oder gar verhindern.

> Der Gips im Zement verzögert das Ansteifen und Erstarren des Zementgels, wodurch der Mörtel ausreichend lange verarbeitbar bleibt.

Der Wasserzementwert (w/z) ist das Massenverhältnis aus Wassergehalt (w) und der Zementmenge (z). Seine Größe ist ausschlaggebend für die Porosität des Zementsteins und damit für die Festigkeit und Dichtigkeit von Beton von erheblicher Bedeutung. Der Wasserzementwert beträgt je nach Zementart etwa 0,4 bis (max.) 0,75. Der Fachmann berechnet den Wasserzementwert (w/z-Wert) mit folgender Formel.

$$\text{Wasserzementwert} = \frac{\text{Wassermenge (in Liter)}}{\text{Zementmenge (in kg)}} \qquad w/z = \frac{w}{z}$$

> Die Reaktionen des Zements mit dem Anmachwasser werden als Hydratation bezeichnet. Die Wasserzugabe bzw. der Wasserzementwert bestimmt die Festigkeit des Zementsteins. Bei einem Wasserzementwert von 0,5 wird eine hohe Druckfestigkeit erreicht.

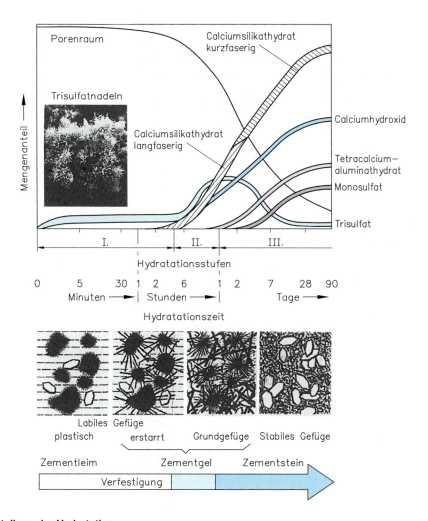

Darstellung der Hydratation

Vom Zement zum Zementstein

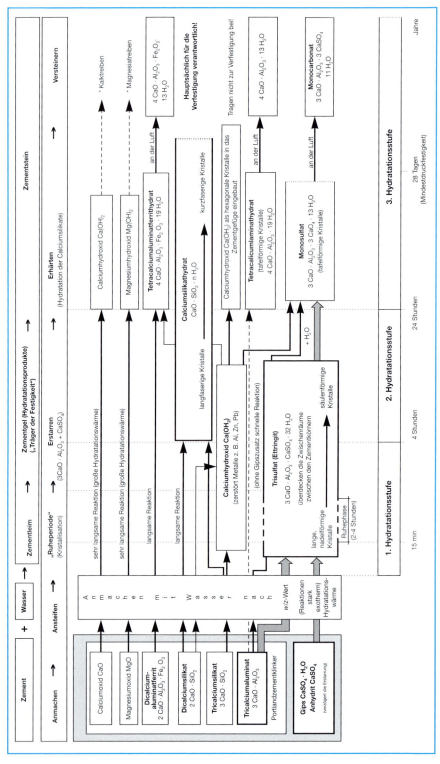

* Kalktreiben und Magnesiatreiben bewirken die Volumenvergrößerung infolge der Hydratation von freiem Kalk bzw. freiem Magnesiumoxid. So vergrößert sich das Volumen von MgO bei der Umwandlung in Magnesiumhydroxid Mg(OH)2 um mehr als das 2,2-fache. Der Treibvorgang macht sich erst im Laufe von Jahren bemerkbar. Der Zementstein zeigt keine Raumbeständigkeit. Normgerechte Zemente weisen weder Kalktreiben noch Magnesiatreiben auf, da die Anteile an freiem MgO und CaO nach DIN 1164 begrenzt sind.

Schematischer Verlauf der Hydratation

Aufgaben:

1. Erklären Sie die große Festigkeit und Wärmebeständigkeit der keramischen Werkstoffe anhand ihrer Struktur.

2. a) Zeichnen Sie das Konzentrationsdreieck für ein Dreistoffgemisch. Verwenden Sie dabei die Hauptbestandteile der Keramiken mit chemischer Formel. (Dreieckseite = 10 cm)
   b) Bestimmen Sie in diesem Konzentrationsdreieck ein Gemisch aus 19 % Korund, 79 % Quarz und 2 % Kalk. Welchen Namen hat dieses Gemenge?

3. Nennen Sie fünf ausgewählte keramische Werkstoffe und geben Sie kurz deren spezielle Zusammensetzung und Eigenschaften an?

4. Wodurch unterscheidet sich Weichporzellan von Hartporzellan?

5. Wodurch unterscheidet sich Porzellan von Steinzeug?

6. Zement härtet auch unter Wasser aus (z. B. Fundament eines Brückenpfeilers). Erklären Sie diesen Effekt.

7. a) Woraus besteht Kalkmergel?
   b) Welche Phasenumsetzung ergibt sich beim Brennen von Kalkmergel? Verwenden Sie hierbei nur die Kurzbezeichnungen und die Fachbegriffe, d. h. nicht die exakte chemische Bezeichnung.

8. a) Erklären Sie den Begriff Hydratation.
   b) Beschreiben Sie den Vorgang der Hydratation eines Zementkorns.
   c) In welchen Stufen und Zeitintervallen läuft die Hydratation ab?

9. Welche Bedeutung haben die Calciumsilicathydrate in der Hydratation?

10. Bei der Herstellung von Waschbetonplatten (Kieselsteine in Zementleim) wird die noch feuchte Oberfläche mit zuckerhaltigem Papier abgedeckt. Nach einigen Stunden wird die Oberfläche der Platten wir Wasser abgewaschen. Dabei treten die Kieselsteine hervor. Warum konnte sich der Zementstein an der Oberfläche der Platten nicht ausbilden?

11. In einem Garten wird die Bodenhülse einer Wäschespinne einbetoniert. Warum darf die Wäschespinne erst einige Tage später in die Hülse gesteckt werden?

12. Warum ist Zement ein hydraulisches Bindemittel?

13. Warum wird der Ton bei der Keramikherstellung mit Zusatzstoffen vermischt?

14. Welche Aufgabe haben Magermittel und Flussmittel bei der Herstellung keramischer Erzeugnisse?

15. In einem Geschäft mit keramischen Erzeugnissen betrachten Sie braune mit einer Glasur überzogene Krüge und farbenprächtige Porzellanvasen.
    a) Ordnen Sie diesen Produkten die Begriffe Tongut und Tonzeug zu.
    b) Um welche Porzellanart handelt es sich bei der Vase? Begründen Sie Ihre Antwort. Erklären Sie die Zunahme der Härte bei Porzellan.

4.3 Beton

Der Werkstoff „Beton" prägt und beherrscht das Baugeschehen. Beton ist ein künstlich hergestellter schwerer Stein und kann auf relativ einfache Weise aus Zement, Wasser und Betonzuschlägen (Sand, Kies, Blähton, Bimsstein, ...) hergestellt werden. Der Zuschlag aus Sand und Kies muss verschiedene Korngrößen (nach Sieblinie) aufweisen, die gut gemischt sein müssen.

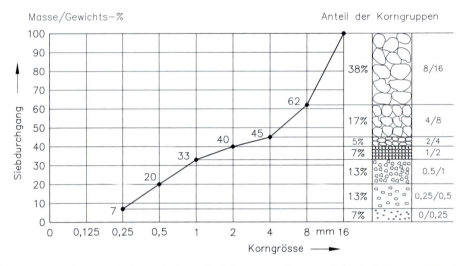

Sieblinie eines Korngemisches mit einem Größtkorn von 16 mm und der Aufteilung auf die einzelnen Korngruppen (Korngrößen im logarithmischen Maßstab)

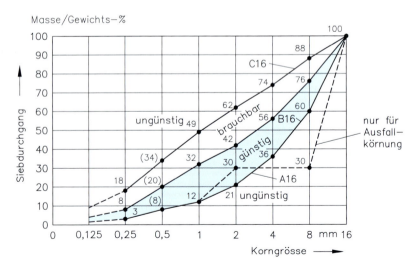

Sieblinienbereich eines Korngemisches mit Korngrößen von 0 mm bis 16 mm und deren Aufteilung auf die einzelnen Korngruppen (Korngrößen im logarithmischen Maßstab).

4.3.1 Betonherstellung

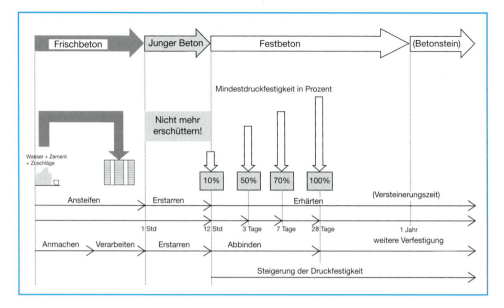

Die frisch angemachte Betonmischung heißt Frischbeton. Beim Erstarren bildet sich zunächst Calciumhydroxid $Ca(OH)_2$, das zerstörend auf Metalle wie Aluminium, Blei und Zink wirkt. Eingebrachte Teile (z. B. Rohre) aus diesen Metallen müssen deshalb vor dem Einbetonieren mit Papierlagen ummantelt werden, bzw. Schutzanstriche (z. B. Bitumen) erhalten.

Nachbehandlung des Festbetons

Für einen dauerhaften, druckfesten Beton sind folgende weitere Maßnahmen erforderlich:
- Besprühen mit Wasser, damit das vorzeitige Austrocknen verhindert wird,
- Abdecken, um den Beton vor extremen Temperaturen oder schroffen Temperaturänderungen zu schützen.

4.3.2 Eigenschaften des Betons

Festigkeit

Die **Druckfestigkeit** ist für die meisten Anwendungen die wichtigste Kenngröße des Betons. Der Beton wird nach DIN EN 206-1 in Betondruckfestigkeitsklassen eingeteilt. Der Buchstabe „C" (für *engl. concrete* = Beton) kennzeichnet Normal- und Schwerbeton.

Druckfestigkeitsklassen nach DIN EN 206-1	$f_{ck, cyl.}$	$f_{ck, cube}$	Entspricht alter Bezeichnung nach DIN 1048
C 8/10	8	10	B 10
C 12/15	12	15	B 15
C 16/20	16	20	
C 25/30	25	30	B 25
C 30/37	30	37	B 35
C 35/45	35	45	
C 40/50	40	50	
C 45/55	45	55	B 45
C 50/60	50	60	B 55

Betonfestigkeitsklassen nach DIN EN 206-1

Die Betondruckfestigkeit wird vorher durch Druckversuche an Probewürfeln ($f_{ck, cube}$) oder -zylindern ($f_{ck, cyl.}$) getestet. Bei dieser Druckfestigkeitsprüfung müssen die Prüfergebnisse um mindestens 4 N/mm² höher liegen als die Werte in der oberen Tabelle, damit ein Beton der entsprechenden Druckfestigkeitsklasse zugeordnet werden kann.

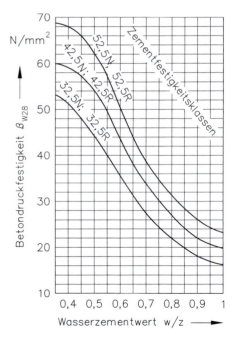

Zusammenhang zwischen Betondruckfestigkeit, Zementfestigkeitsklasse[11] und Wasserzementwert (nach Walz)

---

[11] Zemente werden nach EN 196 in Zementfestigkeitsklassen eingeteilt. Als Kennzahl der Festigkeitsklasse gilt die Mindestdruckfestigkeit nach 28 Tagen.

 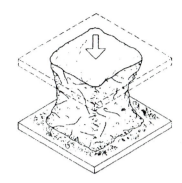

Betonprobewürfel nach dem Abdrücken

Die Zuschlagstoffe im Beton sind infolge der Hydratation durch ein zusammenhängendes Gerüst aus sehr feinen Calciumsilicathydrat- und Calciumaluminathydratkristallen verbunden.

Die Festigkeit ist umso größer,
- je höher der Anteil an langen, faserförmigen Calciumsilicathydraten ist und
- je niedriger die Calciumhydroxidkonzentration ist.

Erhärtet der Beton langsam, steigt mit dem Anteil der Calciumsilicathydraten die Druckfestigkeit an. Niedrige Temperatur oder Verzögerungszusätze fördern diesen Effekt.

Werden Bauteile aus Beton auf Zug beansprucht, so bricht er schon bei geringsten Belastungen.

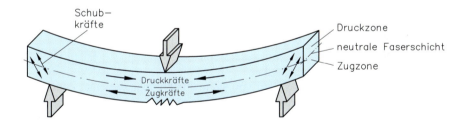

Die Biege- und Zugfestigkeit von Beton sind etwa eine Zehnerpotenz kleiner als seine Druckfestigkeit.

Formänderungen

Formänderungen im Frisch- und Festbeton werden durch äußere Einwirkungen (z. B. Temperaturänderungen, Wasserentzug oder Wasseraufnahmen, Lasteinwirkung), sowie innere Vorgänge (z. B. Hydratation) hervorgerufen. Wenn sich das Betonteil nicht frei verformen kann, entstehen im Inneren Spannungen, die zu Rissen führen.

- **Schwinden und Quellen**

Beim Austrocknen des Zementsteins an der Luft verkleinert der unbelastete Beton sein Volumen. Diese Volumenverringerung wird **„Schwinden des Betons"** genannt.
Beim Erhärten des Betons unter Wasser (Durchfeuchtung) dehnt sich der Beton aus. Diese Volumenvergrößerung heißt **„Quellen des Betons".** Beim Austrocknen vermindert er wieder sein Volumen.
Schwinden und Quellen werden durch die Volumenveränderungen der schichtförmig aufgebauten Calciumsilicathydrate bei Entzug oder Einbau von Zwischenschichtwasser hervorgerufen. Bei erstmaligem, starkem Trocknen kann das Schwindmaß bis zu 10 mm/m betragen. Die durch Wiederbefeuchten und erneutes Trocknen bewirkten Längenänderungen sind reversibel und liegen im Bereich von 3-4 mm/m.

- **Kriechen**

Kriechen ist eine zusätzliche zeitabhängige bleibende Verformung des Betons unter gleichbleibender Belastung. Beim Beton verläuft das Kriechen anfangs schnell und vermindert sich mit der Zeit. Nach 1 bis 2 Jahren ist diese Formänderung beendet. Beim Kriechen wird an den belasteten Stellen im Gefüge Wasser verdrängt.

> Das Kriechen ist umso geringer, je feuchter die Umgebung, je niedriger der w/z-Wert, je kleiner das Zementvolumen und je höher die Betonfestigkeit ist.

Elastizitätsmodul des Betons

Das Hooke'sche Gesetz gilt nicht für Beton, da die elastischen Verformungen mit der Spannung überproportional ansteigen. Deshalb wird nach DIN 1048 der statische E-Modul nach der zehnten Druckbelastung ermittelt. Dazu wird ein Probezylinder (15 cm breit und 30 cm hoch) zehnmal be- und entlastet. Die sich bei der elften Belastung einstellende Dehnungsänderung $\Delta\varepsilon$ zwischen einer unteren Prüfspannung σ_u (möglichst 0,5 N/mm²) und einer oberen Prüfspannung σ_o (meist $1/3$ der erwarteten Festigkeit) wird gemessen.
Der E-Modul hat Einfluss auf die Bemessung von Betonbauten und hängt von den E-Moduln des Zuschlags und des Zementsteins ab.
Der Elastizitätsmodul als Erfahrungswert von Normalbeton liegt zwischen den E-Moduln des Zementsteins und des Betonzuschlags und ergibt sich aus dem E-Modul des Betonzuschlags.

Vergleich der E-Moduln

	E-Modul in N/mm²	Festigkeitsklasse des Betons	E-Modul in N/mm²
Zementstein	5 000 bis 20 000	C 8/10	22 000
Leichtbeton	5 000 bis 23 000	C 12/15	26 000
Normalbeton	10 000 bis 60 000	C 25/30	30 000
(vorwiegend)	15 000 bis 40 000	C 30/37	34 000
Zuschlag	60 000 bis 100 000	C 45/55	37 000
		C 50/60	39 000

> Der E-Modul des Betons nimmt mit steigender Porösität stark ab.

Wärmedehnung

Der Feuchtigkeitsgehalt des verfestigten Betons bestimmt im starken Maße seinen Wärmedehnung. Am geringsten ist sie bei völlig trockenem und bei wassergesättigtem Beton. Der Wärmeausdehnungskoeffizient α (Wärmedehnungszahl) liegt bei ca. $11 \cdot 10^{-6}$ 1/K. Er verdoppelt sich bei einer relativen Luftfeuchtigkeit von 70 %.

> Längendifferenz = Wärmeausdehnungskoeffizient · Temperaturdifferenz · Anfangslänge in mm

$$\Delta l = \alpha \cdot \Delta T \cdot l_0$$

Δl Längendifferenz in mm α Wärmeausdehnungskoeffizient in K ΔT Temperaturdifferenz in K
l_0 Anfangslänge in mm

Beispiel:
Bei einer Temperaturerhöhung um 40 Kelvin verlängert sich ein 5 m langer Betonbalken um ca. 2 mm.
$\Delta l = 11 \cdot 10^{-6}$ 1/K $\cdot$ 40 K $\cdot$ 5000 mm = 2,2 mm

Wasserundurchlässigkeit

Die Wasserundurchlässigkeit des Betons ist eine seiner besonderen Eigenschaften. Die Wassereindringtiefe darf 50 mm nicht überschreiten. Festbeton ist praktisch wasserundurchlässig. Bis zu einem Kapillarporenraum von etwa 20 Volumenprozent (w/z-Wert ca. 0,5) sind die Kapillarporen untereinander nicht verbunden. Der Beton ist wasserundurchlässig. Ab einem w/z-Wert von 0,7 ist der erhärtete Beton wasserdurchlässig, weil die Kapillarporen nun untereinander verbunden sind.

> Festbetone mit w/z-Werten zwischen 0,4 und 0,6 sind praktisch wasserundurchlässig.

4.3.3 Eigenschaftsänderung durch Kombination mit anderen Werkstoffen

Die Bruchfestigkeit des Betons wird erheblich erhöht, wenn zugfeste „Einlagerungen" (z. B. Fasern, Stahl) die Zugkräfte aufnehmen. Der Beton selbst wird somit nicht mehr auf Zug belastet, wodurch seine geringe Zugfestigkeit nicht mehr ins Gewicht fällt. So werden die mechanischen und thermischen Beanspruchungen verbessert.

Der Werkstoff Beton erlangt in Kombination mit anderen Werkstoffen immer mehr an Bedeutung. Mit Verbundwerkstoffen steigern die Baufachleute die Qualität ihrer Bauten, erhöhen deren Dauerfestigkeit und verbessern die Gebrauchseigenschaften.

Beton

Beton mit in N/mm²	Zugfestigkeit in N/mm²	E-Modul in N/mm²
Baustahl	500 bis 640	23 000
Stahlfasern	2400 bis 3800	70 000 bis 310 000
(Asbestfasern	*1000 bis 3600*	*160 000)*
Kohlefasern	1700 bis 3200	200 000 bis 400 000
Glasfasern	1000 bis 3500	75 000
Kunststofffasern	200 bis 2700	500 bis 300 000

* Das Einatmen von Asbeststaub ist gesundheitsschädlich, weil er Asbestose, Lungenkrebs oder Mesotheliom auslösen kann. Wegen seiner gesundheitlichen Risiken wird Asbest in Deutschland nicht mehr verwendet.

Faserbeton

Faserbetone sind eine Weiterentwicklung und Verbilligung des Baustoffs Beton. Die eingebrachten Fasern steigern die Zugfestigkeit und Verformbarkeit des Betons, vermindern das Eigengewicht bei gleichzeitig hoher Festigkeit. Sie hemmen die Ausbildung von Rissen auf der Oberfläche, die sonst beim Austrocknen bzw. beim Schwinden des Festbetons entstünden.

Häufig werden hochfeste, spröde, aber auch dehnbare Fasern (aus Kunststoffen, Glaswerkstoffen, Stählen) mit relativ großer Bruchdehnung in die noch duktile (dehnbare, streckbare) Grundmasse des Frischbetons eingebaut.

Spezielle Kunststofffasern werden als Asbestersatz im Zementstein eingesetzt. Sie verfügen über vergleichbar gute mechanische Eigenschaften wie Asbestfasern, sind aber nicht gesundheitsgefährdend.

Die eingebrachten Fasern erhöhen die Festigkeit, Verformbarkeit und Haltbarkeit des Festbetons.

	Zement	*Asbest-	*Asbest	Kunststofffaser		Glas	Stahl
Chemische Basis	Silikat	Silikat	Silikat	Polyacrylnitril	Polyvinylalkohol	Silikat	Metall
E-Modul N/mm² · 10³	15	280-350	160	1800	300	75	70-210
Zugfestigkeit N/mm²	5,5	20	1000-3600	850	1600	1000-3500	2400-3800
Bruchdehnung (%)	0,04	0,4-0,5	0,1-0,3	9	6	2-5	1-2
Faserdurchmesser (μm)	–	–	0,1-1,0	18	12	10-50	beliebig

* Asbest ist gesundheitsschädlich!
Eigenschaften im Vergleich

Stahlbeton (DIN 1045)

Bei Stahlbeton[12] ist Stahl auf der Zugseite des Bauteils im Betonquerschnitt vollkommen eingebettet und eine kraftschlüssige Verbindung zwischen Stahl und Beton gegeben. Stahleinlagen (Zugbewehrung[13], Bewehrungskorb) nehmen die Zug- und Schubkräfte auf und der Festbeton nimmt die Druckkräfte auf.

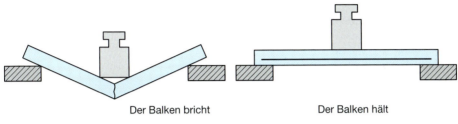

Der Balken bricht
Betonbalken ohne Stahleinlage

Der Balken hält
Betonbalken mit einer Stahleinlage

In Auflagernähe treten Schubkräfte auf. Sie können Risse bilden. Deshalb müssen dort Stahleinlagen diese Kräfte aufnehmen. Aufbiegungen und Bügel bilden die Schubbewehrung.

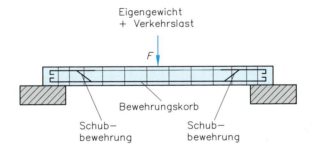

Reicht der Betonquerschnitt nicht aus, um die auftretenden Druckkräfte abzutragen, so können die Bewehrungsstäbe auch in Druckzonen angeordnet werden. In Stützen übernehmen Stahl und Beton gemeinsam die Druckkräfte.

Eigenschaften von Stahl und Beton als Verbundwerkstoff

Die Zugfestigkeit von Stahl ist so groß wie die Druckfestigkeit des Betons.
Die Wärmeausdehnung bei Stahl und Beton ist etwa gleich ($\alpha = 10^{-5}$ 1/K).
An der Oberfläche gerippte Baustähle erhöhen die Haftung zwischen Zementstein und Stahl.
Der Beton schützt den Stahl bei ausreichender Umhüllung (Betondeckung) vor Rost.

---

[12] 1897 erfand der Franzose J. Monier den Stahlbeton
[13] Bewehrung (Ausrüstung, Bewaffnung). Die Festigkeit des Betons wird mit Stahleinlagen erhöht.

Beton

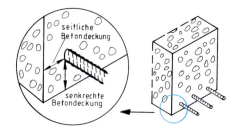

Gerippter Betonstabstahl, z. B. Fe430B

Spannbeton (DIN 4227)

Beim Stahlbeton werden die günstigen Eigenschaften hochfester Betonstähle nicht voll ausgenützt. Die Dehnbarkeit der Stähle liegt zwischen 0,7 und 1,1 mm pro Meter, die von Beton beträgt ca. 0,2 mm/m. Infolge der sehr großen Haftfähigkeit des Betons am Baustahl und der geringen Dehnbarkeit des Betons würden bei voller Beanspruchung des Stahls feine Haarrisse in der Zugzone entstehen (Rostgefahr der Stahleinlagen). Andererseits ist der Beton in der Zugzone statisch unwirksam, d. h. er trägt nicht mit. Er ist somit nur eine zusätzliche Gewichtsbelastung für das Bauteil.

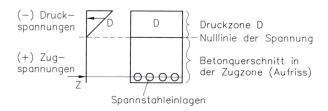

Beim Spannbeton werden diese Mängel des Stahlbetons weitgehend ausgeschaltet. So konnten die Spannweiten bei Brücken erheblich vergrößert und der Gewichtsanteil verringert werden.

Wirkungsweise des Spannbetons

Bei einem Betonbauteil (z. B. Betonbalken) werden in den Zugzonen Spannglieder (Spannstähle) gleitfähig in Hüllrohre (Spannkanäle) gelegt. Die beiden Enden werden mit Ankerplatte, Gewinde und Mutter versehen. Nach genügendem Erhärten des Betonbauteils werden die Spannstähle durch das Anziehen der Muttern gespannt. Im Spannstahl werden starke Zugkräfte und über die Ankerplatten (Vorspannkraft) im Betonbalken entsprechende Druckspannungen erzeugt. Diese überlagern sich mit den Biegespannungen aus den äußeren Belastungen (Eigengewicht und Verkehrslast) und heben sich nahezu auf. Die Stahleinlagen (Spannglieder) werden vor dem Einbringen vor Rost, Verunreinigungen und Beschädigung geschützt. Nach dem Vorspannen werden die Stahleinlagen in ihren Spannkanälen mit Zementleim vergossen und so vor dem Rosten bewahrt.

Vorgespannter Balken mit und ohne Last

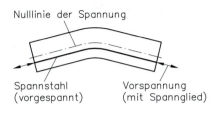

Vorgespannter Betonbalken ohne Eigenlast

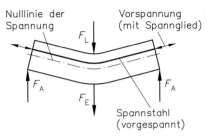

Belasteter vorgespannter Betonbalken

F_E Eigengewichtskraft F_L Verkehrslast F_A Auflagekraft

Vorteile des Spannbetons:

- Er erlaubt durch die Ausnützung der Baustoffe mit hoher Festigkeit (Stahl, Beton) größere Spannweiten und schlankere Tragwerke mit geringerem Eigengewicht als Stahlbeton.
- Die Vorspannung verbessert die Gebrauchsfähigkeit. Risse werden weitgehend verhindert.
- Spannbeton-Tragwerke können erhebliche Überlastungen ohne bleibenden Schaden ertragen.
- Spannbeton-Tragwerke zeigen hohe Ermüdungsfestigkeit.
- Geringere Abmessungen der Bauteile ermöglichen eine erhebliche Materialersparnis an Stahl und Beton.

Beton

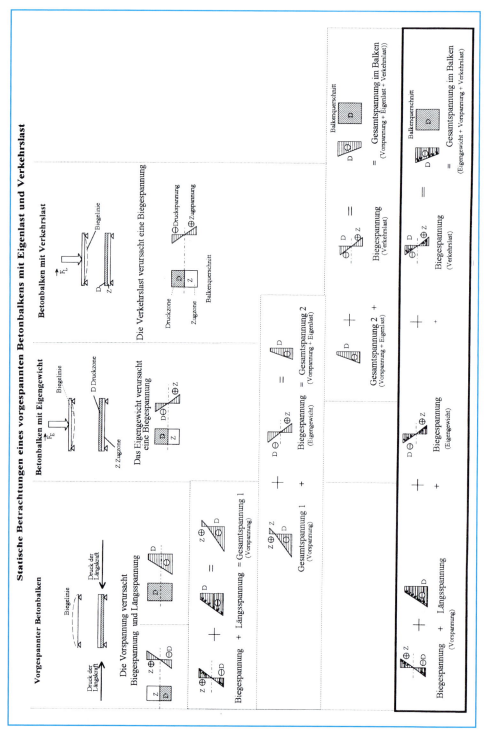

Statische Gesamtbilanz eines vorgespannten belasteten Betonbalkens

	Stahlträger	Stahlbeton	Spannbeton
Darstellung		Betonbalken ohne Vorspannung	Betonbalken ohne Vorspannung
Betonverbrauch	0 %	100 %	50 %
Gewichtsfaktor	1,9	1,0	0,25

Gegenüberstellung verschiedener Balken gleicher Tragfähigkeit

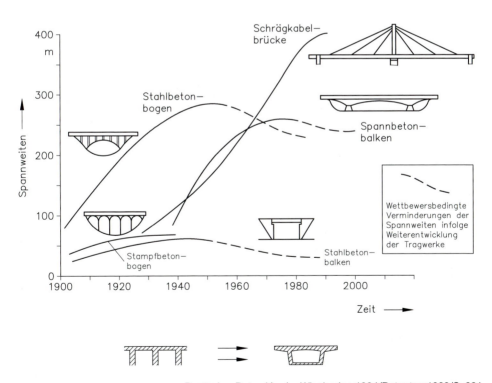

Deutscher Beton Verein, Wiesbaden 1984/Betontag 1983/S. 201

Entwicklungen der Spannweiten im Laufe der Zeit

Aufgaben:

1. Welche Stoffe werden zur Betonherstellung benötigt?
2. Erklären Sie den Unterschied zwischen Erstarren und Erhärten.
3. Welchen Einfluss hat der Wasserzementwert auf die Eigenschaften von Beton?
4. Ein Eisentor soll an einem Stützpfeiler aus Beton befestigt werden. Welche Betonfestigkeitsklassen dürfen nicht verwendet werden? Begründen Sie Ihre Aussage.
5. In welchem Verhältnis stehen Zug- und Druckfestigkeit von unbewehrtem Beton?
6. Wie wird der E-Modul bei Beton ermittelt?
7. Was ist Zementleim, was Zementstein?
8. Was besagen die Begriffe Quellen, Schwinden, Kriechen?
9. Wovon hängt die Wasserdurchlässigkeit von Beton ab?
10. Warum wird Beton nachbehandelt?
11. Bei einer Balkonbrüstung aus Stahlbeton ist ein Betonstück abgeplatzt und die rostige Bewehrung ist sichtbar. Geben Sie mögliche Ursachen für diesen Baufehler an.
12. Warum sind Betonfertigdecken aus Stahlbeton?
13. Wo werden Bewehrungsstäbe verwendet?
14. Dürfen Stahlstäbe mit Rostnarben als Bewehrungsstäbe eingesetzt werden? Begründen Sie Ihre Antwort.
15. Vor dem Einbringen der Spannstähle in die Hüllrohre eines Brückenbauteils werden Roststellen an den Spannstählen festgestellt. Bewerten Sie diese Tatsache.
16. Warum eignen sich Aluminiumstäbe nicht als Verbundstoffkomponente beim Beton?
17. Warum hat der Spannbeton den Brückenbau revolutioniert?
18. Warum werden die Spannkanäle mit Zementleim ausgegossen?
19. Welche Auswirkungen hat das Kriechen im Spannbeton?

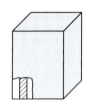

5 Kunststoffe (Polymere)

Die ersten „Kunststoffe" wurden 1846 von Christian Schönbein[1] durch Umwandlung hochmolekularer Naturstoffe entwickelt. Wegen ihrer außergewöhnlichen Bandbreite an physikalischen und chemischen Eigenschaften spielen die hochmolekularen Stoffe sowohl in der Natur wie in der Technik, als Werk- oder Gerüststoffe eine außerordentlich bedeutende Rolle. Kunststoffe können nahezu für jeden Verwendungszweck und mit ganz verschiedenartigen Eigenschaften produziert werden.

Vom gleichen Kunststoff ausgehend, können durch verschiedene Verarbeitungsmethoden unterschiedlichste Gegenstände entstehen.

Anwendungsvielfalt am Beispiel eines Kunststoffes (PET[2])

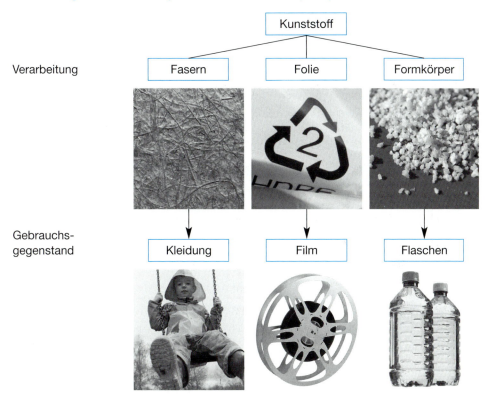

Kunststoffe oder **Polymere**[3] sind Werkstoffe aus makromolekularen organischen Verbindungen. Die relative Molekülmasse eines Makromoleküls[4] beträgt mehr als 10 000 u.

---

[1] Christian Schönbein (dt. Chemiker, 1799–1868)
[2] PET ist die Kurzbezeichnung des Kunststoffs **P**ol**y**e**t**h**y**len**t**erephthalat. Die Kurzbezeichnungen sind genormt und werden im Alltag oft anstelle des Fachbegriffs gebraucht.
[3] polys (gri.): viel; meros (gri.): Teil
[4] makros (gri.): groß, molekula (lat.): kleine Masse

5.1 Aufbauprinzip der Kunststoffe

Kunststoffe werden durch Verknüpfung einfacher Grundbausteine[5] (Monomere)[6] synthetisch aus den Primärstoffen (Erdöl, Erdgas oder Kohle) erzeugt oder durch chemische Abwandlung polymerer Naturstoffe hergestellt. Dabei entstehen lange fadenförmige Molekülketten.

Makromolekülketten in einem Bauteil aus Kunststoff

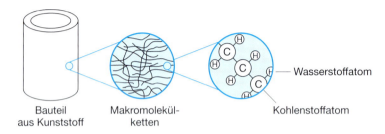

Das Aufbauprinzip dieser langen Molekülketten ist für natürliche und synthetisch hergestellte Polymere gleich.
Beispiel: Der Naturstoff Cellulose und das synthetisch hergestellte Polyethylen (PE) bestehen aus langen Molekülketten.

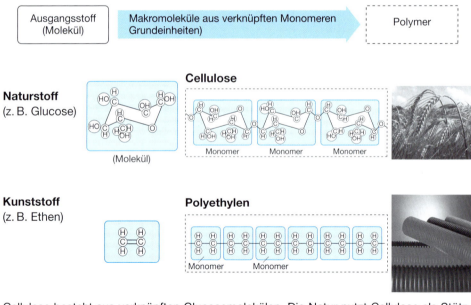

Cellulose besteht aus verknüpften Glucosemolekülen. Die Natur nutzt Cellulose als Stützmaterial in allen Pflanzen, z. B. für Getreidehalme.

---

[5] mono (lat.): einzig, allein
[6] Synthese: Zusammensetzen, Zusammenstellen

Das synthetisch erzeugte Polyethylen (PE) wird durch die Verknüpfung vieler Ethen-Moleküle (früher Ethylen) gebildet.

Einteilung der Kunststoffe

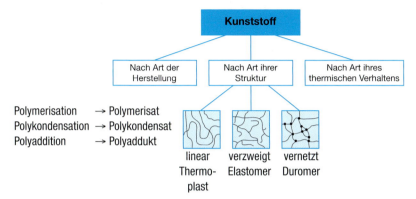

Polymerisation → Polymerisat
Polykondensation → Polykondensat
Polyaddition → Polyaddukt

5.2 Bildungsreaktionen der Kunststoffe

5.2.1 Polymerisation

Bei der Polymerisation[7] bilden gleichartige Molekülbausteine durch Aneinanderreihen Makromoleküle. Diese Verknüpfung erfolgt durch die Aufspaltung der ungesättigten (Mehrfachbindungen) Kohlenstoff-Kohlenstoff-Bindungen.

Außer dem Polymer entstehen keine weiteren Stoffe.

Die Anzahl n der in einem Makromolekül verknüpften Monomere wird der Polymerisationsgrad P* genannt. Die Polymerisationsprodukte heißen Polymerisate, z. B. **P**ol**ye**thylen (PE), **P**oly**p**ropylen** (PP), **P**oly**s**tyrol (PS).
* Normgerechte und gebräuchliche Kurzbezeichnungen der Polymere

Beispiel 1: Aus Propen wird Polypropylen

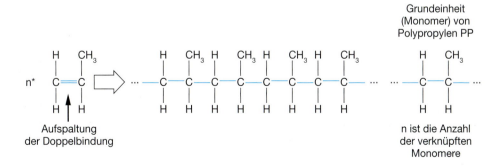

---

[1] Die Polymerisation wurde 1912 von Klatt mit Polyvinylchlorid PVC erarbeitet.

5.2.2 Polykondensation

Bei der Polykondensation[8] verbinden sich verschiedenartige Moleküle unter Abspaltung kleiner Moleküle (meistens H_2O) zu Makromolekülen. Polykondensationsprodukte heißen Polykondensate, z. B. **P**oly**a**mide (PA), **u**ngesättigte **P**olyester (UP), Phenoplaste (PF).

Beispiel: Herstellungsschema

5.2.3 Polyaddition

Verbinden sich verschiedene Moleküle mit mindestens einer Doppelbindung (z. B. C=O, C=N-) durch Umlagerung kleiner Teilchen (meistens Wasserstoffatome) zu Makromolekülen, wird diese chemische Reaktion als Polyaddition[9] bezeichnet. Polyadditionsprodukte heißen Polyaddukte, z. B. **P**oly**ur**ethane (PUR), **Ep**oxidharze (EP).

Beispiel: Herstellungsschema

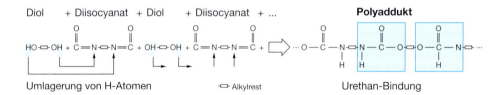

5.3 Molekularstrukturen der Polymere

Polymere unterscheiden sich in der Art ihrer Molekularstruktur:

- Homopolymere enthalten nur gleichartige Grundeinheiten.
- Copolymere bestehen aus verschiedenartigen Grundeinheiten. Diese sind alternierend, statisch, aber blockartig angeordnet.

---

[8] Die Polykondensation wurde von dem belgischen Chemiker L. M. Bakeland 1907 erstmals mit Phenol und Formaldehyd durchgeführt. Das Produkt nannte er Bakelit.
[9] Otto Bayer (dt. Chemiker) erforschte 1935 die Polyaddition von Polyurethanen. (Nylonherstellung)
* Normgerechte und gebräuchliche Kurzbezeichnungen der Polymere

Ordnungsstrukturen im Makromolekül

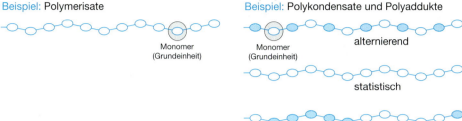

Die Substituenten[10] können sich bezogen auf die Kohlenstoffkette auf verschiedene Weise räumlich anordnen:

- isotaktisch: Die Substituenten befinden sich auf der **gleichen** Seite der Kohlenstoffkette.
- syndiotaktisch: Die Substituenten verteilen sich in regelmäßiger Folge **abwechselnd auf verschiedenen Seiten** der Kohlenstoffkette.
- ataktisch: Die Substituenten lagern sich willkürlich und **ohne Ordnung** auf beiden Seiten der Kohlenstoffkette an. Diese Anordnung bedingt einen unsymmetrischen Bau der Makromoleküle.

Beispiel: **P**oly**p**ropylen (PP)

---

[10] substituere (lat.): dahinter stehen, ersetzen
Ein Substituent ersetzt ein Wasserstoffatom durch andere Atomgruppen.

Polymere bilden lineare, verzweigte oder vernetzte Kettenstrukturen.

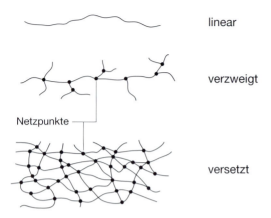

Auch die fadenförmigen Molekülketten der Thermoplaste sind normalerweise ungeordnet und ineinander verschlungen. Nur in kleineren Bereichen können sich Kettenabschnitte kristallin anordnen. Diese „kristallinen Bereiche" werden „Kristallite" oder „Micellen" genannt.

Beispiel:
Aus der Lösung oder Schmelze von fadenförmigen Polymeren (z. B. PE) bilden sich amorphe oder kristalline Bereiche.

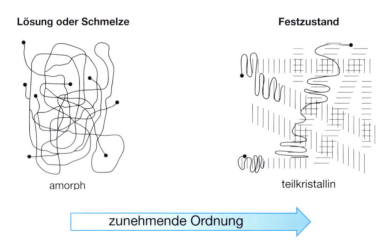

Verzweigte und vernetzte Makromoleküle zeigen in der Regel eine amorphe Struktur. Wegen ihrer großen Volumenausdehnung lassen sie sich nicht ohne weiteres regelmäßig anordnen. In der Lösung oder Schmelze liegen die Molekülketten des PE amorph, also verknäult vor. Im festen Zustand ist das Polymer teilkristallin (amorphe und kristalline Bereiche liegen nebeneinander).

5.4 Thermisches Verhalten der Polymere

In der Technik ist es gebräuchlich, die Kunststoffe nach ihrem Verhalten bei Erwärmung zu ordnen. Diese Einteilung ist unabhängig von der Herstellungsart der Kunststoffe.

Kunststoffe		
Thermoplast[11] oder (Plastomer[13])	**Elastomer** oder (Elast[14])	**Duromer**[12] oder (Duroplast[15])

Verhalten der Polymere in Abhängigkeit von der Temperatur

Duromere (stark vernetzte Makromoleküle)	Gebrauchsbereich (spröd)					Zersetzungs- bereich ZB
Elastomere (wenig vernetzte Makromoleküle)	spröder Zustand	Erweichungs- bereich EB	Gebrauchsbereich			Zersetzungs- bereich ZB
Thermoplaste (Fadenmoleküle nicht vernetzt)	spröder Zustand	Erweichungs- bereich EB	Gebrauchs- bereich	Fließ- bereich FB	Schmelze (zähflüssig)	Zersetzungs- bereich ZB

T_g („Glastemperatur") → Temperatur

Die Temperaturbereiche sind bei den drei Kunststoffarten sehr unterschiedlich und oft gar nicht vorhanden.

Charakteristische Temperaturbereiche:

- **Unterhalb des Einfriertemperaturbereichs (EB)**
  Der Einfriertemperaturbereich (Erweichungstemperaturbereich, Glasübergangstemperaturbereich) stellt den Übergang vom fest-harten in den fest-biegsamen Zustand dar. Die Molekülketten sind infolge der starken zwischenmolekularen Bindungskräfte engmaschig ineinander verknäult. Auf grund der nicht einheitlichen Struktur erstarren oder erweichen die Polymere in einem mehr oder weniger großen Temperaturbereich.
  Der Einfriertemperaturbereich EB ist mit dem Transformationsbereich des Glases zu vergleichen. Häufig werden deshalb die Begriffe „Einfriertemperatur" oder „Glastemperatur" verwendet.
  Beispiel: Beim Unterschreiten der relativ niedrig liegenden Glastemperatur erstarrt eine elastische Kunststoffente zu einer so harten und spröden Substanz, dass sie mit einem Hammer zerschlagen werden kann.

---

[11] thermos (gri.): warm, Thermoplast ist die neuere Bezeichnung
[12] durus (lat.): hart; meros (gri.): Teilchen
[13] Plastomer ist die ältere Bezeichnung, plazo (gri.): bilden, meros (gri.): Teilchen
[14] und [15] sind die älteren Bezeichnungen

- **Fließtemperaturbereich (FB)**
  Der Fließtemperaturbereich ist der Übergang vom fest-biegsamen in den plastifizierbaren[16] Zustand. Die Dipolkräfte und Wasserstoffbrücken der Molekülketten werden weitgehend aufgehoben. Die Polymere werden thermoplastisch (zähflüssig).
- **Zersetzungstemperaturbereich (ZB)**
  Bei hohen Temperaturen zerreißen die Polymerketten der Makromoleküle aufgrund ihrer starken thermischen Bewegung. Der Kunststoff wird in neue Stoffe zersetzt.

Beispiel:
Ein Polyisobutenstab wird in einem Reagenzglas erhitzt. Der Kunststoff wird zunächst zähflüssig. Bei höherer Temperatur treten Dämpfe (niedermolekulare Spaltprodukte) auf, die an der Mündung des Reagenzglases entzündet werden können.
Polymere können nicht vom flüssigen in den gasförmigen Aggregatszustand überführt werden, ohne dass sie zerstört werden. Die Ursache dafür ist der große Einfluss der Sekundärbindungen. Die Zersetzung des Polymers tritt schon ein, bevor sich die Molekülketten ganz voneinander lösen können. Die Sekundärbindungen sind in diesem Zustand teilweise noch vorhanden.

Beispiel: Technische Anwendung der thermischen Zersetzung
Die Pyrolyse[17] ist ein Entsorgungsverfahren für Kunststoffe. Unter Sauerstoffabschluss werden die Polymere bei Temperaturen zwischen 400 °C und 800 °C in petrochemische[18] Rohstoffe zersetzt.

5.4.1 Thermoplaste (Plastomere)

Typisch für Thermoplaste sind ihre langen, fadenförmigen, ineinander verfilzten und verknäulten Molekülketten. Charakteristisch für Thermoplaste ist, dass sie bei Erwärmung weich werden und bei Abkühlung wieder erhärten. Sie bilden amorphe und teilkristalline Strukturen. Diese Unterschiede im molekularen Aufbau (rein amorph bzw. teilkristallin) beeinflussen erheblich die physikalischen Eigenschaften. Deshalb werden die Thermoplaste auch in amorphe und teilkristalline Thermoplaste eingeteilt.

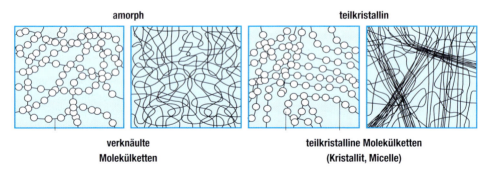

amorph | teilkristallin

verknäulte Molekülketten | teilkristalline Molekülketten (Kristallit, Micelle)

z. B. PS Polystyrol
oder PVC Polyvinylchlorid
oder PC Polycarbonat

z. B. PE Polyethylen
oder PA Polyamid
oder PP Polypropylen

---

[16] plastifizieren: spröde Kunststoffe weich und geschmeidig machen
[17] pyr (gri.): Feuer, lyein (gri.): lösen
[18] Petrochemie ist der Sammelbegriff für großtechnische Synthesen der Chemie, die sich von Erdöl ableiten lassen. (englisch: Petroleum).

E-Modul der Thermoplaste in Abhängigkeit von der Temperatur

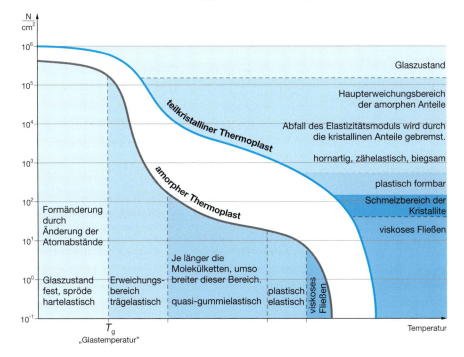

Bei Erwärmung durchlaufen die Thermoplaste verschiedene Zustände und Übergangsbereiche.

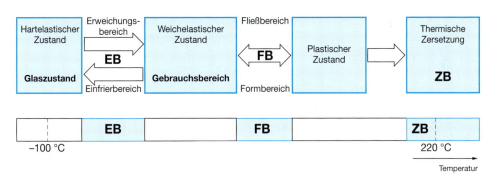

> Thermoplaste sind Kunststoffe, die bei höherer Temperatur erweichen und sich dann umformen lassen.

Erweichungsbereiche verschiedener Thermoplaste

153

Wichtige Thermoplaste in der Übersicht

Name	Kurzzeichen	Formel des Monomers	Verwendung	Eigenschaften
Polyethylen	PE	—C(H)(H)—C(H)(H)—ₙ	Folien (Tragetaschen), Rohre, Behälter (Flaschen), Spielzeug, Haushaltsgeräte, Elektroteile, Flaschenkästen, Mülltonnen, Heizöl- und Lagertanks.	Dichte: 0,92 kg/dm^3, Zugfestigkeit 140 N/mm^2, Bruchdehnung bis 500 %, Keine Dipolkräfte, geringe van-der-Waals-Kräfte, höchste Gebrauchstemperatur: 80 °C, Erweichungstemperaturbereich: −100 °C bis −70 °C, farblos bis milchig, nicht klebbar, schweißbar, wachsartig, biegsam, Zersetzung ohne Rückstände, Geruch der entweichenden Dämpfe: Kerzenwachs
Polyvinylchlorid	PVC	—C(H)(Cl)—C(H)(H)—ₙ	Apparateteile, Bodenbeläge, korrosionsfeste Leitungen und Rohre, Folien, Ummantelung von Kabeln und Drähten, Beschichtungen für Gewebe, weiche Formteile.	Dichte: 1,35 kg/dm^3, Zugfestigkeit 60 N/mm^2, von Bruchdehnung bis 100 %, höchste Gebrauchstemperatur: 55 °C bis 65 °C, Erweichungstemperaturbereich: 65 °C bis 100 °C, farblos, durchsichtig, klebbar, schweißbar, schwer zerbrechlich, Zersetzung verkohlte Rückstände, Geruch: stechend, entweichende HCl-Dämpfe
Polytetrafluorethylen (Teflon)	PTFE	—C(F)(F)—C(F)(F)—ₙ	Hitzebeständige Beschichtungen und chemikalienfeste Dichtungen, wartungsfreie Gleitlager, Formteile, Elektroinstallation, Beschichtungen mit abweisender Oberfläche.	Dichte: 2,2 kg/dm^3, starke Dipolkräfte, höchste Gebrauchstemperatur: 250 °C, Erweichungstemperaturbereich: −20 °C, nicht klebbar, nicht schweißbar, wachsartig, zäh, sehr gleitfähig, beständig gegen fast alle Chemikalien, Zersetzung: Flusssäure entweicht, Geruch der entweichenden Dämpfe: stechend
Polystyrol	PS	—C(H)(H)—C(H)(C$_6$H$_5$)—ₙ	Formteile, Spritzgussteile, Folien, Fäden, transparente Massenartikel, Elektroteile. Als Schaum zur Wärme- und Schallisolation, Verpackungen (stoßmildernd).	Dichte: 1,1 kg/dm^3, Zugfestigkeit 65 N/mm^2, Bruchdehnung bis 3,5 %, Keine Dipolkräfte, große van-der-Waals-Kräfte, höchste Gebrauchstemperatur: 65 °C bis 80 °C, Erweichungstemperaturbereich: 80 °C bis 100 °C, glasklar, polierfähig, klebbar, nicht schweißbar, hart, spröde, zerbrechlich, beständig gegen verdünnte Säuren und Laugen, Zersetzung: geringer Rückstand, Geruch der entweichenden Dämpfe: süßlich,
Polymethylmetacrylat	PMMA	—C(H)(H)—C(CH$_3$)(COOCH$_3$)—ₙ	Acrylglas (Sicherheitsglas), Uhrgläser, Linsen, Rücklichter, Blinkergehäuse, Lacke, Klebstoffe, in der Medizin: Knochenersatz, Zahnprothesen.	Dichte: 1,18 kg/dm^3, Keine Dipolkräfte, große van-der-Waals-Kräfte, höchste Gebrauchstemperatur: 75 °C bis 95 °C, Erweichungstemperaturbereich: −140 °C, glasklar, klebbar, hohe Haftfestigkeit, nicht schweißbar, hart, spröde, große Alterungs- und Witterungsbeständigkeit, Zersetzung: nicht rußend, keine Rückstände, Geruch der entweichenden Dämpfe: fruchtig-süßlich

5.4.2 Elastomere (Elaste)

Ganz anders als die Thermoplaste verhalten sich die Elastomere. Ihre Molekülketten sind räumlich weitmaschig mit wenigen Netzpunkten verknüpft. Elastomere sind weitgehend amorph und gummielastisch.

Schematischer Aufbau eines Elastomers:

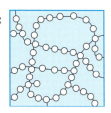

Elaste besitzen eine relativ niedrige Einfriertemperatur. Bei tiefer Temperatur verhalten sie sich hartelastisch, spröde und können zerbrechen. Bei steigender Temperatur werden die Elastomere gummielastisch. Die Verknüpfungen lösen sich bei hoher Temperatur nicht auf. Somit ergibt sich eine relativ hohe Wärmebeständigkeit und Unschmelzbarkeit.
Eine plastische Umformung durch Erwärmen ist nicht möglich. Die Formgebung erfolgt bei der Vernetzung der makromolekularen Ausgangsstoffe.
Bei zu hohen Temperaturen zersetzen sie sich. Elaste sind unlöslich, nicht schmelzbar.

Verhalten der Elastomere bei Erwärmung:

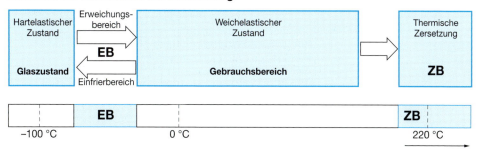

Elastomere lassen sich um mindestens das doppelte ihrer Ausgangslänge dehnen. Sie gehen nach erfolgter Entlastung rasch und praktisch vollständig wieder in ihre ursprüngliche Form zurück.

Gummielastisches Verhalten eines Elastomers
Bei der Vulkanisation[19] des Kautschuks zu Gummi bilden sich u.a. Schwefelbindungen, welche die Molekülketten vernetzen.

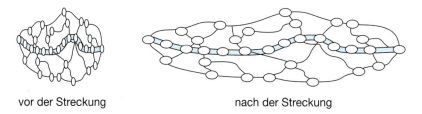

vor der Streckung   nach der Streckung

---

[19] Vulkanisation ist das Erhitzen des Polymers mit Schwefel auf ca. 135 °C. Die Polymerketten der Thermoplaste werden mit Schwefelbrücken teilweise vernetzt. (Erfindung von Goodyear 1833)

Schwefelbrücken bilden Vernetzung bei vulkanisiertem Kautschuk

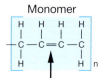

Monomer

Doppelbindung wird aufgebrochen. Schwefelbrücken werden gebildet.

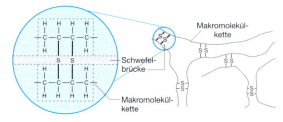

Zwei Makromolekülketten sind durch Schwefelbrücken verbunden.

Wichtige Elastomere in der Übersicht

Name	Kurzzeichen	Formel der Ausgangsstoffe	Verwendung	Eigenschaften
Styrol-Butadien	SB	Butadien + Styrol	Werbeartikel, Spielzeug, Haushaltsartikel Handelsname: Buna	Dichte: 1,04 kg/dm³ höchste Gebrauchstemperatur: 70 °C bis 75 °C, opak, schlagzäh, gummielastisch, zugfest, beständig gegen Säuren, Laugen und Öle, unbeständig gegen Benzin und Chlorkohlenstoffe, UV-strahlungsempfindlich, Zersetzung: rußend, keine Rückstände, Geruch der entweichenden Dämpfe: süßlich, ähnlich Leuchtgas, Beigeruch
Polychloropren	CR	Chlor-Butadien	Förderbänder, Isolationsmaterial, Surfanzüge, wichtiger Kunstkautschuk, Handelsname: Neopren	Dichte: 1,2 kg/dm³, gummielastisch, vulkanisierbar, hohe Temperaturbeständigkeit, beständig gegen verdünnte Säuren, witterungsfest, Geruch der entweichenden HCl-Dämpfe: stechend, Perbunan C
Butyl-Kautschuk (Polyisobutylen)	IIR	Isopren	Kabelisolation, Schläuche für PKW oder Fahrradreifen, Dichtungsmaterial, Akkumulatorgehäuse Handelsname: Polysar-Butyl	Dichte: 1,1 kg/dm³, außerordentliche geringe Gasdurchlässigkeit, gummielastisch, vulkanisierbar, wetter- und oxidationsbeständig,
Polyurethan	PUR	Isocyanat + Dialkohol HO—R″—OH	Federnde Maschinenteile, Schuhsohlen, Sportplatzbelag, Rollschuhrollen, Matratzen, Wärmedämmung, Handelsname: Moltopren, Vulkollan	Dichte: 1,2 kg/dm³ Zugfestigkeit 50 N/mm² Bruchdehnung bis 80 % max. Dauer-Gebrauchstemperatur: 100 °C gummielastisch, zähelastisch, beständig gegen Säuren, Laugen, kurzzeitig beständig gegen Benzin, Heizöl und Dieselkraftstoffe unbeständig gegen aromatische Kohlenwasserstoffe, starke Säuren und Laugen

5.4.3 Duromere (Duroplaste)

Die Molekülketten der Duromere sind im Gegensatz zu den Elastomeren so vernetzt, dass sie praktisch ein einziges Riesenmolekül bilden. Durch Erwärmung vernetzen sie noch mehr. Sie härten weiter aus. Duromere sind glasartig, hart, spröde und nicht mehr umformbar.

Schematische Darstellung eines Duromers und sein Verhalten bei Erwärmung:

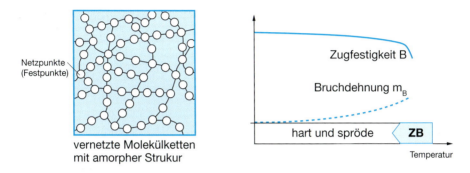

Duromere erweichen und schmelzen nicht bei Erwärmung. Sie behalten ihren glas-starren Zustand bis zum Zersetzungstemperaturbereich (ZB) bei.

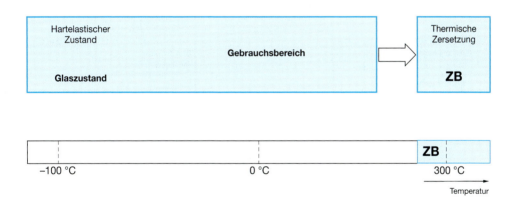

Zur Verarbeitung werden ihre Ausgangsstoffe noch im zähflüssigen oder plastischen Zustand geformt und härten anschließend aus.
Harze werden mit Hilfe eines Härters zum Erstarren gebracht.

> **Beim Umgang und beim Verarbeiten von Harzen ist der direkte Kontakt mit den Schleimhäuten und den Augen zu vermeiden!**
> **Kunststoffharze können ätzend wirken!**

Wichtige Duromere in der Übersicht

Name	Kurz-zeichen	Ausgangs-stoffe	Verwendung	Eigenschaften
Phenolharz (Phenoplaste) (ältester Kunststoff)	PF	Phenol + Formaldehyd	Schalterteile, Isolierteile, Elektroteile, Pressmassen, Griffe, Gehäuse, Lager	Dichte: 1,5 kg/dm^3, Zugfestigkeit 250 N/mm^2, Bruchdehnung bis 1 %, höchste Gebrauchstemperatur: 130 °C, hart, spröde, schlagzäh, kriechstromfest, beständig gegen schwache Laugen und Säuren, Öle, Benzin, Alkohole, unbeständig gegen starke Laugen und Säuren, dunkle Farbtöne, aber einfärbbar, Zersetzung: verkohlt stark, tropft nicht, Geruch der entweichenden Dämpfe: nach Formalin (wässrige Lösung von Formaldehyd).
Epoxidharz	EP	Epichlorhydrin + Dihydroxi-Verbindungen (meistens Diphenole)	Gießharz, Isolierteile, Kabelmuffen, Lackharz, Griffe, Gehäuse, guter Klebstoff	Dichte: 1,2 kg/dm^3, Zugfestigkeit 50 N/mm^2, Bruchdehnung bis 0,7 %, höchste Gebrauchstemperatur: 150 °C, hart, vergießbar, zäh, gut klebfähig, beständig gegen Laugen und Säuren, Zersetzung: brennbar, Geruch der entweichenden Dämpfe: nach Phenol auch für Metalle
ungesättigte Polyesterharze	UP	Dicarbonsäure + Dialkohole	Fahrzeugteile, Behälterbau, Elektroisolierteile, Gießharz, Abdeckungen, Lichtdächer	Dichte: 1,5 kg/dm^3, Zugfestigkeit bis 800 N/mm^2, Bruchdehnung bis 3 %, höchste Gebrauchstemperatur: 150 °C, hart bis weich, zäh, klebbar, vergießbar, glasklar, härtbar, beständig gegen schwache Laugen und Säuren, Öle, Benzin, Alkohole, unbeständig gegen starke Laugen und Säuren, Chlorkohlenwasserstoffe, Ester, Ketone und Benzole, Zersetzung: stark rußend, tropft nicht, Geruch der entweichenden Dämpfe: süßlich.
Melaminharz (Aminoplaste)	MF	Melamin + Formaldehyd	Schalter-, Steck-, Abzweigdosen, Verschraubungen, Dekorplatten, Autoelektrikteile, Bindemittel für Leime und Lacke	Dichte: 1,5 kg/dm^3, Zugfestigkeit 40 N/mm^2, Bruchdehnung bis 0,5 %, höchste Gebrauchstemperatur: 120 °C, hart, spröde, schlagzäh, kriechstromfest, lichtbeständig, zerbrechlich, beständig gegen schwache Laugen und Säuren, Öle, Benzin, Alkohole, unbeständig gegen starke Laugen und Säuren, Zersetzung: stark rußend, tropft nicht, Geruch der entweichenden Dämpfe: fischartig.

5.4.4 Charakteristische Eigenschaften der Kunststoffe

Charakteristische Eigenschaften: geringe Dichte niedriger Erweichungsbereich	Produkte mit geringer Masse leicht bearbeitbar	Anwendung: Leichtbau für Fahrzeugteile, Massenfertigung
Stabilität bei geringen Temperaturen	gute Umformbarkeit, gute Wiederverwertbarkeit,	Recycling
hohe Temperatur	Zerstörung	Pyrolyse
geringe Zugfestigkeit	brechbar	Bauteile mit Sollbruchstellen
gutes Isoliervermögen		Isolationsmaterial: Wärmedämmung, elektrischer Isolator, Schallschutz
chemische Beständigkeit	säure- und laugenfest	Korrosionsschutz, Verkleidungen von Maschinen bzw. Gebäuden, Rohre, Behälter

Physikalische Eigenschaften der Kunststoffe

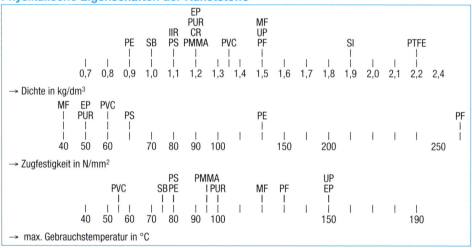

Verhalten ausgewählter Polymere in der Bunsenflamme

Polymer	Brennbarkeit	Flamme	Geruch beim Erhitzen
PE	brennbar	leuchtend mit blauem Kern	nach Paraffin (Kerzenwachs)
PVC	verkohlt	grün gesäumt	stechend nach HCl
PS	brennbar	leuchtend, rußend	süßlich
PP	brennbar	leuchtend	harzartig
PMMA	brennbar	leuchtend, knisternd	fruchtartig
PTFE	nicht brennbar	–	stechend (bei Rotglut)
PA	brennbar	bläulich	nach verbranntem Horn
Silicone	Zersetzung zu Siliciumdioxid	–	–
Phenoplast	verlöschen außerhalb der Flamme	in der Flamme rußend	stechend nach Phenol und Formaldehyd
Aminoplast	kaum entzündbar	–	stechend nach Ammoniak, fischartig

Thermisches Verhalten der Polymere

Aufgaben:

1. Erklären Sie die Begriffe Makromolekül und Monomer.
2. Wodurch unterscheiden sich Silicone von anderen vollsynthetischen Kunststoffen?
3. Welche Molekularstrukturen haben die Polymere?
4. Beschreiben Sie mit Hilfe von Skizzen den grundsätzlichen Aufbau von Polymeren.
5. Autolautsprecher werden nicht mit Thermoplasten verkleidet. Erklären Sie diese Tatsache.
6. Amorphe Thermoplaste werden auch als „organisches Glas" bezeichnet. Erklären Sie dies.
7. Ein Surfanzug wird aus einem Polymer gefertigt. Welche Polymerart ist dies und warum werden die beiden anderen Kunststoffarten nicht verwendet?
8. Zur Montage der Fensterrahmen eines Rohbaus wird PUR-Schaum verwendet.

    a. Welcher Kunststofftyp ist dies?

    b. Warum tragen die Handwerker bei dieser Verarbeitung Handschuhe?

9. Benennen Sie die drei Hauptgruppen der Polymere und beschreiben Sie diese hinsichtlich Aufbau und Eigenschaften:

    Name:

    Aufbau:

    Eigenschaften:

5.5 Silicone

Silicone sind wegen ihrer hohen Lebensdauer und großer thermischen Beständigkeit weit verbreitete Werkstoffe. Ihre Produktpalette reicht von Ölen über Elastomere bis zu Harzen. Die chemische Bezeichnung der Silicone lautet Polyorganosiloxane. Charakteristisch ist ihr Aufbau aus alternierenden Silicium-und Sauerstoffatomen. Die noch freien Valenzen des Siliciumatoms sind durch organische Gruppen (meistens Methylgruppen -CH) abgesättigt.

$$H_3C-\underset{\underset{CH_3}{|}}{\overset{\overset{CH_3}{|}}{Si}}-O-\left[\underset{\underset{CH_3}{|}}{\overset{\overset{CH_3}{|}}{Si}}-O\right]-\underset{\underset{CH_3}{|}}{\overset{\overset{CH_3}{|}}{Si}}-CH_3$$

Struktur des Polymethylsiloxans

Die große Beständigkeit der Silicone gegen hohe Temperaturen, UV-Strahlung und Witterung beruht auf das Zusammenwirken von anorganischem Grundgerüst und reaktionsträgen Methylgruppen. Die Abschirmung der polaren Si-O-Einheiten durch die frei drehbaren, unpolaren Methylgruppen und die schraubenförmige (helixartige) Anordnung der Molekülketten bewirken die geringen Anziehungskräfte zwischen den benachbarten Molekülketten. So erklärt sich unter anderem auch die niedrige Glasübergangstemperatur (T= -120 °C) der Polymethylsiloxane und die nur mäßige g Festigkeit von vernetzten Siliconpolymeren.

Typische Merkmale der Silicone:

- geringe Änderung der Viskosität mit der Temperatur,
- Temperaturbeständigkeit (>150 °C)
- hohe Komprimierbarkeit,
- elektrisches Isolationsvermögen,
- niedrige Oberflächenspannung,
- hohe Gasdurchlässigkeit,
- physiologische Indifferenz.

Siliconharze

Eine besondere Form der Siloxan-Netzwerken sind die Siliconharze. Sie sind aus hochverzweigten Polymetyl-oder Polyphenylsiloxanen aufgebaut. Ihre besonderen Merkmale sind ihre Temperatur-und Witterungsbeständigkeit. Selbst bei Temperaturen von 250 °C bleiben Glanz, Farbe und Plastizität erhalten. Siliconharze werden deshalb als kratzfeste Schutzlacke genutzt. Verdünnte Siliconharzlösungen erhärten bereits bei Raumtemperatur und u.a. werden zum Imprägnieren von Baustoffen und Steinfassaden eingesetzt. sie bieten einen dauerhaften Nässeschutz, ohne die notwendige Wasserdampfdurchlässigkeit entscheidend zu beeinträchtigen. Die Verwendung von Siliconkombinationsharzen reicht von biegfesten Lackierungen auf Fassadenblechen bis zur dekorativen Beschichtung thermisch beanspruchter Gegenstände (z. B. Kochtopf).

Name	Kurzzeichen	Verwendung	Eigenschaften
Siliconharz	SI	Imprägnieren von Wicklungen, Motoren, Transformatoren und von Textilien, Einbetten von Elektroteilen, Formmassen	Dichte: 1,9 kg/dm^3, höchste Gebrauchstemperatur: 300 °C, hart bis weich bzw. elastisch, beständig gegen Säuren, schwache Laugen und Öle, sehr geringe Wasseraufnahme, hitzebeständig, geringe Festigkeit,

6 Neue Werkstoffe

Die steigenden Anforderungen in der Technik machen permanent die Erforschung und Neuentwicklung von neuen Werkstoffen notwendig. Neue Werkstoffe sind ein wesentlicher Bestandteil hochinnovativer Technologiefelder. Eine Reihe von Schlüsseltechnologien wäre ohne den Einsatz neuer Werkstoffe nicht realisierbar, dazu zählen Informationstechnik, Umwelttechnik, Wehrtechnik, Energietechnik, Verkehrs- und Fertigungstechnik. Als Forschungsschwerpunkte zählen unter anderem Metalle mit ungewöhnlicher Struktur (metallische Schäume), metallische Gläser, nanoporöse Metallstrukturen, Supraleiter und elektrisch leitende Kunststoffe.

6.1 Metallische Schäume

Die Natur dient uns oft als gutes Vorbild für technische Konstruktionen. Das universelle Leichtbauprinzip der lastentragenden Strukturen aus zellularen Materialien wie Holz oder Knochen wurde bei den Metallischen Schäumen angewendet.

Die Struktur der Metallschäume ist vergleichbar mit der eines Schwamms oder von Polyurethanschaum. Sie besitzen eine inhomogene und stochastische Struktur, in der die Zellen unregelmäßig angeordnet und unterschiedlich groß sind.
Gegenüber den Polymerschäumen besitzen Metallschäume eine deutlich höhere Festigkeit und Temperaturbeständigkeit, Flächenträgheitsmoment, Steifigkeit und Dämpfungsverhalten.

Beispiel:
Bei einem Aufprall wandelt die zellulare Struktur der Metallschäume sehr viel kinetische Energie in Verformungsenergie und Wärme um. Deshalb eignen sich Metallschäume unter anderem gut zum Einbau in Crashelemente.

6.2 Nanoporöse Metallmembranen

Die aus Superlegierungen hergestellten **nanoporösen Metallmembranen** zeigen ein breites funktionales Spektr,um von der Gastrennung über die Verwendung als Substrat in der Brennstoffzellentechnik bis hin zum Einsatz als Biofilter. Die nanoporösen Metallmembranen besitzen offenporige, lamellare Strukturen und verwenden als Ausgangsmaterial Nickel-Basis-Superlegierungen.

Eigenschaften:
- hohe Beständigkeit gegenüber Korrosion bzw. Oxidation
- riss- und bruchunempfindlich
- nicht spröde
- plastisch verformbar

Anwendungen:
- kostengünstige Erzeugung von großflächigen Membranen
- Verbesserung des Extraktionsvorganges in Bezug auf Geschwindigkeit und mögliche Extraktionstiefe
- Herstellung homogener Strukturen mit definierter Porosität und Kanalbreite in hoher, reproduzierbarer Qualität
- Einsatz als Wärmetauscher im Mikromaßstab

- Verwendung als Trägermaterial für Katalysatoren bei chemischen Reaktionen, bei denen das Trägermaterial mechanischen Stoßbelastungen ausgesetzt wird, zum Beispiel beim Einsatz in Kraftfahrzeugen
- Einsatz im Bereich der Phasentrennung als Biofilter (infolge der Permeabilität)

6.3 Verbundwerkstoffe

Zweiskalig verstärkte Faserverbundwerkstoffe
Die Verstärkung eines Materials durch eingebrachte Fasern bewirkt eine größere Festigkeit. Die Fasern entfalten ihre volle Verstärkungswirkung, wenn ihre Länge im Millimeterbereich liegt. Dies führt zu einer Reduktion der mechanischen Spannung und somit zu einer deutlichen Verbesserung des Kriechverhaltens.

Metall-Kunststoff-Verbund
Dank neuer Technologien lassen sich Kunststoffe und Metalle problemlos zu leistungsfähigen Verbundbauteilchen miteinander verbinden. Dies eröffnet Konstrukteuren und Designern ganz neue Perspektiven. Die Kunststoffverstärkungen leiten die einwirkenden Kräfte vorteilhaft in die Stahlstruktur ein und verteilen sie auf viele tragfähige Punkte. Das Bauteil kann somit höheren Biege-, Torsion- und Knickbelastungen (60 % bis 300 %) standhalten. So können z. B. Schlösser, Schnapp- und Schraubverbindungen in **einem** Arbeitsgang in eine Kfz-Tür eingebaut werden. Beim späteren Recycling werden die Bauteile dann zerkleinert und über Siebe und Magnete wieder voneinander getrennt.

Metallische Gläser mit amorpher Struktur
Durch mehrkomponentige amorphe metallische Gläser auf Zr-Basis mit Zusätzen wie Cu, Al, Ni, Ti oder Be lassen sich größere, massive Bauteile für kommerzielle Anwendungen, z. B. Golfschläger, herstellen.

6.4 Unverschmutzbare neue Werkstoffe

Prof. Dr. Wilhelm Barthlott hat herausgefunden, dass **nicht glatte**, sondern in mikroskopischen Dimensionen **raue** Oberflächen extrem unverschmutzbar sind. Der Ausspruch „glatt ist gleich sauber", ist zwar wunderbar griffig und einsichtig. Er hat nur einen kleinen Haken: **er ist vollkommen falsch.**
Diese unverschmutzbaren, neuen Werkstoffe können für alle Oberflächen, die sauber bleiben sollen und keiner extremen mechanischen Beanspruchung unterliegen dürfen, angewendet werden. Beispiele für Anwendungsbereiche sind alle Außenflächen, die in irgendeiner Form Regen, Staub oder Sonne ausgesetzt sind, wie z. B. Fassaden, Verglasungen, Dächer, Sonnenreflektoren, Lacke, Folien oder Schutzfolien.

6.5 Supraleiter

Supraleiter sind Materialien, die beim Unterschreiten einer kritischen **Temperatur** T_c (Sprungtemperatur) sprunghaft ihren **elektrischen Widerstand** vollständig verlieren. Indium, Thallium und Blei können tiefgekühlt den elektrischen Strom fast ohne Widerstand ($\rho = 10^{-19}$ bis 10^{-16} Ω* mm^2/m, $\rightarrow R \approx 0$ Ω) leiten.

Beispiel:
Yttrium-Barium-Kupfer-Oxid ($YBa_2Cu_3O_7$) wird zwischen 90 und 95 Kelvin supraleitend und Thallium-Calcium-Barium-Kupfer-Oxid schon bei 125 K.
In der Messtechnik und der Computertechnik spielen von den vielen bekannten supraleitenden Substanzen maximal ein Dutzend als Werkstoffe eine praktische Rolle. Hier werden supraleitende Schichten, z. B. aus Blei, Zinn oder Niob, eingesetzt.

Wesentlich umfangreicher und bedeutender ist der Bereich der Erzeugung von starken Magnetfeldern mit Hilfe von Supraleitern. Den wirtschaftlichsten Werkstoff stellt die Legierung aus Niob-Titan dar (Flussdichte bis zu 8 Tesla). Bei höheren magnetischen Flussdichten B (bis ca. 18 Tesla) werden intermetallische Verbindungen wie Nb_3Sn und V_3Ga verwendet, die aber schwer zu bearbeiten sind.

Kennwerte ausgewählter supraleitender Werkstoffe

	Blei	Niob-Titan	Niob-Zinn	Vanadium-Gallium
Sprungtemperatur T in Kelvin	7,2	10,2	18,3	16,5
Kritisches Flussdichte B in Tesla bei T= 0 K	0,064	12	30	35
Kritische Stromdichte J in A/mm² bei B= 5 T und T= 0 K	–	10 000	30 000	60 000

Hochtemperatursupraleiter HTSL
Supraleiter mit besonders hohen Sprungtemperaturen heißen Hochtemperatursupraleiter. Sie zählen zu den unkonventionellen Supraleitern. Da diese Materialien bei höheren Temperaturen als metallische Supraleiter supraleitend sind, erhielten sie den Zusatz „Hochtemperatur". Die Sprungtemperatur ist aber noch immer sehr niedrig (unter –140 °C). Die Ursache der hohen Sprungtemperaturen ist noch nicht genau erforscht. Durch die Erkenntnisse aus vielen Forschungsversuchen kann jedoch eine anziehende Wechselwirkung durch Phononen wie bei der konventionellen Supraleitung ausgeschlossen werden. Stattdessen werden antiferromagnetische Spin-Spin-Wechselwirkungen angenommen, die durch die spezielle Gitterstruktur der keramischen Supraleiter (sog. Kuprate) zu einer anziehenden Wechselwirkung benachbarter Elektronen und damit einer Paarbildung ähnlich der Cooper-Paarbildung[1] führen. Nach dem bisherigen Stand der Technik scheint jedoch eine Supraleitung bei Raumtemperatur (20 °C) kaum möglich zu sein.

In den Ebenen, in denen die Kupfer-Atome liegen (blaue Kugeln oben und unten), gleiten die Elektronenpaare bei eisiger Kälte reibungsfrei dahin. Die Kristallstruktur besteht aus blauen Pyramiden, wobei neun zum Quadrat angeordnet die Grundfläche und neun die Decke bilden. Dazwischen liegen neun mal neun Pyramiden und Rhomben, in den Zwischenräumen sind regelmäßig angeordnet grünliche und bläuliche Kügelchen (Kupferatome).[2]

Struktur des Hochtemperatursupraleiters Yttrium-Barium-Kupferoxid

---
[1] Cooper-Paare sind paarweise Zusammenschlüsse von Elektronen in Metallen im supraleitenden Zustand.
[2] Quelle: G. Roth, RWTH Aachen

6.6 Elektrisch leitende Kunststoffe

Polymere sind leicht, beständig, lassen sich einfach verformen und verarbeiten. Sie sind außerdem preiswert herzustellen. Aufgrund ihrer chemischen Struktur sind Polymere gegenüber Elektrizität perfekte Isolatoren, also genau das Gegenteil von Metallen. Die Amerikaner Alan Heeger und Alan MacDiarmid sowie der Japaner Hideki Shirakawa fanden heraus, unter welchen Bedingungen ein Kunststoff den elektrischen Strom leiten kann.

Damit die Elektronen in Polymeren frei beweglich und nicht wie sonst an Atomkerne gekoppelt sind, müssen sie zunächst konjugierte Doppelbindungen zwischen den Kohlenstoffatomen ausbilden. Diese Kettenmoleküle werden dann mit Elektronen dotiert. Auf diese Weise verbleiben einzelne freie Elektronen, die wie bei den Metallen nicht mehr an die Atomrümpfe gebunden sind, sondern an den Molekülen entlanggleiten und so die elektrische Ladung transportieren können. Die Leitfähigkeit dieser Polymere kommt der von Kupfer oder Silber ziemlich nahe. Bezogen auf das spezifische Gewicht ist sie sogar deutlich besser.

Ein Kunststoff, der mit der blauen, wässrigen Lösung von Polyethylendioxythiophen, kurz PEDT, besprizt oder bestrichen wird, macht aus einem Isolator einen Leiter. Somit kann die elektrostatische Aufladung von Kunststoffen und Lacken unterbunden werden.

Anwendungsbeispiele:
- PEDT wird zum Kontaktieren von Leiterplatinen verwendet.
- PEDT-beschichtete Bildschirme und PEDT-getränkte Fasern in Textilbodenbelägen verhindern die störende elektrostatische Aufladung.
- Glasscheiben mit PEDT-Beschichtung absorbieren die Wärmestrahlung.

Die Elektroniktechnologie ist derzeit auf Siliziumtransistoren angewiesen. Sie könnten aber durch preiswerte und flexible Polymere, also Plastiktransistoren, ersetzt werden. In absehbarer Zeit könnten die Silizium-Chips von den Plastiktransistoren dort ablöst werden, wo einfache und massenproduzierte, billige Schaltkreise benötigt werden. Die molekulare Elektronik baut Stromkreise im Molekülformat. Dies erhöht in dramatischer Weise die Schnelligkeit unserer Computer und verringert ihre Größe. Auf dieser Basis kann man sich auch elektronische Briefmarken vorstellen.

6.7 Umweltwirkungen neuer Werkstoffe

Der Einsatz neuer Werkstoffe führt zu beträchtlichen Einsparungen an Grundstoffen und Energie und somit zu einer spürbaren Entlastung der Umwelt. Durch die umfassende Beschreibung möglicher Umwelteinflüsse (u. a. Öko-Audit, Qualitätssicherung nach DIN/ISO 9000) bei der Herstellung, Nutzung und Recyclierung/Entsorgung können die neuen Werkstoffe auch unter Berücksichtigung ökologischer Belange maßgeschneidert entwickelt werden. Die neuen Werkstoffe können umweltverträglicher hergestellt werden und zeichnen sich durch eine lange Lebensdauer aus.

Kapitel III Technische Mechanik

1 Grundbegriffe der Statik

Einteilung der Technischen Mechanik

Die Technische Mechanik ist die Lehre von den Kräften und ihren Auswirkungen auf Körper, Bauwerke, Maschinenteile usw. Die Statik ist ein Teilgebiet der Technischen Mechanik.

Technische Mechanik

- **Mechanik**
- **Festigkeitslehre**

Kinematik
Lehre von der Bewegung ohne Berücksichtigung der sie hervorrufenden Kräfte. Berechnung von Weg, Geschwindigkeit, Beschleunigung usw.

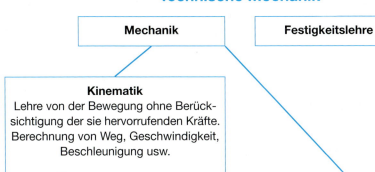

Dynamik
Lehre von den Kräften mit den Teilgebieten Statik (Sonderfall der Ruhe) und Kinetik.

Kinetik
Lehre von der Wechselwirkung zwischen Kraft und Bewegung. Berechnung von Anfahr- und Bremsvorgängen, Fliehkräften rotierender Bauteile und anderen Kräften.

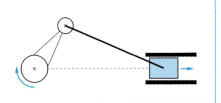

Statik
Lehre vom Gleichgewicht an ruhenden Körpern.
Untersucht werden die Kraftwirkungen an unbeschleunigten (allgemein: ruhenden) Systemen. Aber auch gleichförmig bewegte Körper können in der Statik behandelt werden (quasi statische Vorgänge)

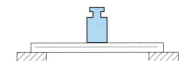

Die Statik untersucht das Gleichgewicht ruhender oder gleichförmig bewegter (v = konstant) Körper.

> Die Statik ist die Lehre vom **Gleichgewicht starrer Körper** oder Systemen starrer Körper.

Gleichgewicht

Gleichgewicht herrscht, wenn sich ein Körper oder ein Bauteil im Zustand der Ruhe befindet oder sich mit konstanter Geschwindigkeit geradlinig bewegt.

Beispiele:
für den Ruhezustand:

Beispiele:
für gleichförmige Bewegung:

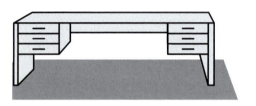

– Tisch steht auf dem Fußboden
– Last hängt am Kranhaken
– Auto steht auf dem Parkplatz

– Auto fährt mit 50 km/h
– Last sinkt am Fallschirm zu Boden

Starre Körper

In der Statik werden ausschließlich Körper untersucht, die als starr gelten. Diese Körper dürfen sich nicht deformieren oder die Verformungen der Körper sind so klein, dass sie nicht berücksichtigt zu werden brauchen.

Erst in der Festigkeitslehre werden Deformierungen zugelassen und berechnet.

1.1 Die Kraft – Beschreibung von Kräften

Kräfte tragen das Formelzeichen F (engl.: force).
Als Einheit wird ausschließlich Newton (N) verwendet. Dabei gilt:

$$1\,N = 1\,\frac{kg \cdot m}{s^2}$$

1 Newton (1 N) ist die Kraft, die nötig ist, um eine Masse von 1 kg um 1 m/s² zu beschleunigen.

Kräfte sind nicht direkt wahrnehmbar. Sie können nur anhand ihrer Wirkung erkannt und gemessen werden.

III Grundbegriffe der Statik

> Kräfte sind die Ursachen für Bewegungsänderungen und Formänderungen von Körpern.

Bewegungsänderungen
Beschleunigung,
Verzögerung,
Abweichung von einer
geradlinigen Bahn.

Formänderungen
Verlängerung, Verkürzung,
Verbiegung, Verdrehung, Knick,
Beule, Zerreißen, Zerbrechen usw.

1.1.1 Die Kraft als Vektor

Die Kraft ist eine gerichtete physikalische Größe. Zu ihrer vollständigen Bestimmung sind außer der Angabe ihres Betrages auch noch die Festlegung von Kraftrichtung und Angriffspunkt der Kraft erforderlich.

Beispiel:
Ein Klotz wird mit **verschiedenen Kräften** und mit **unterschiedlichen Angriffspunkten** der Kraft gezogen.

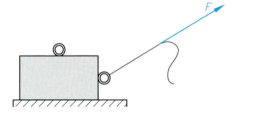
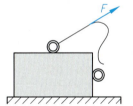

Ergebnis: Die Kraftwirkung hängt sowohl von der Richtung der Kraft (des Ziehens) als auch von ihrer Stärke ab. Auch spielt der Ort, wo das Seil befestigt ist, eine Rolle.
Ohne Auswirkung bleibt dagegen das Verschieben einer Kraft entlang ihrer Wirkungslinie.

Beispiel:
Ein Leiterwagen wird mit gleicher Kraft an verschiedenen Stellen der Deichsel gezogen.

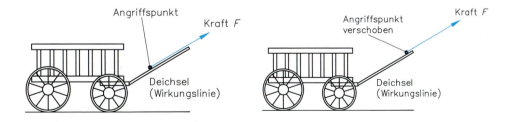

Ergebnis: Eine Kraft darf auf ihrer Wirkungslinie verschoben werden, weil sich die Kraftwirkung auf den Körper oder das Bauteil dadurch nicht ändert.

Die Kraft – Beschreibung von Kräften

Zur eindeutigen Bestimmung einer Kraft sind demnach drei Angaben notwendig:
- Der Betrag der Kraft *(skalare Größe)* einschließlich der physikalischen Einheit
- Die Richtung, in der die Kraft wirkt: *Wirkungslinie (WL)*
- Der Ort, an dem die Kraft wirkt: *Angriffspunkt (A)*

1.1.2 Grafische Darstellung von Kräften

In der Technik werden Kräfte zeichnerisch durch Pfeile dargestellt. Zur grafischen Darstellung sind folgende Vorgaben erforderlich:
- Die Größe der Kraft wird durch die Zahlenangabe oder durch die Länge des Kraftpfeils unter Verwendung eines Kräftemaßstabes (z. B. 1 cm Pfeillänge entspricht 1 kN) dargestellt.
- Die Richtung der Kraft wird durch die Pfeilspitze festgelegt.
- Die Lage der Kraft wird festgelegt durch den Angriffspunkt A der Kraft oder durch die Gerade (Wirkungslinie WL), in der der Kraftvektor liegt.

Man kann sich einen Kraftvektor räumlich, z. B. als „Schaschlikstab" vorstellen, dessen Spitze in eine bestimmte Richtung zeigt und der eine bestimmte Länge hat.

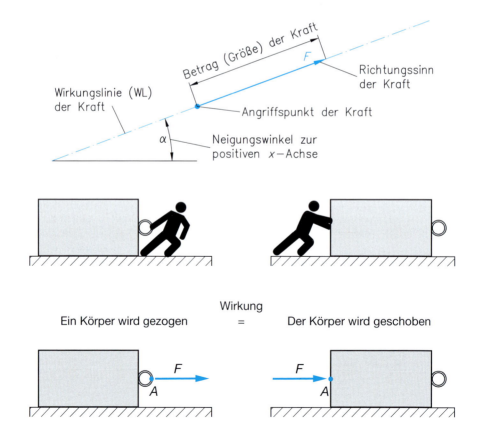

1.1.3 Analytische Darstellung von Kräften

Die grafische Darstellung von Kräften ist für manche Anwendungen ungeeignet. Bei der computerunterstützten Bearbeitung scheidet dieses Verfahren grundsätzlich aus, da Computer numerische Daten benötigen. Eine rechnerische Behandlung erfordert die Einführung eines Koordinatensystems, dessen Ursprung sinnvollerweise im Angriffspunkt der Kräfte F_i liegt.

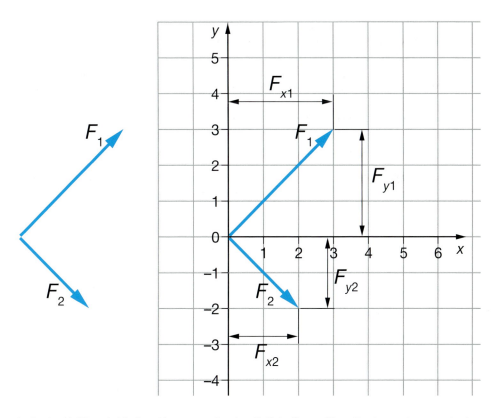

Jede der Kräfte wird in ihre Komponenten bezüglich dieses Koordinatensystems zerlegt.

Kräfte	x-Komponenten	y-Komponenten
F_1	$F_{x1} = 3{,}0$ N	$F_{y1} = 3{,}0$ N
F_2	$F_{x2} = 2{,}0$ N	$F_{y2} = -2{,}0$ N

Lehrsätze (Axiome) zu Kräften

1.2 Einteilung von Kräften

Einteilung von Kräften nach ihrer physikalischen Ursache

Eingeprägte Kräfte	Reaktionskräfte
Sind physikalisch vorgegeben und unterliegen physikalischen Gesetzen. Beispiel: Gewichtskraft, Windkraft 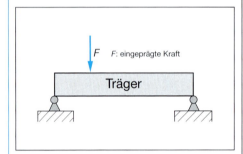	Sind zunächst unbekannte Schnittkräfte, z. B. in Gelenken, Lagerungen usw. Sie sind die Reaktion auf die eingeprägten Kräfte. Sie werden sichtbar gemacht durch *Freischneiden, Befreien* 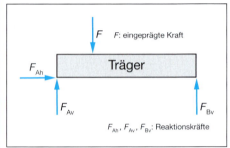

Einteilung von Kräften nach beliebig gewählten Systemgrenzen

Innere Kräfte	Äußere Kräfte
Wirken innerhalb des Körpers, zwischen den Atomen (keine äußere Kraftwirkung, paarweises Auftreten) 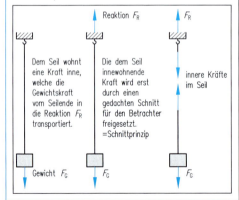	Wirken von außen auf den Körper. Sie werden unterteilt in ständige Lasten und Verkehrslasten. **Ständige Lasten** sind die Lasten der Baukörper selbst (Eigenlast). Sie sind im Bauwerk dauernd vorhanden. **Verkehrslasten** sind bezüglich Größe und Angriffspunkt veränderlich. Sie rühren her aus den Eigenlasten von Personen, Fahrzeugen, Einrichtungsgegenständen, Schnee, usw.

III Grundbegriffe der Statik

Einteilung von Kräften nach ihrer Verteilung am Körper

Verteilte Kräfte	Einzelkräfte
Gleichförmig oder ungleichförmig verteilt	Vernachlässigbare Kontaktfläche
Linienkraft (Streckenlast)	**Einzelkraft (punktförmig angreifende Kraft)**
Beispiel: Gewichtskraft eines Seiles oder eines Balkens	Beispiel: Kraft im Seil, Gewichtskraft im Schwerpunkt
Flächenkraft (Flächenlast)	
Beispiel: Schneelast, Winddruck auf eine Wand, Wasserdruck auf eine Staumauer	
Volumenkraft Beispiel: Gravitationskraft, magnetische Kraft	

1.3 Lehrsätze (Axiome) zu Kräften

Zur Behandlung statischer Probleme werden vorab folgende Vereinbarungen getroffen:
1. Alle betrachteten Körper werden als starr betrachtet. Damit wird vorausgesetzt, dass sie sich nicht unter den angreifenden Kräften verformen.
2. Alle betrachteten Körper werden von den angreifenden Kräften nicht zerstört (sonst wäre eine Festigkeitsberechnung sinnlos).

Axiome

Axiome sind Lehrsätze, die an den Anfang von Theorien gestellt werden. Axiome können selbst nicht bewiesen werden, sie beruhen jedoch auf Erfahrungen. Von diesen Axiomen können alle weiteren Regeln abgeleitet werden.

Axiome zur Statik starrer Körper

Trägheitsaxiom (1. Satz von Newton)
Greifen an einem starren Körper keine äußeren Kräfte an, oder ist die vektorielle Summe aller äußeren Kräfte gleich Null, so verharrt der Starrkörper in Ruhe oder in gleichförmig unbeschleunigter, geradliniger Bewegung.

Verschiebungsaxiom
Die äußere Wirkung einer Kraft bleibt unverändert, wenn diese entlang ihrer Wirkungslinie verschoben wird.

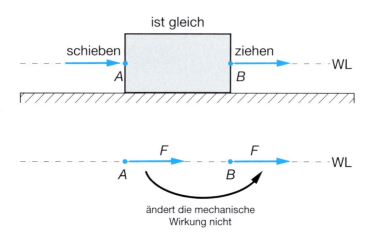

Beispiel:
Wirkung auf einen Tragbalken ändert sich nicht, unabhängig davon, in welcher Höhe sich die Last befindet.

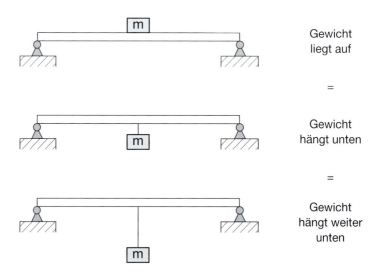

Reaktionsaxiom

Wird von einem Körper „1" eine Kraft auf einen Körper „2" ausgeübt (actio), bedeutet dies, dass auch vom Körper „2" eine gleich große, aber entgegengesetzte Kraft auf den Körper „1" ausgeübt wird (reactio).
Diese beiden Kräfte sind entgegengesetzt gerichtet und haben den gleichen Betrag und dieselbe Wirkungslinie (actio = reactio).

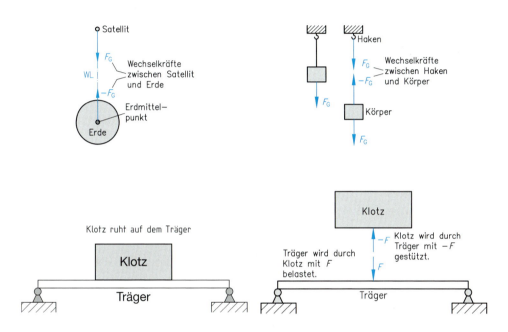

Gleichgewichtsaxiom

Zwei Kräfte sind im Gleichgewicht, wenn sie
- den gleichen Betrag haben,
- entgegengesetzt gerichtet sind und
- die gleiche Wirkungslinie haben.

1.4 Kräfteaddition

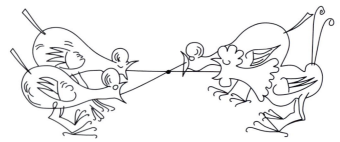

Greifen mehrere Kräfte an einem Körper an, so können diese durch eine einzige Kraft mit derselben Wirkung ersetzt werden. Diese Ersatzkraft F_R wird *resultierende Kraft*, oder kurz *Resultierende* genannt.

Die Vektoraddition ist das Verfahren zur Bestimmung dieser Resultierenden. Dabei werden nicht nur die Beträge der Vektoren berücksichtigt, sondern auch deren Richtungen. Die Vektoraddition ist auf zeichnerischem Weg möglich, kann aber auch rechnerisch durchgeführt werden.

1.4.1 Grafische Bestimmung der resultierenden Kraft

Lageplan
Im Lageplan werden die Kräfte bzw. deren Wirkungslinien bezogen auf den Körper eingetragen. Der Lageplan kann ohne Maßstab dargestellt werden und wird deshalb auch als Situationsskizze verstanden.

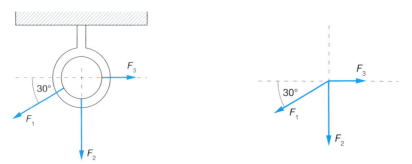

Kräfteplan

Im Kräfteplan werden die Kraftvektoren nach Betrag und Richtung hintereinander gezeichnet. Zwei Lösungsverfahren kommen zur Anwendung: Das *Parallelogrammverfahren* und das *Krafteckverfahren*.

III Grundbegriffe der Statik

Kräfteaddition

Greifen mehrere Kräfte F_i (i ∈ N) an einem Punkt an, so können sie zu einer resultierenden Kraft F_{res} zusammengefasst werden. Zur Bestimmung der resultierenden Kraft gibt es grafische und rechnerische Verfahren.

Parallelogrammverfahren

Kräfte als vektorielle Größen werden wie folgt addiert: Der Anfangspunkt eines Kraftpfeils wird an den Endpunkt eines zweiten angefügt und der Anfangspunkt mit dem neuen Endpunkt der Pfeilkette verbunden.

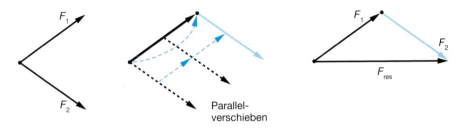

Kräfteaddition $F_{res} = F_1 + F_2$

Krafteckverfahren

Beim Krafteckverfahren werden die Kräfte in ihrer Reihenfolge beliebig, aber lage-, richtungs- und betragsgenau hintereinander gereiht. Dann wird wird vom Anfangspunkt A der zuerst gezeichneten Kraft der Vektorpfeil der Resultierenden F_{res} bis zum Endpunkt E (Spitze des zuletzt gezeichneten Vektorpfeils) abgetragen.

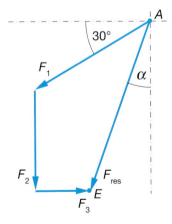

Die zeichnerische Bestimmung der resultierenden Kraft ist für manche Anwendung ungeeignet. Bei der computergestützten Bearbeitung scheidet dieses Verfahren grundsätzlich aus, da Computer numerische Daten benötigen.

1.4.2 Rechnerische Bestimmung der resultierenden Kraft

Für die rechnerische Ermittlung der Resultierenden werden die einzelnen Kräfte in ihre Komponenten in x- und y-Richtung mit Hilfe der Winkelfunktionen zerlegt. Diese Komponenten werden addiert und ergeben so die die Komponenten des resultierenden Verktors F_{res}.

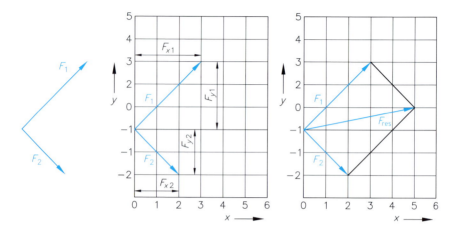

Kräfte	x-Komponenten	y-Komponenten
F_1	$F_{x1} = 3{,}0$ N	$F_{y1} = 3{,}0$ N
F_2	$F_{x2} = 2{,}0$ N	$F_{y2} = -2{,}0$ N
F_{res}	$F_{xres} = 5{,}0$ N	$F_{yres} = 1{,}0$ N

$F_{ges} = \sqrt{F^2_{xres} + F^2_{yres}} = \sqrt{(5{,}0 \text{ N})^2 + (1{,}0 \text{ N})^2} = \sqrt{26} \text{ N} = 5{,}1 \text{ N}$

1.5 Zentrales und allgemeines Kräftesystem

Greifen alle Kräfte an einem gemeinsamen Punkt des Körpers an, so liegt ein zentrales Kräftesystem vor. Greifen dagegen die Kräfte an unterschiedlichen Angriffspunkten an, so handelt es sich um ein allgemeines Kräftesystem

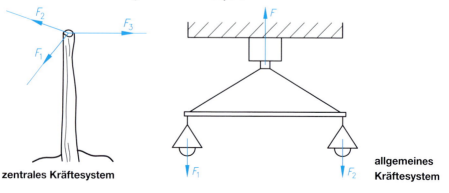

zentrales Kräftesystem   **allgemeines Kräftesystem**

Beispiel 1:
Zwei Kräfte mit gleichem Angriffspunkt und gleicher Richtung bilden ein zentrales Kräftesystem.

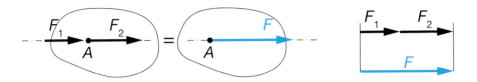

Beispiel 2:
Zwei Kräfte mit unterschiedlichen Angriffspunkten A und B bilden ein allgemeines Kräftesystem. Da nach dem Verschiebungsaxiom die Kräfte längs ihrer WL verschoben werden dürfen, kann ein gemeinsamer Angriffspunkt C auf der WL gewählt werden. Dadurch entsteht wieder ein zentrales Kräftesystem. Die resultierende Kraft F greift dann dort an.

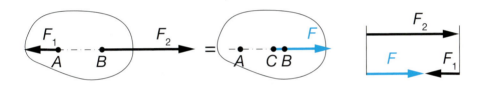

Beispiel 3:
Es liegt ein zentrales Kräftessystem mit Kräften verschiedener Richtungen vor, die am gleichen Angriffspunkt angreifen. Im Kräfteplan kann die Resultierende auf zwei Arten ermittelt werden.

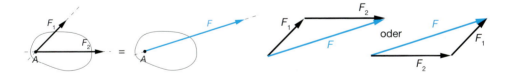

Beispiel 4:
Beim allgemeinen Kräftesystem weisen die Kräfte im Lageplan mehr als einen gemeinsamen Schnittpunkt auf.

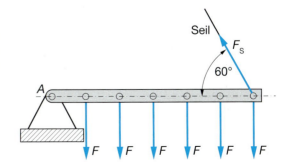

1.6 Verfahren zur Zerlegung von Kräften

Wirkt auf einen Körper eine Kraft F, so kann diese entlang mehrerer Wirkungslinien (WL_i) zerlegt werden.

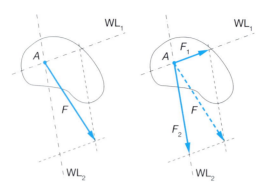

1.6.1 Grafisches Verfahren der Kräftezerlegung

Beim Verfahren der Kräftezerlegung handelt es sich um die Umkehrung der Kräfteaddition. Dazu wird entweder ein Kräfteparallelogramm aus den Wirkungslinien konstruiert, dessen Diagonale der Kraftpfeil F ist, oder es wird ein Krafteck konstruiert, indem eine Wirkunglinie zur Spitze von F parallel verschoben wird.

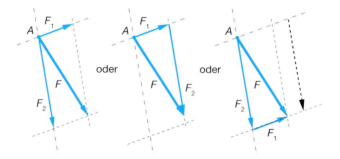

Beispiel:
Kräftezerlegung bei Auslegern mit Druckstrebe und mit Zugstrebe

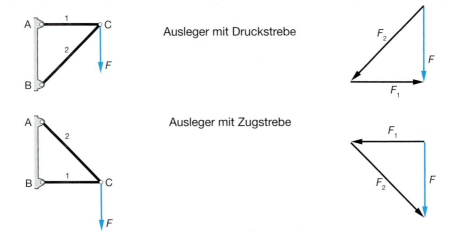

1.6.2 Rechnerisches Verfahren der Kräftezerlegung

In der Statik ist die Zerlegung einer Kraft in Richtung der Achsen eines Achsenkreuzes (Koordinatensystem) von besonderer Bedeutung.

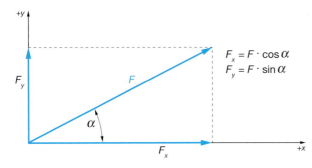

$F_x = F \cdot \cos \alpha$
$F_y = F \cdot \sin \alpha$

Die Kraft F_x wird als die x-Komponente und die Kraft F_y als die y-Komponente der Kraft F bezeichnet. Diese werden mit Hilfe der Winkelfunktionen berechnet.

1.7 Kraftübertragung bei verschiedenen Bauteilen

Kräfte werden zwischen Körpern auf unterschiedliche Weise übertragen:
Durch *Fernwirkung* (ohne Berührung), z. B. bei den Anziehungskräften zwischen den Himmelkörpern, den Gravitationskräften, den magnetischen Kräften und den elektrischen Kräften.

Durch *Nah- oder Kontaktwirkung*, z. B. bei der direkten Kraftübertragung an den Zahnflanken von Zahnrädern, bei Puffern und Prellblöcken usw.
In der Statik ist die Kontaktwirkung von Bedeutung. Der Kraftangriffspunkt liegt im Berührungspunkt. Dort wird zwischen einer reibungsfreien und reibungsbehafteten Kraftübertragung unterschieden. An dieser Stelle soll nur die Kraftübertragung ohne Reibung betrachtet werden.

Sollen an Bauteilen unbekannte Kräfte mit Hilfe statischer Verfahren bestimmt werden, so muss das zu untersuchende Bauteil von der Berührung oder Verbindung mit anderen Bauteilen frei gemacht werden. Dieses wichtige Verfahren wird kurz *Freimachen* genannt.

1.7.1 Verfahren zum Freimachen von Bauteilen

An jeder Berührungsstelle zweier Bauteile treten stets – nach dem Gesetz von actio = reactio – zwei entgegengesetzt gerichtete Kräfte auf. Die berührenden Bauteile werden nacheinander untersucht, indem ein Bauteil nach dem anderen in Gedanken entfernt und die Kräfte eingezeichnet werden, damit das zu untersuchende Bauteil im Gleichgewicht (Grundprinzip der Statik!) bleibt.

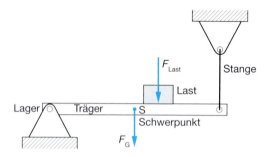

Wird in Gedanken die Stange an der Berührungsfläche weggenommen, so würde der Träger nach unten kippen. Also muss am Befestigungspunkt der Stange eine Kraft mit Kraftrichtung senkrecht nach oben wirken. Wird das Lager in Gedanken entfernt, so kippt der Träger auf die andere Seite ab und kann nur durch eine Gegenkraft senkrecht nach oben wieder stabilisiert werden.

Berührungsstelle freigemacht

Lager freigemacht

Freigemachter Träger

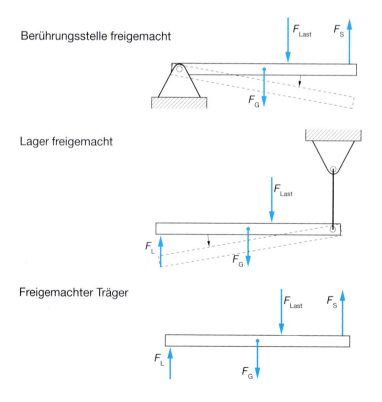

1.7.2 Grundformen frei geschnittener Bauteile

Die meisten Bauteile können auf einige Grundformen zurückgeführt und damit in Gruppen eingeteilt werden. Bauteile oder Lager, die Kräfte nur in einer Richtung aufnehmen können, werden als *einwertig* bezeichnet. Bauteile und Lager, die Kräfte in jeder beliebigen Richtung aufnehmen können, werden als *zweiwertig* bezeichnet.

Seile, Ketten, Riemen und ähnliche flexible Bauteile

Zu dieser Gruppe gehören Ketten, Spanndrähte, Zugfedern usw. Alle diese Bauteile können Zugkräfte nur in Längsrichtung übertragen.

Ketten und Seile

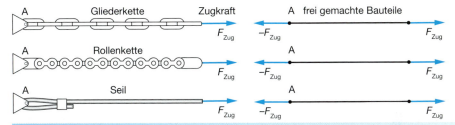

Ketten und Seile können immer nur in Spannrichtung, also in Längsrichtung als **Zugkräfte** übertragen werden.

Stäbe

Stäbe nehmen Zug- und Druckkräfte auf. Zugkräfte wirken vom Angriffspunkt des Bauteils weg, Druckkräfte wirken stets zum Angriffspunkt hin.

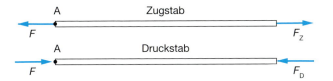

Zweigelenkstäbe

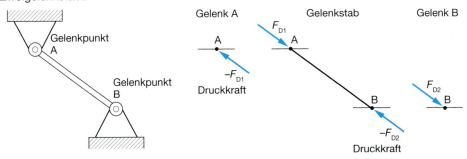

Zweigelenkstäbe können nur Zug- und Druckkräfte in Richtung der Verbindungslinie zwischen den Gelenkpunkten aufnehmen.

Gewölbte Flächen (Rollkörper)

Bei einer Rolle muss die Wirkungslinie der Auflagekraft FA senkrecht zur Auflagefläche und durch den Mittelpunkt verlaufen. Der Kraftangriffspunkt liegt am Berührungspunkt des Rollkörpers mit der Auflage. Die Kraftrichtung ist (ohne Reibung) senkrecht zur Auflagefläche.

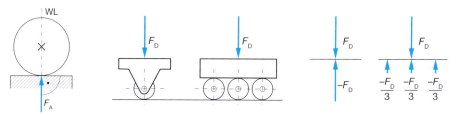

Loslager und Festlager

Loslager	Festlager
Loslager stützen Träger und lagern Wellen bzw. Achsen. Sie sind einwertige Lager, die nur Kräfte in senkrechter Richtung (Normalkraft) stützen können.	Festlager werden als Stütze und Lager eingesetzt, da sie Kräfte in jeder beliebigen Richtung aufnehmen können. Festlager sind zweiwertige Lager.

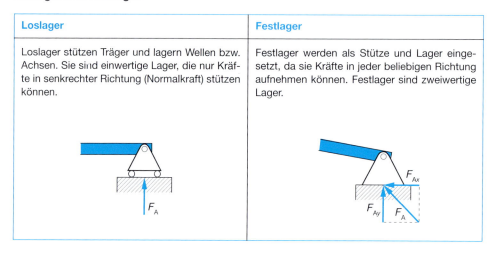

Beispiel:

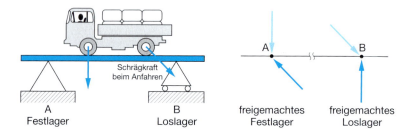

A Festlager B Loslager freigemachtes Festlager freigemachtes Loslager

Loslager können nur Kräfte in senkrechter Richtung aufnehmen. **Festlager** können Kräfte in jeder beliebigen Richtung aufnehmen.

Beispiel: Freimachen einer Aufhängevorrichtung einer Seilrolle an einer Pendelstange

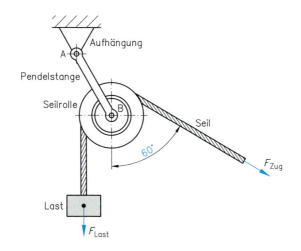

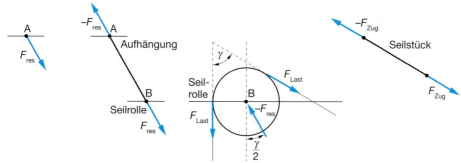

Aufhängung
Die Pendelstange zieht an ihr nach rechts unten. Die Aufhängung selbst wird von der Mauer/Decke gehalten.

Pendelstange
Sie überträgt nur Zugkräfte in Längsrichtung der Stabachse.

Seilrolle
Die Seilkraft F_{Zug} und die Lastkraft F_{Last} sind betragsmäßig gleich groß und werden durch deren Resultierende F_{res} im Gleichgewicht gehalten.

Seilstück
An jedem beliebigen Zwischenstück des Seils wirken immer nur Zugkräfte an den Schnittenden.

Beispiel: Freimachen von gelagerten Bauteilen

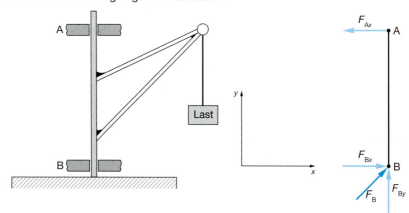

1.8 Drehmomente

Wirkt eine Kraft F auf einen starren Körper und geht ihre Wirkungslinie nicht durch seinen Schwerpunkt, so bedingt sie eine Drehwirkung um einen Drehpunkt. Es wirkt ein **Drehmoment M** auf den Körper.

Das Drehmoment **M** ist definiert als Produkt aus dem Betrag der angreifenden Kraft F und dem kürzesten Abstand *l* der Wirkungslinie der Kraft vom Drehpunkt (Hebelarm). Dabei bilden Kraft und Hebelarm einen rechten Winkel:

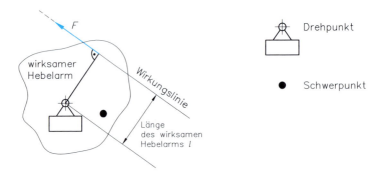

Das Vorzeichen des Drehmoments ist durch die Drehrichtung festgelegt. Es werden linksdrehende und rechtsdrehende Momente M unterschieden. Rechnerisch weisen diese verschiedene Vorzeichen auf.

$$\text{Drehmoment} = \text{Kraft} \cdot \text{Länge in Nm} \qquad M = F \cdot l$$

M Drehmoment in Nm   F Kraft in N   *l* Länge in m

Ist ein Körper im Drehpunkt gelagert, so wirkt auf das Lager eine Kraft F' die zu F entgegengesetzt gerichtet und betragsmäßig gleich groß ist. Das Kräftepaar F und F' bewirkt das Drehmoment und ist die Ursache für das Drehbestreben des Körpers.

$$M = F \cdot l = F' \cdot l$$

Es spielt keine Rolle, an welcher Stelle des Körpers die Angriffspunkte der beiden Kräfte liegen, solange der Abstand der Wirkungslinien gleich bleibt.

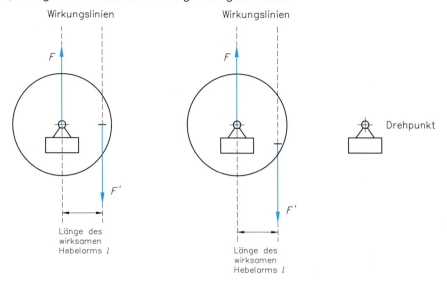

Gleiche Drehmomente bei unterschiedlichen Angriffspunkten

Beispiel: Fahrradantrieb mit Pedal und Tretkurbel

Die Fußkraft F erzeugt je nach Pedalstellung (Stellungen 1 bis 3) unterschiedliche Drehmomente.

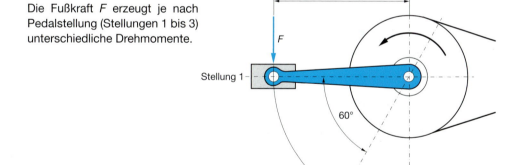

Drehmomente		
Stellung 1: $l_1 = l$	Stellung 2: $l_2 = l \cdot \cos 60°$	Stellung 3: $l_3 = l \cdot \cos 90°$
$M_1 = F \cdot l_1$ (maximales Moment)	$M_2 = F \cdot l_2$	$M_3 = F \cdot l_3 = 0$ kein Moment

1.9 Lagerkräfte im statischen Gleichgewicht

Bei vielen Problemen in der Statik können Kräfte und Drehmomente in einem zweidimensionalen kartesischen Koordinatensystem beschrieben werden. In der Ebene lässt sich die Gleichgewichtsbedingung rechnerisch formulieren:

$$\sum F_x = 0; \quad \sum F_y = 0; \quad \sum M = 0$$

F_x Kräfte in x-Richtung
F_y Kräfte in y-Richtung
M Drehmomente

Um alle Lagerkräfte zu ermitteln, die ein Bauteil oder einen Gegenstand im Gleichgewicht halten, wird ein rechnerisches Lösungsverfahren verwendet.

Dabei hat sich folgende Vorgehensweise als sinnvoll erwiesen:
1. Freimachen des Gegenstandes
2. Zerlegen aller bekannten Kräfte F in ihre x- und y-Komponenten F_x und F_y
3. Festlegen eines Drehpunktes für die Drehmomente M (häufig im Angriffspunkt einer Lagerkraft, z. B. im Festlager)
4. Berechnung der unbekannten Lagerkräfte mit den Gleichgewichtsbedingungen
$\sum M = 0, \sum F_x = 0, \sum F_y = 0$

Beispiel 1: Kräfte im Festlager und im Loslager eines Schlagbaumes

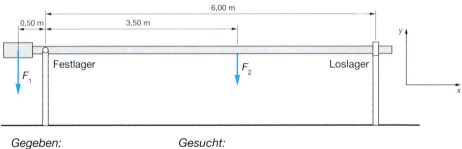

Gegeben:

$F_1 = 500$ N
$F_2 = 150$ N

Längen: siehe Skizze

Gesucht:

F_A in N
F_B in N

Lösung:

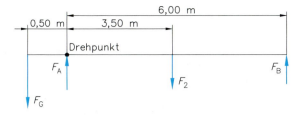

Gleichgewichtsbedingungen:
Drehmomente $\sum M = 0$

rechtsdrehende	linksdrehende
$-F_2 \cdot 3{,}00$ m	$F_B \cdot 6{,}00$ m
	$F_1 \cdot 0{,}50$ m

$$-F_2 \cdot 3{,}00 \text{ m} + F_B \cdot 6{,}00 \text{ m} + F_1 \cdot 0{,}50 \text{ m} = 0$$
$$F_B \cdot 6{,}00 \text{ m} = 150 \text{ N} \cdot 3{,}00 \text{ m} - 500 \text{ N} \cdot 0{,}50 \text{ m}$$
$$F_B = 33{,}3 \text{ N}$$

Kräfte $\sum F_y = 0$

nach unten	nach oben
$-F_1$	F_A
$-F_2$	F_B

$$-F_1 + (-F_2) + F_A + F_B = 0$$
$$F_A = F_1 + F_2 - F_B$$
$$F_A = 500 \text{ N} + 150 \text{ N} - 33{,}3 \text{ N} = 617{,}7 \text{ N}$$
$$F_A = 618 \text{ N}$$

Lagerkräfte im statischen Gleichgewicht

Beispiel 2: Kräfte in den Scharnieren einer Tür
Eine Tür mit 800 N Gewichtskraft hängt in den Scharnieren A (Loslager) und B (Festlager).
Berechnen Sie die Kräfte in den Scharnieren und geben Sie ihre Richtungen an.

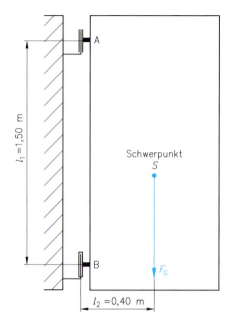

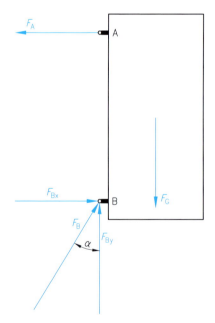

Lösung:

I $\Sigma F_x = 0 = F_{Bx} - F_A$
II $\Sigma F_y = 0 = F_{By} - F_G$
III $\Sigma M_{(B)} = 0 = -F_G \cdot l_2 + F_A \cdot l_1$

III → $F_A \cdot l_1 = F_G \cdot l_2$

$$F_A = \frac{F_G \cdot l_2}{l_1} = \frac{800 \text{ N} \cdot 0{,}4 \text{ m}}{1{,}5 \text{ m}}$$

$F_A = 213$ N

II → $F_{By} = F_G$
$F_{By} = 800$ N

I → $F_{Bx} = F_A$
$F_{Bx} = 213$ N

$F_B = \sqrt{F_{Bx}^2 + F_{By}^2} = \sqrt{(800 \text{ N})^2 + (213 \text{ N})^2}$

$F_B = 828$ N

$\alpha = \arccos \dfrac{F_{By}}{F_B} = \arccos \dfrac{800 \text{ N}}{828 \text{ N}}$

$\alpha = 14{,}9°$

Beispiel 3: Kranausleger
Ein Kranausleger mit einer Länge von l_2 = 9,00 m wird von einer Kette im Abstand l_3 = 3,00 m gehalten. Im Abstand von l_1 = 3,00 m von seinem Kopfende trägt der Ausleger eine Last von 9,5 kN Gewichtskraft (Seil und Masse m_1).

Ermitteln Sie die Kräfte in den Lagern A und B durch Berechnung.

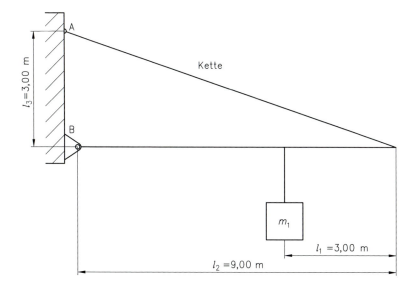

Lösung:
Kranausleger frei gemacht

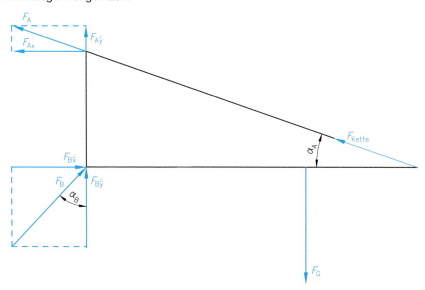

Vorüberlegungen: $\alpha_A = \arctan \dfrac{l_3}{l_2} = \arctan \dfrac{3\,\text{m}}{9\,\text{m}}$

$\alpha_A = 18{,}4°$

$F_{\text{Kette}} = F_A$

I $\Sigma F_x = 0 \Rightarrow \qquad F_{Bx} - F_{Ax} = F_{Bx} - F_A \cdot \cos \alpha_A$

II $\Sigma F_y = 0 \Rightarrow \qquad F_{By} - F_g + F_{Ay} = F_{By} - F_g + F_A \cdot \sin \alpha_A$

III $\Sigma M_{(B)} = 0 \Rightarrow \quad -F_G \cdot (l_2 - l_1) + F_{\text{Kette y}} \cdot l_2 = -F_G \cdot (l_2 - l_1) + F_A \cdot \sin \alpha_A \cdot l_2$

III $\Rightarrow \quad F_A \cdot \sin \alpha_A \cdot l_2 = F_G \cdot (l_2 - l_1)$

$F_A = \dfrac{F_G \cdot (l_2 - l_1)}{\sin \alpha_A \cdot l_2} = \dfrac{9{,}5\,\text{kN} \cdot (9\,\text{m} - 3\,\text{m})}{\sin 18{,}4° \cdot 9\,\text{m}}$

$\underline{F_A = 20{,}1\,\text{kN}}$

II $\Rightarrow \quad F_{By} = -F_A \cdot \sin \alpha_A + F_G = -20{,}1\,\text{kN} \cdot \sin 18{,}4° + 9{,}5\,\text{kN}$

$\underline{F_{By} = 3{,}16\,\text{kN}}$

I $\Rightarrow \quad F_{Bx} = F_A \cdot \cos \alpha_A = 20{,}1\,\text{kN} \cdot \cos 18{,}4°$

$\underline{F_{Bx} = 19{,}1\,\text{kN}}$

$F_B = \sqrt{F_{Bx}^2 + F_{By}^2} = \sqrt{(19{,}1\,\text{kN})^2 + (3{,}16\,\text{kN})^2}$

$\underline{F_B = 19{,}4\,\text{kN}}$

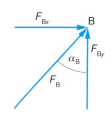

$\alpha_B = \arccos \dfrac{F_{By}}{F_B} = \arccos \dfrac{3{,}16\,\text{kN}}{19{,}4\,\text{kN}}$

$\underline{\alpha_B = 80{,}6°}$

1.10 Aufgaben zur Statik

1. Zwischen zwei Mauern ist ein dünnes Drahtseil (Masse vernachlässigbar) gespannt, in dem in der Mitte eine Leuchte hängt. Die Leuchte hat die Masse $m_L = 32{,}0$ kg.

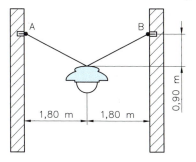

a) Berechnen Sie die Beträge der Haltekräfte in den Seilen!

b) Das Seil ist in den Punkten A und B mit Stahlösen in der Mauer befestigt, die senkrecht in die Wand eingelassen sind. Bestimmen Sie graphisch und rechnerisch die Kraftbeträge an den Ösen, die senkrecht und parallel zur Wand wirken!

2. Ein Kran steht auf einer waagrechten Straße. An seinem Haken wird eine Last der Masse m_L befestigt. Die Massenverteilung des Krans ist der Skizze zu entnehmen!

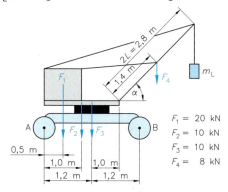

$F_1 = 20$ kN
$F_2 = 10$ kN
$F_3 = 10$ kN
$F_4 = 8$ kN

a) Berechnen Sie die Achslast des Kranes **ohne** Last für einen Winkel $\alpha = 45°$!

b) Berechnen Sie, wie groß die maximale Last m_L sein darf, die bei einem Winkel $\alpha = 45°$ an den Kranarm angehängt werden kann, ohne dass der Kran kippt.

3. Ein Träger der Masse $m_T = 1{,}0 \cdot 10^3$ kg und der Länge $l = 5{,}0$ m liegt auf der linken Seite auf einem Lager auf. Die rechte Seite hängt an einem Stahlstab, der bei einer Belastung von 15 kN reißt. Unter dem Träger bewegt sich eine Laufkatze der Masse $m_L = 1{,}2 \cdot 10^3$ kg.

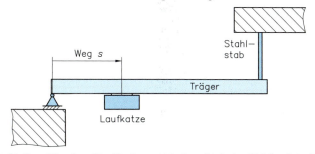

a) Stellen Sie den Kraftbetrag auf den Stab in Abhängigkeit des Wegs s der Laufkatze (Schrittweite für den Weg 0,50 m) dar.
b) Entnehmen Sie der zugehörigen Grafik, wie weit die Laufkatze ohne Reißen des Stabes fahren kann, und überprüfen Sie Ihr Ergebnis durch Rechnung ohne Computerunterstützung!

Aufgaben der Statik

4. Ein Lastwagen (Masse $m_L = 11$ t) ist mit einer Palette Schamottesteine beladen, welche die Masse $m_K = 4{,}0$ t hat. Er soll so beladen werden, dass die Achsen gleich belastet sind. Die Massenverteilung des LKW zeigt die Skizze.

   Berechnen Sie, wie weit der Schwerpunkt der Palette hierfür von der Hinterachse entfernt sein muss.

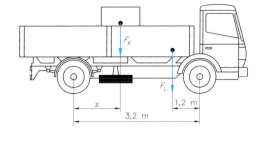

5. Auf einen rechteckigen Werkstatttisch (Masse $m_{Tisch} = 55$ kg) wird ein Automotor ($m_{Motor} = 125$ kg) gelegt.

   Berechnen Sie, wie groß die Kraftbeträge sind, mit der die Füße des Tisches auf den Fußboden drücken. (Die Füße sind an den Ecken des Tisches befestigt.)

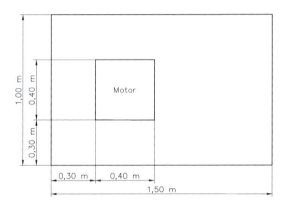

6. Ein Sprungbrett wird beim Absprung an der Kante mit einer Kraft von 900 N unter einem Winkel von 65° belastet. Das Brett hat eine Gewichtskraft von 250 N.
   a) Welche Kräfte treten im Loslager (Walze A) und im Festlager B auf?
   b) Unter welchem Winkel zur Waagrechten wirken diese Kräfte?

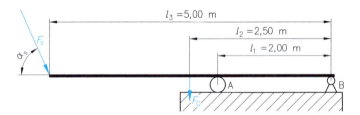

2 Festigkeitslehre

Im Einsatz wirken auf Bau- und Maschinenteile Kräfte und Momente. Während die **Statik** als Lehre vom Gleichgewicht der inneren und äußeren Kräfte sich um die Darstellung materialunabhängiger Gesetzmäßigkeiten bemüht, geht es in der **Festigkeitslehre** um die Beanspruchbarkeit der verschiedenen Baustoffe.

Bauteile sind so zu dimensionieren, dass sie trotz der einwirkenden Kräfte funktionsfähig bleiben. Dabei wird eine ausreichende **Sicherheit gegen Bruch** und **Sicherheit gegen bleibende Verformung** erwartet.

Ob ein Bauteil den Belastungen standhält, hängt von drei Faktoren ab:
- Von der Größe der am Bauteil angreifenden **äußeren Kräfte**,
- von den **Abmessungen** des Bauteils und
- vom verwendeten **Werkstoff**.

2.1 Belastungsarten und Beanspruchungsarten

Das Wissen über die Beanspruchung der Werkstoffe bei unterschiedlichen Belastungsarten ist für den Einsatz in technischen Systemen wichtig.

> **Die Belastung beschreibt die äußeren Kräfte auf ein Bauteil.**
> **Die Beanspruchung gibt die Wirkung dieser Kräfte in einem Bauteil wieder.**
> **Äußere Kräfte belasten ein Bauteil, innere Kräfte beanspruchen das Bauteil.**

- **Belastungsarten**

Belastungsarten	statisch ruhend	dynamisch	
		schwellend	wechselnd
Zeitlicher Verlauf der Belastung	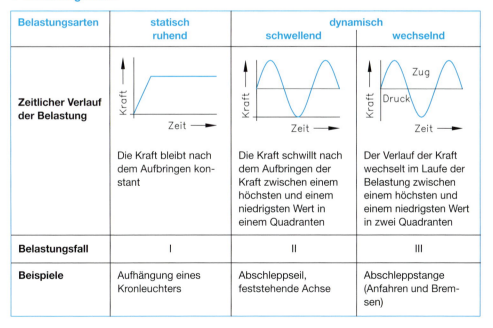		
	Die Kraft bleibt nach dem Aufbringen konstant	Die Kraft schwillt nach dem Aufbringen der Kraft zwischen einem höchsten und einem niedrigsten Wert in einem Quadranten	Der Verlauf der Kraft wechselt im Laufe der Belastung zwischen einem höchsten und einem niedrigsten Wert in zwei Quadranten
Belastungsfall	I	II	III
Beispiele	Aufhängung eines Kronleuchters	Abschleppseil, feststehende Achse	Abschleppstange (Anfahren und Bremsen)

Belastungsarten und Beanspruchungsarten

● Beanspruchungsarten

Die sechs Beanspruchungsarten sind in erster Linie für die mechanische Werkstoffeigenschaft „Festigkeit" von Bedeutung.

Kraftart	Drücken	Ziehen	Biegen	Abscheren	Verdrehen	Knicken
Bean-spru-chung auf	Druck	Zug	Biegung	Abscherung	Verdrehung (Torsion)	Knickung
Wirkung	Stauchung	Verlängerung	Biegung	Abscherung	Verdrillung	Ausknicken
Beispiele	Fundament Lager	Seile Ketten Schrauben	Träger Wellen Achsen	Niete Schrauben Bolzen Stifte	Wellen Bohrer Drehstabfedern	Säulen Nägel Kolbenstangen

Werkstoffe werden durch dynamische Belastungen stärker beansprucht als durch ruhende. Bei unsachgemäßer Werkstoffauswahl treten infolge dynamischer Belastungen Ermüdungserscheinungen im Werkstoff auf. Dabei bilden sich Risse längs der Kristallkanten im Werkstoff. Eine Stahlstange kann hervorragend als Fahnenmast geeignet sein, aber noch lange nicht als Motorwelle.

In der Praxis treten die Beanspruchungsarten nicht einzeln, sondern *meistens* kombiniert auf. Eine Motorwelle wird u. a. mittels der auf die Riemenscheibe wirkenden Zugkraft, auf Biegung beansprucht. Infolge der Motorkraft (Drehmoment) erfolgt auch eine Verdrehung der Welle und aufgrund des Läufergewichts eine Beanspruchung der Welle auf Druck.

Eine Motorwelle wird verschiedenfach beansprucht.

Beispiel:

Beanspruchungsart auf	Ursache der Beanspruchung durch
Biegung	das Gewicht der Riemenscheibe
Druck	das Gewicht der Motorwicklung
Verdrehung	die Schwungmasse
Zug	die Last am Keilriemen

Aufgaben:

1. Wodurch unterscheiden sich Belastung und Beanspruchung?
2. a) Zeichnen Sie ein Kraft-Zeit-Diagramm für das Kupplungssystem zwischen Eisenbahnwaggons.
   b) Welche Art der Belastung liegt bei 2.a) vor?
3. Nennen Sie die sechs Beanspruchungsarten. Nennen Sie dazu jeweils ein Bauteil eines Pkws.

2.2 Reaktionen des Werkstoffs auf Beanspruchung

Nach dem Gesetz über Einheiten im Messwesen werden unter Last und Belastung Massengrößen in den Einheiten g, kg, t verstanden. Da in vielen DIN-Normen, im Maschinenbau (z. B. dynamische Belastung, Belastungsfälle u. a.), vor allem aber in der Bautechnik (z. B. Lastfall) unter Belastung die Einwirkung von Gewichtskräften und von anderen **äußeren Kräften** verstanden wird, wird in diesem Buch die **Belastung** als Einwirkung **äußerer Kräfte** verwendet.

Belastungskräfte sind somit **äußere Kräfte**, die das Bauteil **belasten**. Unter ihrer Einwirkung werden im Inneren des Bauteils innere Kräfte hervorgerufen, die den äußeren Kräften das Gleichgewicht halten. Die inneren Kräfte beruhen auf dem Zusammenhalt des Materials. Sie **beanspruchen** das Bauteil, ihre Wirkung wird deshalb **Beanspruchung** genannt.

> Äußere Kräfte rufen in einem Bauteil innere Kräfte hervor.
> Die **äußeren Kräfte** *belasten* ein Bauteil, die **inneren Kräfte** *beanspruchen* es.
>
> Die **Belastung ist die Ursache**, die **Beanspruchung ist die Wirkung.**

Ist die Belastung größer als der innere Zusammenhalt des Materials, wird das Bauteil zerstört. Die Zerstörung erfolgt dabei an der Stelle des schwächsten Querschnittes. Die Festigkeit des Werkstoffes war somit zu klein.

Um die Beanspruchung eines Bauteils beurteilen zu können, müssen die inneren Kräfte nach Größe und Richtung bestimmt werden. Dazu wird das belastete Bauteil an der zu untersuchenden Stelle in Gedanken durchgeschnitten und die inneren Kräfte werden so angesetzt, dass ein Kräftegleichgewicht herrscht.

Reaktionen des Werkstoffs auf Beanspruchung

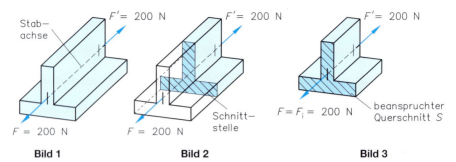

Bild 1   **Bild 2**   **Bild 3**

Bild 1: Der belastete Stab befindet sich im Gleichgewicht, da die beiden äußeren Kräfte (Kraft F und Gegenkraft F') gleich groß sind (200 N).

Bild 2: Der Stab wird in Gedanken an der Stelle durchgeschnitten, an der die Belastung ermittelt werden soll. Durch den Schnitt können an dieser Stelle keine inneren Kräfte mehr übertragen werden. Das Stabteil befindet sich nicht mehr im Kräftegleichgewicht.

Bild 3: Die vorher vorhandenen inneren Kräfte werden durch eine gedachte resultierende Kraft F_i ersetzt. F_i hat denselben Betrag wie F und ist F aber entgegengesetzt gerichtet.

Die resultierende innere Kraft F_i greift in Wirklichkeit nicht als Einzelkraft im Schwerpunkt des Querschnitts an, sondern ist gleichmäßig über den gesamten Querschnitt S verteilt. Je größer der Querschnitt ist, desto geringer ist der von einem Flächenelement ΔS zu übertragende Anteil ΔF_i von F_i. Um so geringer ist dann die Beanspruchung.

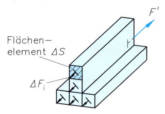

Die Größe der Beanspruchung hängt ab von:
- der Größe der inneren Kraft,
- der Größe der Querschnittsfläche.

Der **Betrag der Beanspruchung** ist bestimmt durch das Verhältnis $\frac{\Delta F_i}{\Delta S}$. Dieser Quotient wird als *mechanische Spannung* bzw. als *Spannung* bezeichnet.

> Die Spannung $\frac{\Delta F_i}{\Delta S}$ ist ein Maß für die Größe der Beanspruchung in der Teilfläche ΔS.

Da jedes Flächenelement den annähernd gleichen Kraftanteil ΔF_i überträgt, kann F_i durch die äußere Kraft F ersetzt werden. Die Spannung ist dann definiert als:

$$\text{Spannung} = \frac{\text{äußere Kraft}}{\text{beanspruchte Querschnittsfläche}} \text{ in } \frac{N}{mm^2} \qquad \sigma = \frac{F}{S}$$

σ Spannung in N/mm²   F äußere Kraft in N   S beanspruchte Querschnittsfläche in mm²

2.2.1 Normal- und Schubspannungen

Neben dem Betrag der inneren Kraft ist deren Richtung von Bedeutung:

- Steht die innere Kraft F_i senkrecht zum Schnitt (Normalkraft), z. B. bei Zug- und Druckkräften, so wird der Werkstoff gedehnt (oder gestaucht). Die hervorgerufene Spannung wird als **Normalspannung** σ (sigma) bezeichnet.

- Liegt die innere Kraft F_i im Schnitt (Querkraft), z. B. bei Scherkräften, so werden die Teilchen im Werkstoff gegeneinander verschoben. Die innere Kraft wirkt dann als Querkraft. Die hervorgerufene Spannung wird als **Schubspannung** τ (tau) bezeichnet.

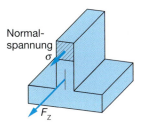

Normalkraft
(senkrecht zum Schnitt)

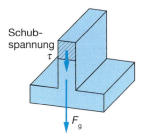

Querkraft
(parallel zum Schnitt)

$$\text{Normalspannung} = \frac{\text{Normalkraft}}{\text{Querschnitt}} \text{ in } \frac{N}{mm^2} \qquad \sigma = \frac{F_N}{S}$$

σ Normalspannung in N/mm² F_N Normalkraft in N S Querschnitt in mm²

Zug- und Druckspannungen werden durch den Index z bzw. d oder durch das Vorzeichen (Zugspannungen (+) und Druckspannungen (-)) unterschieden.

$$\text{Schubspannung} = \frac{\text{Querkraft}}{\text{Querschnitt}} \text{ in } \frac{N}{mm^2} \qquad \tau = \frac{F_q}{S}$$

τ Schubspannung in N/mm² F_q Querkraft in N S Querschnitt in mm²

2.2.2 Grundbeanspruchungsarten

Je nach Angriffspunkt und Richtung der Belastungskräfte sind ihre Auswirkungen auf das Bauteil verschieden. Unterschiedliche Belastungen ergeben verschiedenartige Beanspruchungen.

Art der Beanspruchung	Kräfte auf einen stabförmigen Körper	Formänderung	mögliche Zerstörung	Spannung Bezeichnung	Formelzeichen
Zug		Verlängerung	Riss	Zugspannung	σ_z
Druck		Verkürzung	Quetschung	Druckspannung	σ_d
Knickung		Ausbiegung	Knickung	Knickspannung	σ_K
Biegung		Durchbiegung	Bruch	Biegespannung	σ_b
Scherung (Schub)		Schiebung (Gleitung)	Abscherung	Scherspannung	τ_a
Verdrehung (Torsion)		Drehung	Abdrehung	Torsionsspannung	τ_t

Zum besseren Verständnis werden die auftretenden Spannungen durch zusätzliche Indizes gekennzeichnet.

Durch die Zusätze: zul.   zulässig
                          erf.   erforderlich
                          vorh. vorhanden

entstehen Bezeichnungen wie: $\sigma_{z\,zul}$ zulässige Zugspannungen
                               $\sigma_{d\,vorh}$ vorhandene Druckspannung
                               σ_{erf} erforderlicher Querschnitt usw.

2.2.3 Zulässige Spannung und Sicherheitszahl

Jeder feste Körper ändert unter Einwirkung von Kräften seine Form. Nimmt ein Bauteil nach Entlastung seine ursprüngliche Form wieder an, liegt *elastische Verformung* vor. Bei der *plastischen Verformung* behält es die geänderte Form bei, was bei vielen Einsatzbereichen einer Zerstörung gleichkommt.

Jeder Werkstoff hat kritische Spannungsgrenzwerte, bis zu denen er belastet werden kann, ohne seine Gebrauchsfähigkeit zu verlieren. Die Werkstoffprüfung liefert diese Grenzspannungen mit statischen und dynamischen Prüfverfahren (z. B. Zugfestigkeit R_m, Streckgrenze R_e, 0,2-Dehngrenze $R_{p\,0,2}$).

Beim Dimensionieren von Bauteilen werden grundsätzlich kleinere Spannungen als die Grenzspannungen des Materials angesetzt. Dazu wird in der Praxis bei den Berechnungen ein Sicherheitsfaktor berücksichtigt. Die im Betrieb auftretenden zulässigen Höchstbelastungen des Bauteils liegen damit unter den Werten der Grenzspannungen.

Der beim Dimensionieren zugrunde gelegte Spannungswert heißt zulässige Spannung σ_{zul}, der Sicherheitsfaktor wird Sicherheitszahl v (nü) genannt.

$$\text{Sicherheitszahl} = \frac{\text{Grenzspannung}}{\text{zulässige Spannung}} \qquad v = \frac{\sigma_{grenz}}{\sigma_{zul}}$$

v Sicherheitszahl σ_{grenz} Grenzspannung in N/mm² σ_{zul} zulässige Spannung in N/mm²

Mit der Wahl der Sicherheitszahl werden zahlenmäßig nicht zu erfassende Unwägbarkeiten in der Berechnung berücksichtigt. Wird die Sicherheitszahl zu klein gewählt, besteht die Gefahr eines Bruches. Wird sie dagegen zu groß gewählt, werden unter Umständen die Bauteilabmessungen groß und damit die Konstruktion unwirtschaftlich.

Belastung	Wahl der Grenzspannung σ_{grenz} für die Festigkeitsberechnung	Wahl der Sicherheit v für die Festigkeitsberechnung
ruhend	Zähe Werkstoffe mit ausgeprägter Fließgrenze (z. B. Stähle, Leichtmetalle, Schwermetalle und ihre Legierungen): Streckgrenze R_e	Sicherheit gegen Erreichen der *Fließgrenze R_e*: $v = 1{,}5$ bis 3
	Zähe Werkstoffe ohne ausgeprägte Fließgrenze (hochfeste Stähle): *0,2%-Dehngrenze $R_{p\,0,2}$*	
	Spröde Werkstoffe ohne ausgeprägte plastische Verformung vor dem Bruch (z. B. Gusseisen, Hartguss, Glas, Keramik, Holz): *Bruchfestigkeit R_m*	Sicherheit gegen Erreichen der *Bruchfestigkeit R_m*: $v = 2$ bis 5
dynamisch	Grenzspannung: *Dauerfestigkeit σ_D*	Sicherheit gegen Erreichen der *Dauerfestigkeit σ_D*: $v = 2$ bis 4

Im Stahlbau sind die zulässigen Spannungen durch Normen festgelegt. Im Maschinenbau wird auf Erfahrungswerte bei bestehenden Konstruktionen zurückgegriffen.

Zulässige Nennspannungen für Werkstoffe des Maschinenbaus in N/mm²:[1]

Bezeichnung		Werkstoffe[1]		
DIN 17006		St 37-2	St 50-2	25 CrMo 4
DIN EN 10027		S 235 JR	E 295	25 CrMo 4
Festigkeitswerte				
R_m in N/mm²		340 bis 470	470 bis 610	800
R_{eH} in N/mm²		215	275	550
Beanspruchung	**Belastungsfall**	**zulässige Spannung** in N/mm²		
Zug	I	100 bis 150	140 bis 210	230 bis 420
$\sigma_{z\,zul}$	II	65 bis 95	90 bis 135	155 bis 285
	III	45 bis 70	65 bis 95	100 bis 195
Druck	I	100 bis 150	140 bis 210	210 bis 390
$\sigma_{d\,zul}$	II	65 bis 95	90 bis 135	160 bis 255
	III	45 bis 70	65 bis 95	100 bis 195
Biegung	I	110 bis 165	150 bis 220	250 bis 450
$\sigma_{b\,zul}$	II	70 bis 105	100 bis 150	170 bis 295
	III	50 bis 75	70 bis 105	125 bis 185
Verdrehung	I	65 bis 95	85 bis 125	145 bis 250
$\tau_{t\,zul}$	II	40 bis 60	55 bis 85	100 bis 185
	III	30 bis 45	40 bis 60	80 bis 145

In der Festigkeitslehre werden folgende Belastungsfälle[2] unterschieden:
Belastungsfall I: Ruhende Belastung (z. B. Sockel eines Denkmals)
Belastungsfall II: Schwellende Belastung (z. B. Seil eines Krans)
Belastungsfall III: Wechselnde Belastung (z. B. Abschleppstange)

---

[1] Die Tabelle stellt eine Auswahl von Werkstoffen dar. Für einfache Rechnungen genügen die zulässigen Spannungen, die nach Belastungsfällen aufgegliedert, aus Tabellen entnommen werden können.
[2] Die Belastungsfälle werden in Kapitel III/2 ausführlich beschrieben.

2.3 Zugbeanspruchung

Wird ein Stab durch eine Kraft F auf Zug belastet, so ruft diese Zugkraft im Inneren des Stabes Zugspannungen hervor.

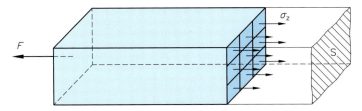

Zugspannungen in einem Stab

Aus der Bedingung, dass die äußere Kraft F und die innere Kraft F_i im Gleichgewicht sein müssen, folgt:

Zugkraft = Zugspannung · Querschnitt in N $F = \sigma_z \cdot S$

σ_z Zugspannung in N/mm² F Zugkraft in N S Querschnitt in mm²

Die Zugspannung darf den Wert der zulässigen Spannung ($\sigma_{z\,zul}$) nicht überschreiten. Es muss gelten:

$$\sigma_z \leq \sigma_{z\,zul}$$

Gleichung zur Berechnung des erforderlichen Querschnitts:

erforderlicher Querschnitt = $\dfrac{\text{maximale Zugkraft}}{\text{zulässige Zugspannung}}$ in mm² $S_{erf} = \dfrac{F_{max}}{\sigma_{zzul}}$

S_{erf} erforderlicher Querschnitt in mm² F_{max} maximale Zugkraft in N $\sigma_{z\,zul}$ zulässige Zugspannung in N/mm²

Beispiel: Rundstange
Die Stange einer Anhängerkupplung aus E 295 wird schwellend durch eine Zugkraft von max. 150 kN belastet. Welchen Durchmesser muss die Stange haben?

Gegeben   *Gesucht*
F_{max} = 150 kN d in mm

Zugbeanspruchung

Lösung:
Nach Tabelle wird bei schwellender Belastung eine zulässige Spannung $\sigma_{z\,zul}$ = 120 N/mm² angesetzt.

$$S_{erf} = \frac{F_{max}}{\sigma_{zzul}}$$

$$S_{erf} = \frac{150 \cdot 10^3 \text{ N}}{120 \text{ Nmm}^{-2}}$$

$$S_{erf} = 1{,}25 \cdot 10^3 \text{ mm}^2$$

$$S_{erf} = \frac{d^2 \cdot \pi}{4}$$

$$d = \sqrt{\frac{4 \cdot S_{erf}}{\pi}}$$

$$d = \sqrt{\frac{4 \cdot 1{,}25 \cdot 10^3 \text{ mm}^2}{\pi}}$$

$$d = 39{,}9 \text{ mm}$$

Rechenergebnis: d = 39,9 mm
gewählt: d = 40 mm

Wird ein Werkstück durch eine Zugkraft belastet, so verlängert bzw. dehnt es sich. Die Verlängerung ist die Differenz zwischen der Länge bei Belastung und der ursprünglichen Länge. Damit ist die **Verlängerung** ΔL:

| Verlängerung = Länge unter Belastung – ursprüngliche Länge in mm | $\Delta L = L - L_0$ |

ΔL Verlängerung in mm L Länge unter Belastung in mm L_0 ursprüngliche Länge in mm

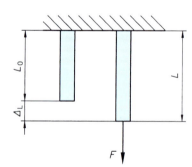

Soll die Formänderung verschiedener Werkstoffe bei Zugbeanspruchung miteinander verglichen werden, so ist die Verlängerung ungeeignet, da deren Größe von der ursprünglichen Länge abhängt. Ein Vergleich wird möglich, wenn die Verlängerung auf die Ursprungslänge bezogen wird. Das Verhältnis von Verlängerung zur Länge des unbelasteten Werkstücks heißt Dehnung ε. Damit ist die **Dehnung** ε:

| Dehnung = $\dfrac{\text{Verlängerung}}{\text{ursprüngliche Länge}} \cdot 100\,\%$ in % | $\varepsilon = \dfrac{\Delta L}{L_0} \cdot 100\,\%$ |

ε Dehnung in Prozent (%) ΔL Verlängerung in mm L_0 ursprüngliche Länge in mm

Da sich für die Dehnung sehr kleine Zahlenwerte ergeben, wird sie in Prozent angegeben.

Im elastischen Bereich kann aus dem Hooke'schen Gesetz folgender Zusammenhang abgeleitet werden:

Hooke'sches Gesetz

$$\frac{\text{Verlängerung}}{\text{ursprüngliche Länge}} = \frac{\text{Spannung}}{\text{Elastizitätsmodul}} \qquad \frac{\Delta L}{L_0} = \frac{\sigma}{E}$$

ΔL Verlängerung in mm
L_0 ursprüngliche Länge in mm
ε Spannung in N/mm²
E Elastizitätsmodul in N/mm²

Beispiel: Elastische Verlängerung eines Zugstabes

Ein Flachstahl 50 x 6,0 mm ist mit einer Zugkraft von 20 kN belastet. Seine Länge beträgt L_0 = 3,0 m, E_{Stahl} = 210 kN/mm²
Wie groß ist seine elastische Verlängerung?

Gegeben:
F = 20 kN
L_0 = 3,0 m
E_{Stahl} = 210 kN/mm²

Gesucht:
ΔL in mm

Lösung:

$$\sigma = \frac{F}{S} \quad \Rightarrow \quad \sigma = \frac{20 \text{ kN}}{50 \text{ mm} \cdot 6{,}0 \text{ mm}} = 66{,}67 \frac{\text{N}}{\text{mm}^2}$$

$$\frac{\Delta L}{L_0} = \frac{\sigma}{E} \quad \Rightarrow \quad \Delta L = \frac{66{,}67 \text{ N} \cdot 3000 \text{ mm} \cdot \text{mm}^2}{\text{mm}^2 \cdot 210\,000 \text{ N}}$$

$$\Delta L = 0{,}95 \text{ mm}$$

Aufgaben:

Anmerkung zu den folgenden Aufgaben: Die Kurznamen der Stahlsorten entsprechen der DIN EN 10027.

1. Welche Zugkraft darf eine quadratische Zugstange bei einer zulässigen Spannung von 120 N/mm² übertragen?
   Daten der Zugstange:
   Maße: 50 mm x 50 mm
   Material: E 295

2. Eine Gliederkette soll mit 4,8 kN belastet werden können. Welchen Durchmesser muss ein Kettenglied besitzen, wenn σ_{zzul} = 80 N/mm² beträgt?

3. Eine 4,0 m lange Zugstange dehnt sich unter Einwirkung einer Last um 0,006 %.
   Die Zugstange hat einen Durchmesser von 15 mm.
   Mit welcher Kraft wird die Stange belastet (E = 210 kN/mm²)?

4. Zwei gleiche, rechteckige Zugstäbe stehen unter einem Winkel von 40° zueinander. Sie sollen eine Zugkraft von 25 kN übertragen, die an einer ringförmigen Aufhängeöse angreift.
   Für alle Bauteile: $\sigma_{zul} = 50$ N/mm²
   a) Welchen Durchmesser d muss das Rundmaterial haben?
   *b) Die Zugstäbe aus Flachmaterial sollen die Abmessungen $b : h = 3 : 4$ haben.
   Berechnen Sie die Maße b und h.

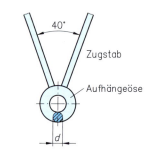

5.* Welche Zugspannung tritt in den Seilen von 5,0 mm Durchmesser auf, wenn die Gewichtskraft der Lampe 200 N beträgt?

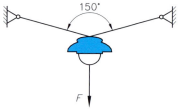

* *Hinweis:* Diese Aufgaben sind sehr anspruchsvoll.

2.4 Druckbeanspruchung

Wird ein Bauteil durch eine Kraft F auf Druck belastet, so ruft diese Druckkraft im Inneren **Druckspannungen** (σ_d) hervor.

Die an der Grenzfläche zu einem anderen Bauteil infolge Druck hervorgerufenen Spannungen werden als **Flächenpressung** (p) bezeichnet.

Druckspannungen und Flächenpressung

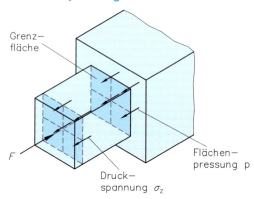

III Festigkeitslehre

Auch bei Druckspannungen und Flächenpressung gilt die Bedingung, dass die äußere Kraft F und die innere Kraft F_i im Gleichgewicht sein müssen.

| äußere Kraft = Druckspannung · Querschnittsfläche in N | $F = \sigma_d \cdot S$ |

| äußere Kraft = Flächenpressung · Berührungsfläche in N | $F = p \cdot A$ |

S Querschnittsfläche in mm²
σ_d Druckspannung in N/mm²
A Berührungsfläche in mm²
p Flächenpressung in N/mm²

Für die Berechnung der erforderlichen Querschnitte gilt:

$$\text{erforderlicher Querschnitt} = \frac{\text{maximale Druckkraft}}{\text{zulässige Druckspannung}} \text{ in mm}^2 \qquad S_{erf} = \frac{F_{max}}{\sigma_{d\,zul}}$$

bzw.

$$\text{erforderliche Berührungsfläche} = \frac{\text{maximale Druckkraft}}{\text{zulässige Flächenpressung}} \text{ in mm}^2 \qquad A_{erf} = \frac{F_{max}}{p_{zul}}$$

S_{erf} erforderlicher Querschnitt in mm²
F_{max} maximale Druckkraft in N
$\sigma_{d\,zul}$ zulässige Druckspannung in N/mm²
A_{erf} erforderliche Berührungsfläche in mm²
F_{max} maximale Druckkraft in N
p_{zul} zulässige Flächenpressung in N/mm²

Zulässige Flächenpressung in N/mm²:

Werkstoff	S 235	E 295	E 360	25 CrMo 4
ruhend	80	120	180	210
schwellend	50	70	90	105

Aufgaben zur Druckbeanspruchung:

1. Der Kolben (D = 80 mm) in einer Hydraulikpresse wird mit einem Druck von p = 50 hPa belastet.
   Berechnen Sie die Druckspannung σ_d in der Kolbenstange (d = 46 mm).

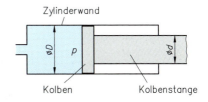

2. Ein Funkmast belastet eine quadratische Sohlplatte mit F_D = 220 kN. Das Fundament hält eine zulässigen Belastung von 0,60 N/mm² aus. Welche Abmessungen muss die Platte haben?

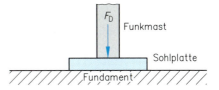

3. Eine Stahlstange mit Flansch (E 295) wird axial schwellend Belastungsfall II mit maximal 50 kN auf Zug belastet.

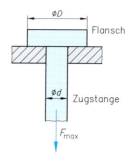

a) Ermitteln Sie den Stangendurchmesser d.

$\sigma_{zul} = 90 \ \dfrac{N}{mm^2}$

b) Welchen Außendurchmesser D muss der Flansch bei einer zulässigen Flächenpressung

$p_{zul} = 60 \ \dfrac{N}{mm^2}$ haben?

2.5 Biegebeanspruchung

Wird ein Träger in einem bestimmten Abstand von seiner festen Einspannung von einer Kraft F belastet, so tritt eine Durchbiegung f auf.

2.5.1 Untersuchung der Biegebeanspruchung

Ein Holzlineal wird flachkant über der Tischkante gebogen, wobei die gleiche Kraft F einmal nahe der Einspannstelle im Abstand l_1 und zum anderen Mal weiter davon entfernt im Abstand l_2 angreifen soll.

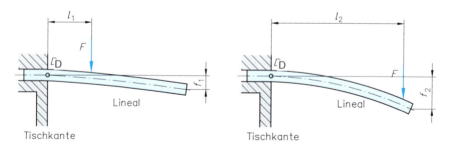

kleines Moment → kleine Spannung   **großes Moment → große Spannung**

In beiden Fällen bleiben der Linealquerschnitt S und die Kraft F unverändert. Das Lineal erfährt jedoch die größere Durchbiegung f_2, wenn die Kraft F in einem größeren Abstand von der Einspannstelle D angreift. Aus der Statik ist das Produkt $M = F \cdot l$ als das Moment bekannt. In der Festigkeitslehre wird es *Biegemoment M_b* genannt.

Beim größeren Abstand der Angriffsstelle der Kraft F ist das Biegemoment und damit die Spannung im Material größer.

> Bei Beanspruchung auf Biegung ist für die Spannung nicht die Kraft **F**, sondern das Biegemoment M_b maßgebend.

Nun soll das Holzlineal einmal flachkant und einmal hochkant gebogen werden, wobei beide Male dasselbe Moment $M_b = F \cdot l_2$ aufgebracht wird.

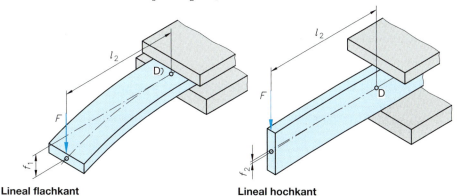

Lineal flachkant   **Lineal hochkant**

Das Lineal biegt sich unterschiedlich stark durch. Im zweiten Fall (Lineal hochkant) ist die Durchbiegung und damit die Spannung im Material deutlich geringer.
Eine Gleichung für die Berechnung der Biegespannung muss grundsätzlich anders aussehen als die einfache Beziehung Spannung = Kraft/Querschnitt.
In der Gleichung muss das Moment und eine Beziehung für Größe und Form des Querschnitts enthalten sein.

> Bei Beanspruchung auf Biegung ist für die Größe der Spannung nicht nur die Größe der Querschnittsfläche, sondern vor allem ihre Form und Lage maßgebend.

2.5.2 Ermitteln der inneren Kräfte bei der Biegung

Bei einem auf Biegung beanspruchten Bauteil gilt wie bisher die Gleichgewichtsbedingung:

Die Summe der inneren Kräfte und Momente in einem beliebigen Schnitt muss gleich der Summe der äußeren Kräfte und Momente sein.

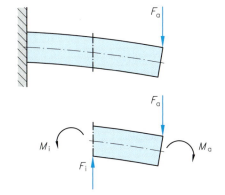

Gleichgewichtsbedingung für Kräfte:

$$\sum F = 0$$

$F_i - F = 0 \rightarrow F = F_i$

Gleichgewichtsbedingung für Momente:

$$\sum M = 0$$

$M_i - M_a = 0 \rightarrow M_i = M_a$

Damit die Kräfte im Gleichgewicht sind, muss an der Schnittstelle eine nach oben gerichtete innere Kraft F_i wirken. Da sie im Schnitt wirkt, handelt es sich um eine Querkraft.

Das Bauteil ist damit aber noch nicht im Gleichgewicht. Die äußere Kraft F und die innere Kraft F_i bilden ein Kräftepaar und erzeugen ein Drehmoment.

Da das Bauteil sich nicht drehen kann, biegt es sich infolge des Moments durch. Im Gleichgewicht muss dem äußeren Biegemoment M_a ein gleich großes inneres Biegemoment M_i (mit entgegengesetztem Drehsinn) entgegenwirken.

2.5.3 Ermitteln der Spannungsarten bei der Biegung

Die innere Kraft F_i ist eine Querkraft und erzeugt somit eine Schubspannung τ.

Das Biegemoment kann durch die beiden Normalkräfte $+F_N$ und $-F_N$ ersetzt werden, die ein Kräftepaar bilden und dieselbe Wirkung wie M_i haben.

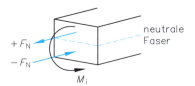

Die obere Normalkraft $+F_N$ stellt eine Zugkraft dar. Sie erzeugt Zugspannungen σ_z. Die untere Normalkraft $-F_N$ stellt eine Druckkraft dar. Sie erzeugt Druckspannungen σ_d. Da sich das Bauteil infolge dieser Zug- und Druckspannungen durchbiegt, werden sie zusammen als Biegespannung σ_b bezeichnet.

> Bei Beanspruchung auf Biegung infolge innerer Kräfte entstehen Biegespannungen σb und eine Schubspannung τ.

Der obere Rand des Bauteils wird verlängert, während der untere Rand verkürzt wird. Im Querschnitt gibt es eine Ebene, die unverformt bleibt und somit frei von Biegespannungen ist. Diese Ebene heißt *neutrale Faser*. Die Normalspannungen nehmen proportional zu ihrem Abstand von der neutralen Faser zu. Sie sind maximal beim größten Abstand.

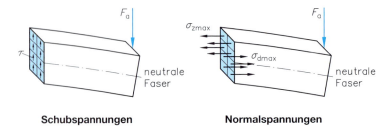

Schubspannungen   **Normalspannungen**

Treten Zug- und Druckspannungen in einer Rechnung gleichzeitig auf, werden sie durch den Index z und d oder durch das Vorzeichen $+$ und $-$ unterschieden.

2.5.4 Biegegleichung

Für eine beliebige Faser im Abstand y von der neutralen Faser gilt im Gültigkeitsbereich des Hooke'schen Gesetzes:

$$\frac{\sigma_{by}}{\sigma_{b\,max}} = \frac{y}{e}$$

σ_{by} Biegespannung in N/mm²
$\sigma_{b\,max}$ maximale Biegespannung in N/mm²
y Abstand von der neutralen Faser
e Abstand der Randfaser von der neutralen Faser

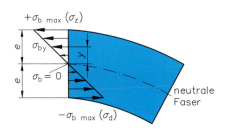
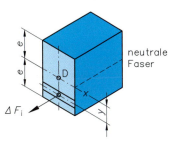

Für die zu übertragende Biegespannung im Abstand y ist

(I) $\quad \sigma_{by} = \sigma_{b\,max} \cdot \dfrac{y}{e}$

Um die Randfaserspannung $\sigma_{b\,max}$ zu berechnen, wird folgende Überlegung angestellt: Die von einer Faser mit dem Querschnitt ΔS und der Spannung σ_{by} übertragene Kraft ist

(II) $\quad \Delta F_i = \sigma_{by} \cdot \Delta S$

Sie erzeugt in Bezug auf die neutrale Faser ein inneres Biegemoment:

$$\Delta M_b = \Delta F_i \cdot y$$

mit (II) eingesetzt folgt:

$$\Delta M_b = \sigma_{by} \cdot \Delta S \cdot y$$

mit (I) eingesetzt folgt:

$$\Delta M_b = \sigma_{max} \cdot \frac{y}{e} \cdot \Delta S \cdot y$$

$$\Delta M_b = \sigma_{max} \cdot \Delta S \cdot \frac{y^2}{e}$$

Das von allen Fasern übertragene Biegemoment M_b ist:

$$M_b = \sum \Delta M_b = \sum \sigma_{bma} \cdot \Delta S \cdot \frac{y^2}{e}$$

Die konstanten Faktoren werden vor das Summenzeichen geschrieben:

$$M_b = \frac{\sigma_{bmax}}{e} \sum \Delta S \cdot y^2$$

Damit beträgt die größte Biegespannung σ_{max}:

$$\sigma_{bmax} = \frac{M_b \cdot e}{\sum \Delta S \cdot y^2}$$

Biegebeanspruchung

Da in der Festigkeitslehre nur die maximale Biegespannung in der Randfaser von praktischer Bedeutung ist, wird im Folgenden statt $\sigma_{b\,max}$ nur noch σ_b geschrieben.

Für den jeweiligen Querschnitt müssen nun alle Flächenelemente ΔS mit dem Quadrat ihres Abstandes y von der Biegeachse multipliziert und die Summe dieser Produkte gebildet werden. Das Ergebnis wird *axiales Trägheitsmoment I* genannt. Es handelt sich um eine rein geometrische Größe, die für häufig vorkommende Querschnittsformen in Tabellenbüchern nachgeschlagen werden kann:

$$I = \sum \Delta S \cdot y^2$$

Die Biegespannung kann nun geschrieben werden:

$$\text{Biegespannung} = \frac{\text{Biegemoment} \cdot \text{Randfaserabstand}}{\text{axiales Trägheitsmoment}} \text{ in } \frac{N}{mm^2} \qquad \sigma_b = \frac{M_b \cdot e}{I}$$

σ_b Biegespannung in N/mm² e Abstand der Randfaser vor der neutralen Faser in mm
M_b Biegemoment in Nm I axiales Trägheitsmoment in mm⁴

$$\text{axiales Widerstandsmoment} = \frac{\text{axiales Trägheitsmoment}}{\text{Randfaserabstand}} \text{ in } mm^3 \qquad W = \frac{I}{e}$$

W axiales Widerstandsmoment in mm³
I axiales Trägheitsmoment in mm⁴
e Abstand der Randfaser von der neutralen Faser in mm

Das axiale Widerstandsmoment ist für häufig vorkommende Querschnittsformen in Tabellenbüchern angegeben.

Tabelle mit Formeln zur Berechnung der Widerstandsmomente einfacher Querschnitte

Querschnitt	Widerstandsmoment	Querschnitt	Widerstandsmoment
Rechteck (b, h)	$W_x = \dfrac{b \cdot h^2}{6}$	Kreisring (d_1, d_2)	$W_x = \dfrac{\pi (d_1^4 - d_2^4)}{32\, d_1} \quad \left(W_x \approx \dfrac{d_1^4 - d_2^4}{10 \cdot d_1}\right)$
Quadrat (h)	$W_x = \dfrac{h^3}{6}$	Ellipse (D, d)	$W_x = \dfrac{\pi \cdot D^2 \cdot d}{32} \quad \left(W_x \approx \dfrac{D^2 \cdot d}{10}\right)$
Kreis (d)	$W_x = \dfrac{\pi \cdot d^3}{32} \quad \left(W_x \approx \dfrac{d^3}{10}\right)$		

Um die Biegegleichung zu vereinfachen, wird der Quotient $\dfrac{I}{e}$ mit W (axiales Widerstandsmoment) abgekürzt.

Die Biegegleichung lautet demnach:

$$\text{Biegespannung} = \frac{\text{Biegemoment}}{\text{axiales Widerstandsmoment}} \text{ in } \frac{N}{mm^2} \qquad \sigma_b = \frac{M_b}{W}$$

M_b Biegemoment in Nm W axiales Widerstandsmoment in mm³ σ_b Biegespannung in N/mm²

2.5.5 Berechnung biegebeanspruchter Bauteile

Die für die Festigkeitsberechnung maßgebende Nennspannung ist die Biegespannung σ_b. Diese tritt an der Stelle des größten Biegemomentes in der Randfaser auf. Sie darf die zulässige Biegespannung $\sigma_{b\,zul}$ nicht überschreiten:

$$\sigma_b \leq \sigma_{b\,zul}$$

Entsprechend der Vereinbarung wird der Drehsinn des Biegemomentes durch positives bzw. negatives Vorzeichen berücksichtigt. Wenn es für eine Berechnung keine Rolle spielt, auf welcher Seite eines Trägers die Zugspannungen auftreten, wird M_{bmax} als positiver Wert in der Berechnung eingesetzt.

Beispiel: Berechnung eines biegebeanspruchten Bauteiles

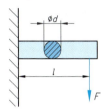

Ein einseitig eingespanntes Rundholz wird im Abstand $l = 0{,}80$ m mit höchstens 4,0 kN Zugkraft belastet. Welchen Durchmesser d muss das Rundholz haben?
Materialdaten: Holz $\sigma_{b\,zul} = 8{,}0$ N/mm²

Gegeben:
Für Holz: $\sigma_{b\,zul} = 8{,}0$ N/mm²
$F = 4{,}0$ kN
$l = 0{,}80$ m

Gesucht:
d in mm

Lösung:

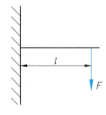

$M_{b\,max} = F \cdot l$
$M_{b\,max} = 4{,}0$ kN $\cdot$ 0,80 m $= 3{,}2$ kNm
$\phantom{M_{b\,max}} = 3{,}2 \cdot 10^6$ Nmm

$$W_{erf} = \frac{M_{b\,max}}{\sigma_{bzul}}$$

$$W_{erf} = \frac{3{,}2 \cdot 10^6 \text{ Nmm} \cdot \text{mm}^2}{8{,}0 \text{ N}}$$

$W_{erf} = 0{,}40 \cdot 10^6$ mm³

Widerstandsmoment des Rundquerschnitts:

$$W_x \approx \frac{d^3}{10}$$

$d \approx \sqrt[3]{10 \cdot W_{erf}}$
$d \approx \sqrt[3]{10 \cdot 0{,}40 \cdot 10^6 \text{ mm}^3}$

gewählt: $d =$ **160 mm**

Biegebeanspruchung

Aufgaben:

1. Mit einem Messinghebel $\left(\sigma_{b\,zul} = 85\,\dfrac{N}{mm^2}\right)$ wird im Abstand 120 mm zum Drehlager ein Ventil betätigt.

   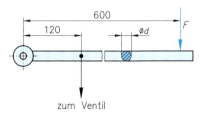

   a) Wie groß ist das maximale Biegemoment im Hebel, wenn im Abstand 600 mm eine Kraft $F = 90$ N auftritt?

   b) Welchen Durchmesser d sollte der Hebel haben?

2. In einer Autoreparaturwerkstatt wird ein Laufkran zum Austauschen von Motoren und für leichte Hubarbeiten verwendet.
   Der einseitig eingespannte Stahlträger mit rechteckigem Querschnitt darf maximal mit einer Biegespannung von $\sigma_{b\,zul} = 125$ N/mm² belastet werden.
   Die Laufkatze hat eine Masse von 40 kg. Der Laufkran darf Lasten von maximal 1500 kg bis zum Endanschlag (l_x) transportieren.

   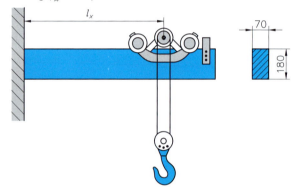

   Wie große darf der Abstand l_x höchstens sein?
   (Das Eigengewicht des Trägers wird vernachlässigt)

3. Bei einem Schwungradgenerator sitzt die Schwungmasse ($m = 500$ kg) auf einer Stahlwelle in der Mitte zwischen den beiden Lagern A und B.
   Die zulässige Biegespannung der Welle soll $\sigma_{b\,zul} = 125$ N/mm² (E 295, Belastungsfall II) betragen.

   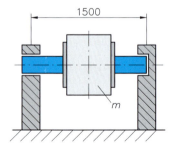

   a) Welches maximale Biegemoment (in Nm) tritt in der Welle auf?
   b) Welches Widerstandsmoment W_x (in mm³) sollte die Welle dann haben?
   c) Welchen Durchmesser muss die Welle haben?

2.6 Verdrehbeanspruchung (Torsion)

Verläuft bei einem Bauteil die Wirkungslinie der Belastungskraft F nicht durch die Mittelachse, so tritt in dem Bauteil **Verdreh- oder Torsionsbeanspruchung** auf. Dies ist z. B. der Fall bei Schraubendrehern, Wellen und Gewindebohrern.
Die äußere Kraft besitzt dann bezüglich der Mittelachse den Hebel l und bewirkt ein äußeres Drehmoment $M_d = F \cdot l$.

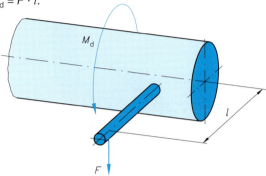

Durch die Wirkung des Drehmomentes wird eine Mantellinie des Zylinders in Art einer Schraubenlinie verformt. Das Bauteil ist tordiert. In diesem Zusammenhang wird auch von einer Verdrehung, Verwindung oder Drillung gesprochen.

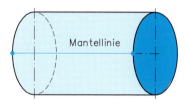 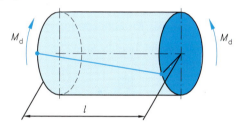

Unbeansprucht **Torsionsbeansprucht**

Bei dem nachstehend gedachten Schnitt durch die Welle geht hervor, dass in der Schnittfläche dem am Wellenende wirkenden äußeren Drehmoment M_d ein inneres Moment $M_i = -M_d$ entgegenwirken muss. Nur dann ist die Gleichgewichtsbedingung $\sum M = 0$ erfüllt.

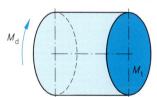 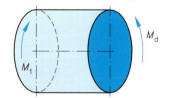

Das innere Moment heißt **Verdreh- oder Torsionsmoment** M_t

Unter der Bedingung, dass $|M_t| = |M_d|$ gilt, wird das Torsionsmoment berechnet durch

Torsionsmoment = Kraft · Abstand der Kraft von der Mittelachse in Nm	$M_t = F \cdot l$

M_t Torsionsmoment in Nm F Kraft in N l Abstand der Kraft von der Mittelachse (Drehachse) in mm

Verdrehbeanspruchung (Torsion)

Spannungsverteilung über den Querschnitt

Durch das Drehmoment werden in dem zylindrischen Stab[3] Spannungen hervorgerufen, die in der Schnittfläche senkrecht zur Wellenachse verteilt sind. Sie liegen in der Querschnittsfläche und sind daher innere Schubspannungen: **Torsionsspannungen τ_t**.

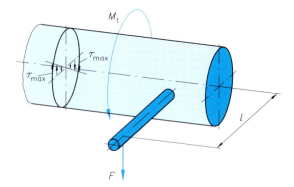

Die Torsionsspannungen nehmen von der Drehachse von innen nach außen linear zu und erreichen am Rand ihren Maximalwert $\tau_{t\,max}$. Die Drehachse ist spannungsfrei.

Wie bei der Biegung ist auch bei der Torsion meist nur $\tau_{t\,max}$ maßgebend.
Mit Torsionsspannung ist deshalb immer $\tau_{t\,max}$ gemeint, geschrieben wird aber τ_t.

Berechnung der Torsionsspannung

Die Torsionsspannung in kreisförmigen Querschnitten werden nach folgender Formel berechnet:

$$\text{Torsionsspannung} = \frac{\text{Torsionsmoment}}{\text{polares Widerstandsmoment}} \text{ in } \frac{N}{mm^2} \qquad \tau_t = \frac{M_t}{W_p}$$

τ_t Torsionsspannung in N/mm² M_t Torsionsmoment in Nm W_p polares Widerstandsmoment in mm³

Das **polare Widerstandsmoment** W_p gibt die Flächenverteilung in Bezug auf die Stabachse in ähnlicher Weise an wie das Widerstandsmoment bei der Biegung die Flächenverteilung bezüglich der neutralen Faser.

Für den Kreisquerschnitt ist das polare Widerstandsmoment gerade doppelt so groß wie das Widerstandsmoment bei Biegung, also

$$\text{polare Widerstandsmoment} = \frac{\text{Durchmesser}^3 \cdot \pi}{16} \text{ in mm}^3 \qquad W_p = \frac{d^3 \cdot \pi}{16} \approx \frac{1}{5} d^3$$

W_p polare Widerstandsmoment in mm³ d Durchmesser in mm

---

[3] Auf Torsion beanspruchte Bauteile werden üblicherweise wie bei der Beanspruchung auf Zug als Stäbe bezeichnet. Die Bezeichnung Balken bzw. Träger ist nur bei der Beanspruchung auf Biegung üblich.

Querschnitt			
polares Widerstands- moment	$W_p = \dfrac{d^3 \cdot \pi}{16}$ $\left(W_p \approx \dfrac{d^3}{5}\right)$	$W_p = \dfrac{\pi}{16} \dfrac{d_1^4 - d_2^4}{d_1}$ $\left(W_p \approx \dfrac{d_1^4 - d_2^4}{5\,d_1}\right)$	$W_p \approx 0{,}208\,h^3$

polare Widerstandsmomente

Beispiel: Steckschlüssel

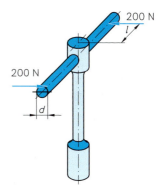

Mit dem abgebildeten Steckschlüssel sollen Maschinenschrauben M 20 mit einem Drehmoment von 160 Nm angezogen werden. Der Drehschlüssel besteht aus E 295.

a) Welche Hebellänge l ist bei einer Handkraft von 200 N erforderlich?
b) Berechnen Sie den Durchmesser d des Hebels für den in a) berechneten Abstand l.

Gegeben:
M_t = 160 Nm
F = 200 N

Gesucht:
l in m

Lösung:

a)
$$M_t = 2 \cdot F \cdot l$$
$$l = \dfrac{M_t}{2 \cdot F}$$
$$l = \dfrac{160\ \text{Nm}}{2 \cdot 200\ \text{N}}$$
$$l = 0{,}400\ \text{m}$$

b) Das polare Widerstandsmoment für einen Rundstab beträgt:
$$W_p = \dfrac{d^3}{5}$$

Für die zulässige Torsionsspannung $\tau_{t\,zul}$ bei schwellender Belastung werden 80 N/mm² angenommen (Tabelle Kap. 7.1.3).

Zusammen mit der Gleichung für maximale Torsionsspannung
$$\tau_t = \dfrac{M_t}{W_p}$$
und der Bedingung $\tau_{t\,max} \leq \tau_{t\,zul}$
ergibt sich für den erforderlichen Durchmesser:

$$d_{erf} = \sqrt{\frac{M_t \cdot 5}{\tau_{tzul}}}$$

$$d_{erf} = \sqrt{\frac{120 \text{ Nm} \cdot 5}{80 \cdot 10^6 \frac{N}{m^2}}}$$

$d_{erf} = 0{,}0196$ m

gewählt: $d_{erf} = 2{,}00$ cm

Aufgaben:

1. Eine Welle aus E 295 mit dem Durchmesser $d = 30$ mm wird durch ein Torsionsmoment $M_t = 150$ Nm schwellend belastet.
   a) Berechnen Sie das polare Widerstandsmoment W_p der Welle.
   b) Wie groß ist die Torsionsspannung?

2. Nachstehend dargestellt sind die Spannungsverteilungen im Querschnitt eines Rundstabes, wenn dieser auf Zug, auf Biegung und auf Torsion beansprucht wird.
   Weisen Sie den Bildern die richtige Beanspruchung zu.

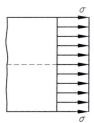 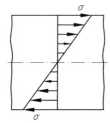 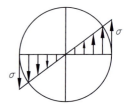

3 Konstruktive Gestaltung

3.1 Struktur technischen Denkens und Handelns

Die Denk- und Handlungsstrategien von Technikern und Ingenieuren lassen sich am besten anhand der „Lebensgeschichte" eines Produktes von seiner Planung bis hin zu seiner Beseitigung (ggf. Wiederverwertung) gedanklich nachvollziehen.

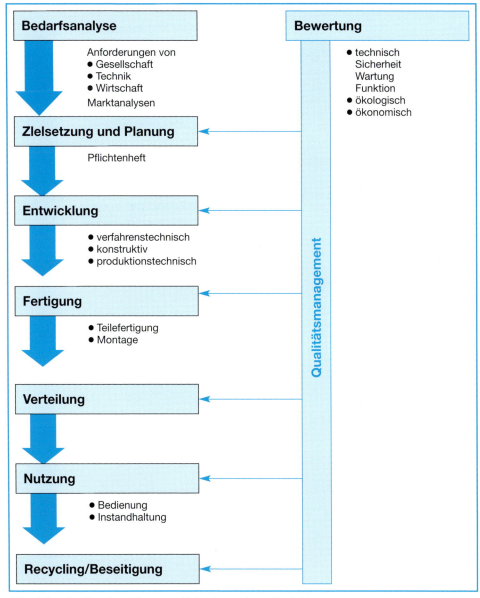

Ablaufplan der Handlungsfolge zur Entstehung eines Produktes

Die Grafik zeigt den gesamten Planungs- und Handlungsablauf zu einem neuen Produkt. Ein Ingenieur deckt in diesem Prozess mit seiner Tätigkeit nur einzelne Phasen ab. Ist er jedoch in ein Projekt eingebunden, so werden heute ganz bestimmte Qualifikationen von ihm erwartet. Eine seiner wichtigsten Tätigkeiten ist das Anwenden von Problemlösungsverfahren.

Bei der Lösung technischer Probleme sind grundsätzlich zwei Wege möglich: Die Aufgabe wird entweder intuitiv gelöst oder es wird ein systematisiertes Verfahren angewendet. Letztere Strategie heißt methodisches Problemlösen.

Intuitive Problemlösungsverfahren	Methodische Problemlösungsverfahren
• Die Problemlösung basiert hauptsächlich auf geistig-kreativer Tätigkeit.	• Die Problemlösung stammt meistens nicht von einem Einzelnen, sondern wird im Team erarbeitet.
• Diese intuitive Arbeit ist nicht erlernbar und basiert ausschließlich auf den Fähigkeiten und dem Erfahrungsschatz des intuitiv Begabten.	• Damit wird das Wissen und das Können mehrerer Mitarbeiter ausgeschöpft.
• Das Ergebnis und dessen Qualität sind somit weitgehend zufallsbedingt.	• Die Lösung wird zielgerichtet und systematisch nach analytischem Verfahren gesucht.
• Das Produkt trägt die Handschrift des „Schöpfers", wie zum Beispiel das Design bekannter Produkte.	• Durch Zerlegen des oftmals komplexen Gesamtproblems in überschaubare Teilprobleme wird eine Arbeitsteilung möglich.
	• Während der Problemlösung kann auf unterschiedliche Erfahrungen und vorhandenes Wissen (z. B. Bibliotheken, Konstruktionskataloge, Datenbanken) zurückgegriffen werden.

3.2 Werkstoffauswahl und konstruktive Gestaltung

Die Stabilität technischer Systeme hängt infolge verschiedener Belastungen (statisch, dynamisch) sowohl vom verwendeten Werkstoff als auch der konstruktiven Gestaltung ab. Im Brückenbau spielt das Zusammenwirken von Werkstoff und Konstruktionen eine besonders große Rolle, da hier unterschiedlichste technische Anforderungen gestellt werden.

- große Weiten sollen überbrückt werden,
- hohen und verschiedenartigen Belastungen soll standgehalten werden,
- lange Haltbarkeiten sollen erreicht werden,
- äußere Einflüsse (z. B. Windstärke, Wasserströmung, Wassermenge und Witterung) dürfen das Bauwerk nicht beeinträchtigen,
- hohe Sicherheit soll erzielt werden.

Während die Brückenbauer sich früher nur auf ihre Erfahrungen stützen konnten, also empirisch[1] vorgingen, werden die heutigen Konstruktionen von Baubeginn unter Einbeziehung der unterschiedlichen Belastungen und Ausführungen berechnet.

3.2.1 Empirische Lösungen im Brückenbau

Die Erscheinungsform einer Brücke ist im Wesentlichen festgelegt durch:

- die Grundformen der Tragwerke mit dem Balken, dem Bogen oder dem Hängewerk,
- vom verwendeten Werkstoff (z. B. Holz, Stein, Beton, Stahl, Verbundwerkstoffe).

Der Bau der ersten primitiven Stege reicht weit in die Steinzeit zurück. Viele dieser Bauwerke waren überdimensioniert oder stürzten ein. Aber die Baumeister lernten aus ihren Fehlern und bauten immer gewagtere Konstruktionen. Diese Arbeitsweise wird als „trial and error" bezeichnet.

Zum Brückenbau wurden zunächst örtlich verfügbare Materialien verwendet. Dementsprechend wurden zunächst nur einfache Holz-, Stein- und Seilbrückenkonstruktionen gebaut.

Brückenarten

Brücke mit Steinbalken **Brücke mit Holzbalken** **Hängebrücke aus Seilen**

---

[1] empirisch (gr.-lat.): aus der Erfahrung, der Beobachtung, dem Experiment entnommen.

Werkstoffauswahl und konstruktive Gestaltung

Von der Steinbalken- zur Keilsteinbrücke

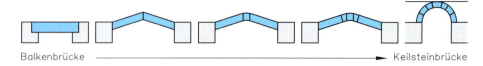

Balkenbrücke ⎯⎯⎯⎯⎯⎯⎯⎯⎯⎯⎯⎯⎯⎯⎯⎯⎯⎯⎯⎯⎯⎯⎯➤ Keilsteinbrücke

Entwicklungsschritte von der Steinbalkenbrücke zur Keilsteinbrücke

Steinbalkenbrücke

Werkstoff: Naturstein oder Holz

Konstruktive Merkmale
Naturstein erzielt geringe Spannweiten (Steinbalkenbrücken ca. 3 Meter), da der Werkstoff ab einer bestimmte Größe wegen seines Eigengewichts schon bei geringer Belastung bricht. Mit Holzbalken können etwas größere Spannweiten erreicht werden, wobei sie aber anfangen zu schwingen und zu federn.

Clam Bridge in Wycoller (England)　　Steinbalkenbrücke im Pyramidenfeld von Gizeh um 2500 v.Chr. überbrückt 3 m (Deckbalkenlänge 7 m)

Kragsteinbrücke

Werkstoff: Zuerst Felsblöcke, dann Granitsteinblöcke, später Tonziegel

Konstruktive Merkmale
Die Steinblöcke wurden seitlich versetzt übereinander geschichtet, ohne dass der Schwerpunkt (S) des vorgekragten Steinblocks nicht außerhalb des darunter liegenden Steinblocks fällt.
Spannweiten: 5 bis 10 Meter

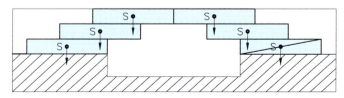

Konstruktion der Kragsteinbrücke

„Falsches Gewölbe"

Die Stirnseiten der vorkragenden Steinblöcke wurden häufig als schräge Flächen ausgeführt. Die so entstandene „Kragwölbung" entsprach einem gleichschenkeligen Dreieck.

Vorteil: Gewichtsersparnis, günstigere Statik, geringere Kosten, kurze Bauzeit, Ungebundenheit des Ortes, ästhetischeres Erscheinungsbild

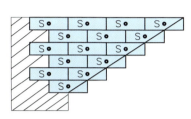

Konstruktion der Kragwölbung

Kragsteinbrücke bei Eleutherna (Kreta)

Die Kragsteinbrücke bei Eleutherna auf Kreta ist 9 m lang, 5,4 m breit und hat einen Pfeilerabstand von 3,8 m. (4. Jh.v.Chr.)

Keilsteinbrücke
Werkstoff: Steinblöcke, später Tonziegel

Konstruktive Merkmale
Keilförmig behauene Steinblöcke bilden ein bogenförmiges Tragwerk, den Fugen- oder Steinschnitt. Alle Steinfugen zeigen zum Kreismittelpunkt.

Keilförmig behauener Steinblock

Etruskische Brücke bei Viterbo (Italien) mit einer Spannweite von 2,1 m (3. Jh.v.Chr.)

Werkstoffauswahl und konstruktive Gestaltung

Vom Kreisbogen zum Korbbogen

Größer Spannweiten zwischen den Brückenpfeilern wurden erzielt, indem der Kreisbogen zum Korbbogen gestreckt wurde.

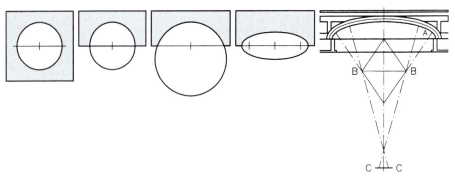

Vom Kreisbogen zum Korbbogen

Tonnengewölbe
Werkstoff: *Steinblöcke, später Tonziegel*

Die Technik des Steinschnitts wurde von den Römern zum Tonnengewölbe verfeinert.

Konstruktive Merkmale
Ein Drittel des gemauerten Kreisbogens verläuft als so genannter Erdbogen unter dem Flussbett weiter.

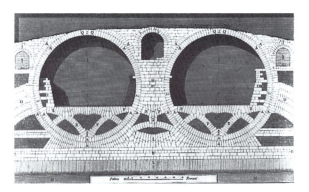

Aufrisszeichnung der Ponte Fabricio (62 v.Chr.) in Rom mit einer Spannweite von 26 m zwischen den Bögen

Die Römer begründeten mit dem Tonnengewölbe die Gewölbebaukunst des Abendlandes. Sie bauten Viadukte (Brücken als Verkehrswege), Aquädukte (Brücken zur Wasserleitung), Wasser- und Abwasseranlagen (z. B. cloaca maxima in Rom) und Stützpfeiler mit Spannweiten bis über 30 m.

III Konstruktive Gestaltung

Das Aquädukt Pont du Gard bei Nimes (Frankreich) ist 50 m hoch und hat 269 m weitgespannte Bögen. Es wurde unter Agrippa[3] 19 bis 15 v.Chr. errichtet.

Ponte du Gard bei Nimes

Segmentbogenbrücke
Werkstoff: *Steinblöcke, später Tonziegel*

Die gestreckten Segmentbogenkonstruktionen ermöglichen flachere Brücken, größere Spannweiten, höhere Wasserdurchflussprofile[4] (ca. 80 %) und wirken in ihrer Linienführung eleganter. Die Brückenbauer ab dem 18. Jahrhundert versuchten ihre Tätigkeiten wissenschaftlich zu fundieren.

Ponte Vecchio (Florenz)

---

[3] Agrippa (63 – 12 v.Chr.) war römischer Statthalter von Gallien.
[4] Die Abstände zwischen den Brückenpfeilern, welche den Wasserdurchfluss gewähren, werden Wasserdurchflussprofil genannt.

225

Die flache Segmentbogenbrücke Ponte Vecchio in Florenz (1341 bis 1345) verfügt über eine Spannweite von 32 Metern bei einem Pfeilverhältnis[5] von 1:6,5.

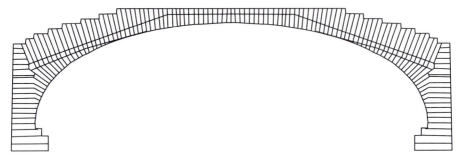

Polyzentrischer Korbbogen der Brücke bei Neuilly (Frankreich)

Polyzentrische Korbbogenbrücke bei Neuilly

Die Brücke bei Neuilly (1774) hat Korbbögen aus 11 Mittelpunkten bei Spannweiten von 40 m und einem Pfeilverhältnis von 1:9,23.

Die Elstertal- und Göltzschtalbrücke (Vogtland, Deutschland) bildeten das Ende der großen Steinbrückenkonstruktionen. Naturstein und Ziegel wurden durch neue Baustoffe (Stahl, Beton) abgelöst.

Technische Daten

Dimensionen	Elstertalbrücke	Göltzschtalbrücke
Länge	274 m	574 m
Höhe	68 m	78 m
Maximale Spannweiten der Bögen	31 m	30 m

Elstertalbrücke (1845) und Göltzschtalbrücke (1845)

---

[5] Das Pfeilverhältnis ist die Beziehung von Pfeilerhöhe (Brückenbogenhöhe) zur Brückenspannweite

Vom Holzbalken zum Fachwerk

Neben den Entwicklungsschritten der Steinbrücken sei auch kurz die der Holzbrücken aufgezeigt. Eine der ältesten Holzbrücken ist wohl die Julius Cäsar Brücke (62 n.Chr.) über den Rhein. Sie war eine „Bockbrücke". Die einfachen Balken zwischen den Jochen verkeilten sich bei Belastung fester ineinander.

Im Mittelalter wurden sehr häufig Holzbrücken gebaut. Aus den Holzbalkenbrücken entwickelte sich die Sprengwerk- und später die Fachwerkbauweise.

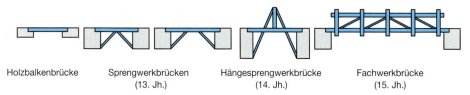

Holzbalkenbrücke   Sprengwerkbrücken   Hängesprengwerkbrücke   Fachwerkbrücke
                     (13. Jh.)   (14. Jh.)   (15. Jh.)

Von der Holzbalkenbrücke zur Fachwerkbrücke

3.2.2 Wissenschaftliche Lösungen im Brückenbau

Nach der Erfindung und der Nutzung der Eisenbahn mussten beim Brückenbau neben den statischen nun auch die dynamischen Belastungen mit berücksichtigt werden. Es wurde notwendig, die Konstruktionen im Voraus auf ihre Belastbarkeit und Dimensionierung zu berechnen. Die Kenntnisse über den Eisenbahnbrückenbau wurden später für die Autobrücken übernommen und weiterentwickelt.

Louis-Marie Narier (1785–1836) gilt als der **Begründer der Lehre von der Statik** als Wissenschaft. Sein richtungsweisendes Buch „Mechanik der Baukunst oder Anwendung der Mechanik auf das Gleichgewicht von Bau-Constructionen" fasste das Wissen dieser Zeit hinsichtlich Festigkeitslehre und Statik zusammen.

Stahlbrücken

Um die Mitte des 19. Jahrhunderts wurde versucht, die bis dahin nur aus Holz konstruierten Balkenbrücken auch aus „Eisen" zu konstruieren. Weil Gusseisen die Biegespannung aber nur schlecht aufnahm, musste ein neues, wenig sprödes „Eisen" erzeugt werden, das „Schweisseisen" und später der „Stahl". Die Fachwerktragtechnik erlebte eine neue Blütezeit.

Große Beachtung musste dem Wärmeausdehnungskoeffizient des Metalls gewidmet werden. Trenn- und Dehnungsfugen sowie die einseitige Verankerung der Fahrbahndecken wurden notwendig.

Friedrich-August Pauli (1802–1883) konstruierte den **Pauli-Träger**, auch Fischbauchträger genannt, einen linsenförmigen Fachwerksträger mit gekrümmten Gurtungen, wobei der Obergurt die Druckspannungen und der Untergurt die Zugspannungen aufnimmt.

Isarbrücke bei Großhesselohe (1857) mit einer Spannweite von jeweils 54 m

Heinrich Gerber (1832–1912) entwickelte einen Fachwerkträger mit freischwebenden Stützpunkten, den **Gerber-Träger** für extrem weitgespannte, feste Brücken.

Prinzip des Gerber-Trägers

Firth-of-Forth-Bridge bei Queensberry (1882–1890)

III Konstruktive Gestaltung

Alexandre Gustave Eiffel (1832–1923, Erbauer des Eiffelturms) machte sich besonders um die Fachwerkbogen-Konstruktionen verdient.

Viadukt de Garabbit (Südfrankreich) mit einer Spannweite von 165 m

Josef Langer entwickelte 1870 den **versteiften Stabbogen** (Langer-Balken). Dieser durchgehende Träger wird durch einen darüberliegenden Hängegurt derart versteift, dass der Horizontalschub aufgehoben wird. Neben größeren Reichweiten zeichnet sich diese Technik auch durch besondere Wirtschaftlichkeit aus. Die Straßenbrücke über den Rhein bei Duisburg-Rheinhausen ist mit einer Spannweite von 255 m eine der größten Langer-Balkenbrücken.

Brücke bei Duisburg-Rheinhausen (1950)   **Brücke über die Save (Belgrad)**

Mit weit gespannten Vollwandbrücken begann ein neuer Abschnitt der Stahlbrückenkonstruktionen. Mit der Spannweite von 261 m ist die 1956 in Belgrad fertiggestellte Brücke über die Save (Jugoslawien) eine der am weitesten gespannten Vollwandbrücken der Welt. Ihr Stahlgewicht liegt um ca. 3000 Tonnen unter dem vergleichbarer Hängebrücken.

Hängebrücken

Das Stahlkabel ersetzt das Hanfseil
Erst mit der Bearbeitung des Werkstoffs Stahl konnten Naturfasern und Lianen durch Stahlkabel (später Stahlseile) in den Hängegurtkonstruktionen ersetzt werden. Vor allem in China überspannten Hängebrücken mit Stahlseilen die tiefen Gebirgsschluchten. Diese unversteiften Hängebrückenkonstruktionen waren windanfällig, schwankten stark und konnten nicht von mehreren Personen gleichzeitig überquert werden. Auch erwies sich der Seildurchhang als sehr nachteilig, da er die Spannweiten erheblich begrenzte.

Johann Roebling revolutionierte den Brückenbau. Er stellte aus geflochtenen Drähten Drahtseile her, das Parallelkabel. Durch die von Roebling eingeführten Methoden der Ansteifung und Montage von Hängebrücken wurden bei diesen Brückenkonstruktionen gigantische Spannweiten bis ca. 1299 m erreicht.

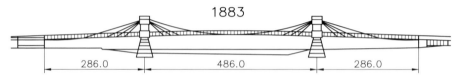

Brooklyn-Bridge (1883)

Technik der Hängebrücken

Bei den großen Hängebrücken muss neben den üblichen statischen und dynamischen Belastungen auch die dynamische Windlast mit in die Berechnungen einbezogen werden. Bei stabilen Brückenkonstruktionen wirken die resultierenden aerodynamischen Kräfte in Gegenphase zur Vertikal- oder Torsionsschwingung der Brücke: Bewegt sich die Fahrbahn nach oben, wirken die resultierenden aerodynamischen Kräfte nach unten und umgekehrt. Die Brücke verwendet die Windkräfte, um Stabilität zu erzeugen, d. h. je stärker der Wind, desto stabiler die Brücke (solange die statische Windlast ertragen wird). Mit dieser Erkenntnis werden die mächtigen und zerstörenden Windkräfte durch geschickte Formgebung der Versteifungsträger entkräftet und der Materialaufwand reduziert.

Erstmals wurden 1960 bei der Severinsbrücke (Köln) die Tragseile mit Hilfe eines Pylons[1] über der Fahrbahnmitte zusammengeführt. Diese Zügelgurtbrücke bzw. Schrägseilbrücke überspannt Weiten von 302 m und 151 m.

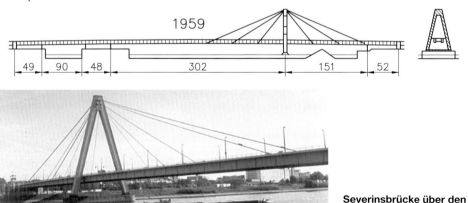

Severinsbrücke über den Rhein bei Köln (1960)

---

[1] Pylon ist ein torähnlicher, tragender Pfeiler einer Hängebrücke

Stahlbetonbrücken

Beton erobert den Brückenbau

Der Einsatz von Beton im Brückenbau bietet nicht nur größere und vielseitigere Gestaltungsmöglichkeiten, er verbilligt und verkürzt auch die Herstellung der Brücken und verlängert ihre Lebensdauer. Beton besitzt eine hohe Druckfestigkeit und eine vergleichsweise geringe Zugfestigkeit. Er findet deshalb überall dort Verwendung, wo er vorwiegend Druckbeanspruchungen ausgesetzt ist.

Mit dem Zusatz von Stahleinlagen, welche die Zugkräfte im Beton aufnehmen, verbessert der „Eisenbeton" (frühere Bezeichnung von Stahlbeton) erheblich seine Einsatzmöglichkeiten. 1867 erhielt **Joseph Monier** sein Zusatzpatent für „Brücken aus Eisenbeton" und **François Hennebique** ließ sich 1892 sein Bewehrungsprinzip patentieren.

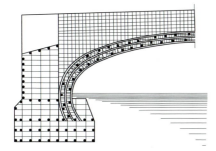

Bewehrungszeichnung von Monier

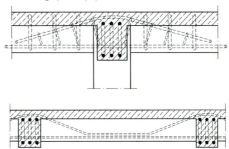

Bewehrungsprinzip von Hennebique

Kennzeichnend für den Stahlbeton ist die untrennbare, dem Material angepasste Einheit von Konstruktion, Baustoff und Ausführung. Die Konstruktion ist zwar die Grundlage für die Tragfähigkeit der Brücke, aber die Voraussetzungen für die Sicherheit müssen durch die Materialbereitung und ihre Verarbeitung geschaffen werden. Da noch so exakte Berechnungen bei inhomogenen Baustoffen nur Näherungen sein könnten, wurde 1915 mit der intensiven Materialforschung begonnen.

Spannbetonbrücken

Ein weiterer Entwicklungsschritt in der Brückenbauweise war die Idee (**Eugène Freyssinet** 1879–1962), Stahlseile oder Rundstangen als Bewehrung einzusetzen und diese vor oder nach dem Erhärten des Beton zu spannen.

Die wirtschaftlichen Vorteile der Spannbetonbrücke gegenüber der Stahlbetonbrücke verdeutlicht ein Beispiel: Die 1932/33 erbaute Moselbrücke bei Koblenz wurde während des 2. Weltkrieges 1945 zerstört und 1953 durch eine Spannbetonbrücke an gleicher Stelle ersetzt.

Stahlbetonbrücke über die Mosel (1932/33)

Spannbetonbrücke über die Mosel (1952/53)

Werkstoffauswahl und konstruktive Gestaltung

Vergleich der Moselbrücken von 1932 und 1952

Moselbrücke bei Koblenz	Stahlbetonbrücke	Spannbetonbrücke
Baujahr	1932/33	1952/53
Beton	19.500 m³	11.500 m³
Betonstahl	1.400 t	319 t
Spannstahl	–	644 t
Holz	4.600 m³	204 m³
Spannweiten	100 m, 105 m, 119 m	101 m, 113 m, 122 m

Das Beispiel zeigt, dass die Spannbetonbrücke bei gleichen Abmessungen erheblich weniger Material als die Stahlbetonbrücke benötigte.

Polymerbrücken

Im Brückenbau dominieren heutzutage die Werkstoffe Beton und Stahl. Brücken können aber auch aus Aluminium, Holz oder sogar aus glasfaserverstärkten Kunststoffen (GFK) gebaut werden.

Im schottischen Aberfeldy überspannt seit Mitte 1993 eine Verbundwerkstoffbrücke mit ca. 65 m den Fluss Tay. Es ist die erste Brücke, die komplett aus Verbundwerkstoffen gefertigt ist. Sie ist 2 m breit und nur 15 Tonnen schwer und besteht zum größten Teil aus glasfaserverstärkten Kunststoffen. Die Zugseile sind aus einer hochfesten Aramidfaser gefertigt.

Verbundwerkstoffbrücke bei Aberfeldy (Schottland)

Aufgaben:

1. Erklären Sie den Begriff Kragsteinbrücke.
2. Welche Bauausführung wird als „falsches Gewölbe" bezeichnet?
3. Welche Vorteile haben Segmentbogenkonstruktionen gegenüber Tonnengewölben?
4. Warum ist die Entwicklung im Brückenbau sehr stark mit der Erfindung der Eisenbahn verbunden?
5. Erklären Sie den Tatbestand, dass Stahlbetonbrücken eine Weiterentwicklung der Stahlbrücken darstellen.
6. Welche Gründe könnten für den Siegeszug der Spannbetonbrücken auf der gesamten Erde genannt werden?

3.3 Optimieren technischer Systeme

Entwickler, Techniker und Ingenieure sind bemüht, bestehende Produkte und technische Systeme ständig zu verbessern und nach technischen, wirtschaftlichen und ökologischen Gesichtspunkten zu optimieren. In der Praxis wird das „beste" System angestrebt.

Optimierungskriterien:
- Werkstoffauswahl,
- Kosten/Wirtschaftlichkeit,
- Zuverlässigkeit/Sicherheit,
- Umwelt.

Unterschiedliche Beurteilungskriterien können allerdings je nach Zielvorgabe völlig verschiedene Auswirkungen haben. Eine Optimierung nach wirtschaftlichen Gesichtspunkten ist nicht zwingend optimal für die Umwelt oder die Gesundheit des Menschen.

3.3.1 Optimierung bezüglich Werkstoffauswahl

Für die Auslegung von Bauteilen kann der Ingenieur heute auf ein breites Spektrum von Werkstoffen zurückgreifen. Doch wie geht er bei der Werkstoffauswahl vor? Welche Werkstoffe kann er sinnvoll kombinieren?
Fehler bei der Werkstoffauswahl können große Schäden und Unglücke verursachen. Spektakuläres Beispiel waren Handelsschiffe in den 40er-Jahren, bei denen der Rumpf bei Beanspruchung auf See in zwei Hälften auseinanderbrach. Das Material hatte an den Schweißnähten zu geringe Bruchzähigkeit. Diese Kenngröße des Werkstoffs ist eine mechanische Eigenschaft des Werkstoffvolumens.

wirtschaftliche Eigenschaften	• **Preis und Verfügbarkeit**
mechanische Volumeneigenschaften	• Dichte • Elastizitätsmodul und Dämpfungsverhalten • Fließgrenze, Zugfestigkeit und Härte • mechanische und thermische Wechselfestigkeit • Kriechfestigkeit
nicht-mechanische Volumeneigenschaften	• thermisches Verhalten • optische Eigenschaften • magnetische Eigenschaften • elektrische Eigenschaften
Oberflächeneigenschaften	• Oxidation und Korrosion • Reibung, Abrieb und Verschleiß
Herstellungseigenschaften	• Gewinnung und Aufbereitung • Verarbeitbarkeit, Eignung für Füge- und Endbearbeitungsverfahren
ästhetische Eigenschaften	• Aussehen und Struktur

Gruppen von Werkstoffeigenschaften

Zunächst soll an einem einfachen Beispiel gezeigt werden, wie der Ingenieur bei der Werkstoffauswahl vorgeht.

Beispiel: Werkstoffauswahl für einen Schraubendreher

Ein typischer Schraubendreher besteht aus Griff, Schaft und Klinge. Schaft und Klinge bestehen üblicherweise aus einem Metall, z. B. aus Stahl mit hohem Kohlenstoffanteil. Stahl ist wegen seines E-Moduls gut geeignet. Der Griff besteht häufig aus einem Kunststoff oder aus Holz.

Komponente	Materialkonstante	Materialeigenschaften
Schaft	E-Modul	Stahl hat einen hohen Widerstand gegen elastische Verformung und Verbiegung. Bei Kunststoff würde sich der Schaft zu stark verwinden.
	Streckgrenze	Das Material braucht eine hohe Streckgrenze. Wenn nicht, verbiegt es sich bei starker Beanspruchung (schlechte Schraubendreher tun das).
Klinge	Härte	Die Klinge muss eine höhere Härte als das Schaftmaterial aufweisen.
Schaft und Klinge	Bruchzähigkeit	Das Material soll formbeständig sein, es darf aber nicht zu leicht brechen (z. B. Glas besitzt hohen E-Modul, Streckgrenze und Härte, wäre aber zu spröde). Stahl hat eine hohe Bruchzähigkeit, da es sich vor dem Bruch plastisch verformt.
Griff	E-Modul	Verwindung (E-Modul) spielt beim Griff eine untergeordnete Rolle, da er wesentlich dicker ist als der Schaft. Kunststoff und Holz sind als Griff gut geeignet. Gummi ist ungeeignet, da der E-Modul entschieden zu niedrig ist.
	Formgebung und weitere Parameter	Kunststoff ist für einfache Formgebung gut geeignet, sieht gut aus (Farben möglich) und fühlt sich gut an, ist leicht (geringe Dichte) und billig. Holz ist problematischer bei der Formgebung als Kunststoff.

III Konstruktive Gestaltung

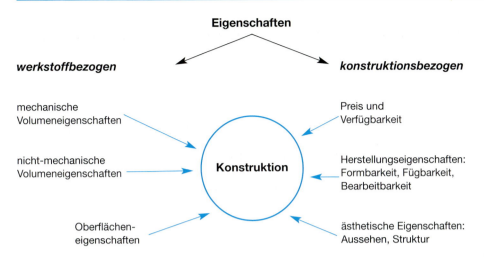

Werkstoffeigenschaften und Faktoren, welche auf die Produktgestaltung einwirken

Häufig wird an die Komponenten technischer Konstruktionen nicht nur die Anforderung an geringe Formänderung (z. B. Durchbiegung) unter Krafteinwirkung gestellt, sondern zusätzlich auch ein geringes Eigengewicht. Dies ist der Fall bei Komponenten in Flugzeugen, Raketen und Fahrzeugen, aber auch bei Komponenten, die in irgendeiner Form bewegt werden müssen, wie etwa bei einem Rucksack.

Im nachfolgenden Beispiel soll das Material für einen Balken mit quadratischem Querschnitt so ausgewählt werden, dass bei gegebener Steifigkeit das Eigengewicht minimal wird. Das Ergebnis kann problemlos auf beliebige Balken mit quadratischem Querschnitt und in leicht abgewandelter Form auch auf Balken anderer Querschnitte übertragen werden.

Beispiel: Materialauswahl zur Minimierung des Gewichtes eines Balkens mit vorgegebener Steifigkeit.

Ein quadratischer Vierkantbalken der Länge l (konstruktionsbedingt festgelegt) und der Dicke d (variabel) ist einseitig fest eingespannt und wird am freien Ende durch die Kraft F auf Biegung belastet.

Aufgabe: Mit welchem Werkstoff hat der Balken bei konstruktionsbedingter Steifigkeit (Durchbiegung f) das geringste Gewicht?

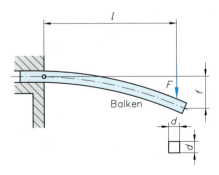

Die elastische Durchbiegung f eines einseitig eingespannten Balkens beträgt bei quadratischem Querschnitt (siehe Tabellenbuch):

(1) $\quad f = 4 \cdot l^3 \cdot \dfrac{F}{E \cdot d^4}$

f Durchbiegung in mm
l Länge in mm
F äußere Kraft in N
E Elastizitätsmodul in N/mm²
d Kantenlänge in mm

Da in diesem Term das Eigengewicht des Balkens noch nicht berücksichtigt ist, muss noch die Masse m des Balkens berechnet werden:

$$\varrho = \frac{m}{V}$$

m Masse in kg
ϱ (rho) Dichte in kg/m³
V Volumen in m³
l Länge in mm
d Kantenlänge in mm

Aus $\quad \varrho = \dfrac{m}{d^2 \cdot l}$

folgt: $\quad m = l \cdot d^2 \cdot \varrho$

Dieser Term wird nun nach der Dicke d umgestellt

(2) $\quad d = \sqrt{\dfrac{m}{l \cdot \varrho}}$

und in die Gleichung (1) für die Durchbiegung f eingesetzt:

(2) in (1) $\quad f = 4 \cdot l^3 \dfrac{F}{E \dfrac{m^2}{l^2 \cdot \varrho^2}}$

$$f = 4 \cdot l^5 \dfrac{F \cdot \varrho^2}{E \cdot m^2}$$

Für die zu optimierende Größe (die Masse m des Balkens) ergibt sich also:

$$m = \sqrt{\dfrac{F}{f} \cdot 4 \cdot l^5 \cdot \dfrac{\varrho^2}{E}}$$

oder $\quad m = \sqrt{\dfrac{F}{f} \cdot 4 \cdot l^5} \cdot \sqrt{\dfrac{\varrho^2}{E}}$

Ergebnis:
In dem Term $\sqrt{\dfrac{F}{f} \cdot 4 \cdot l^5}$ treten nur noch Konstante und konstruktiv festgelegte Größen auf.

Also ist $\quad m = k \cdot \sqrt{\dfrac{\varrho^2}{E}}$

Die Masse m hängt somit nur noch von den beiden Materialparametern Dichte ϱ und Elastizitätsmodul E ab. Der Balken hat dann das geringste Gewicht, wenn der Term $\sqrt{\dfrac{\varrho^2}{E}}$ minimal wird. Der Konstrukteur hat nun die Aufgabe, aus den zur Auswahl stehenden Werkstoffen (siehe Tabelle) den Werkstoff auszuwählen, bei dem sich ein minimales Gewicht errechnet.

Werkstoffdaten für Balken mit vorgegebener Steifigkeit

Werkstoff	Dichte ϱ in $10^3 \cdot$ kg/m³	Elastizitätsmodul E in $10^3 \cdot$ N/mm²	$\sqrt{\dfrac{\varrho^2}{E}} \cdot 10^{-3}$ in $\dfrac{\text{kg}}{\text{m}^2} \cdot \dfrac{1}{\sqrt{\text{N}}}$
Beton	2,5	47	12
Holz	0,6	12	5,5
Stahl	7,8	200	17
Aluminium	2,7	69	10
GFK[1]	2,0	40	10
KFK[2]	1,5	270	2,9
Aufgeschäumtes Polyurethan	0,1	0,06	13

Schlussfolgerung:

Bei Holz und KFK[2] nimmt der Term $\sqrt{\dfrac{\varrho^2}{E}}$ die kleinsten Werte an. Bei beiden Werkstoffen hat der Balken das geringste Gewicht. Der optimale Werkstoff ist allerdings das Holz. Dies ist u. a. der Grund, warum im Hausbau, für Sportgeräte (z. B. als Griff oder Schaft), aber auch im Flug- und Bootsbau auf den Werkstoff Holz zurückgegriffen wird.

Das einzige Material, das Holz überlegen ist, ist KFK. Es würde die Masse des Balkens ganz erheblich verringern. Es wird dann KFK eingesetzt, wenn Gewichtsersparnis oberstes Gebot ist, z. B. in der Raumfahrt. Allerdings unterscheiden sich Holz und KFK ganz erheblich im Preis!

Welcher Werkstoff bei Konstruktionen eingesetzt wird, hängt sehr häufig von einem komplizierten Zusammenspiel zwischen technischen und wirtschaftlichen Faktoren ab.

3.3.2 Optimierung bezüglich Wirtschaftlichkeit

Häufig bestimmen beim Konstruieren die Materialkosten und nicht so sehr das Gewicht eines Bauteils die Materialauswahl. Bei dem im vorherigen Kapitel optimierten Balken aus Vollmaterial ergaben sich für die Werkstoffe Holz und KFK minimales Gewicht bei vorgegebener Belastbarkeit. Nicht berücksichtigt wurden dabei die Materialkosten. Soll der Balken auch diesem Optimierungskriterium unterliegen, so ergeben sich vollkommen neue Fragen: Ist Holz weiterhin der optimale Werkstoff? Vor allem: wie viel teurer käme die Verwendung von KFK?

---

[1] GFK: glasfaserverstärkte Kunststoffe
[2] KFK: kohlefaserverstärkte Kunststoffe

Werkstoff- und Preisdaten für einen Balken ...

Werkstoff	$\sqrt{\frac{\varrho^2}{E}} \cdot 10^{-3}$ in $\frac{kg}{m^2} \cdot \frac{1}{\sqrt{N}}$	Preis pro Tonne[3]	Preis/Tonne $\cdot \sqrt{\frac{\varrho^2}{E}} \cdot 10^{-3}$
Beton	12	$ 300	$ 3.600
Holz	5,5	$ 400	$ 2.200
Stahl	17	$ 450	$ 7.650
Aluminium	10	$ 2.330	$ 23.300
GFK	10	$ 3.300	$ 33.000
KFK	2,9	$ 198.000	§ 2.554.200
Aufgeschäumtes Polyurethan	13	$ 1.100	$ 14.300

Schlussfolgerung:

Beton und Holz sind in diesem Fall die billigsten Werkstoffe, Stahl ist teurer. Stahl kann aber zu Profilen verarbeitet werden, welche dann ein wesentlich günstigeres Verhältnis von Steifigkeit zu Gewicht aufweisen als das im Beispiel zugrunde liegende Vierkantvollmaterial. Dadurch würde der relativ teure Stahl preislich konkurrenzfähig. KFK dagegen wäre etwa um den Faktor 300 teurer als Stahl.

Parameteroptimierung

Da die Gestalt des ganzen Universums höchst vollkommen ist, entworfen vom weisesten Schöpfer, so geschieht in der Welt nichts, ohne dass sich irgendwo eine Maximums- oder Minimumsregelung zeigt.

Leonhard Euler (1707–1783)

Optimieren ist eine im Alltag weit verbreitete, nützliche Tätigkeit: In Wirtschaft, Technik, Handel und Gesellschaft wird fortgesetzt optimiert – mehr oder weniger bewusst, mehr oder minder gut, und mit unterschiedlichen Strategien.

Sollen technische Systeme optimiert werden, so ist es wichtig, einzelne Parameter des Systems zu kennen, da diese dann herangezogen und hinsichtlich einer Zielgröße optimiert werden können. Die Mathematik bietet dazu verschiedene Werkzeuge und Verfahren zum Auffinden eines Maximums oder Minimums. Dieses Verfahren der Optimierung wird Parameteroptimierung genannt.

---

[3] Die Tagespreise unterliegen je nach Angebot und Nachfrage starken Schwankungen.

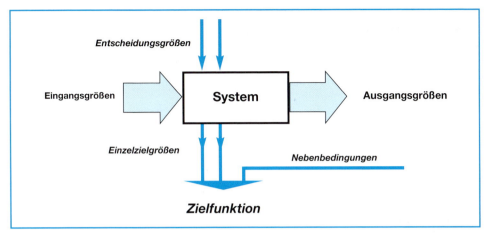

Parameteroptimierung technischer Systeme

Auf das zu optimierende System wirken neben den Eingangsgrößen auch die sog. **Entscheidungsgrößen**. Über deren Parameter wird, wie der Name schon andeutet, eine Entscheidung herbeigeführt.

Aus dem Systemblock heraus führen nach unten die **Zielgrößen**. Sie können durch die Wahl der Parameter beeinflusst werden. Die **Einzelzielgrößen** können unterschiedliche Gewichtung haben. Die Summe der Einzelzielgrößen ergibt die **Zielfunktion**, die im Rahmen der Optimierung einen möglichst optimalen Wert (Maximum oder Minimum) erreichen soll. Vielfach können bei der Parameterfestlegung nicht alle Werte in eine Berechnung miteinbezogen werden. Derartige **Nebenbedingungen** definieren z. B. Grenzen, die nicht unter- oder überschritten werden dürfen.

Beispiel: Kostenoptimaler Rohrdurchmesser

Eine Rohrleitung zum Transport von Öl soll so dimensioniert werden, dass die Gesamtkosten in Abhängigkeit vom Rohrdurchmesser minimal werden.

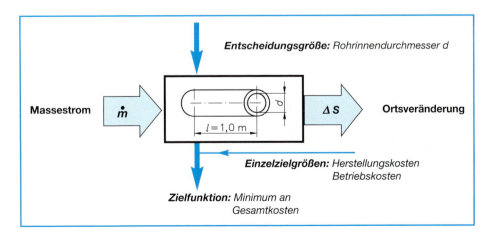

Optimieren technischer Systeme

Die **Gesamtkosten K_{ges}** setzen sich aus den **Herstellungskosten K_1** und den **Betriebskosten K_2** zusammen.

Gesamtkosten = Herstellungskosten + Betriebskosten $\quad K_{ges} = K_1 + K_2$

Die Herstellungskosten sind etwa proportional zum Rohrdurchmesser d. Sie lassen sich als lineare Funktion beschreiben:

Herstellungskosten: $K_1 = c_1 \cdot d$

K_1 Herstellungskosten in EUR
c_1 Konstante für feste Kosten in $\dfrac{\text{EUR}}{m^2 \text{ Jahr}}$
d Rohrdurchmesser in m

Die Betriebskosten hängen vom Rohrinnendurchmesser ab: Je kleiner der Durchmesser wird, desto größer wird aufgrund von Reibung der Druckabfall im Querschnitt und desto größer werden dadurch die Kosten für den laufenden Betrieb einer Pumpe. Für die Betriebskosten gilt folgende Funktionsgleichung:

Betriebskosten: $K_2 = \dfrac{c_2}{d^5}$

K_2 Betriebskosten in EUR
c_1 Konstante für Betriebskosten in $\dfrac{\text{EUR} \cdot m^4}{\text{Jahr}}$
d Rohrdurchmesser in m

In einem Diagramm dargestellt, ergeben die Herstellungskosten eine Ursprungsgerade. Die Betriebskosten verlaufen in Form einer Hyperbel. Werden die Werte beider Graphen addiert, so ergibt sich resultierend die Kurve für die Gesamtkosten K_{ges}, die in ihrem Verlauf einen Tiefstpunkt (Minimum) enthält.

Ergebnis:
Bei einem Rohrdurchmesser von etwa 0,42 m hat die Kurve für die Gesamtkosten ein Minimum. Das bedeutet, dass an diesem Punkt die Zielfunktion *kostengünstigster Durchmesser* des Rohres erfüllt ist.

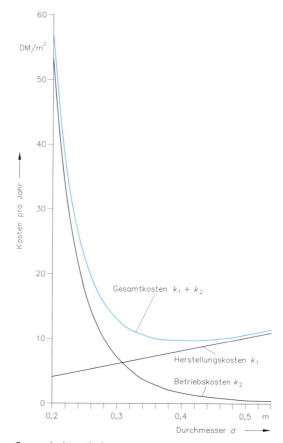

Querschnittoptimierung

240

Rechnerische Parameteroptimierung

Warum sind Fahrräder nicht mehr wie früher aus Holz gebaut? Der Grund ist einfach: Metalle (auch Kunststoffe) können zu Rohren verarbeitet werden. Die Formel für die Durchbiegung von Rohren ist eine andere als die von Vollmaterial.

Würde bei der vorherigen Fallstudie zur Optimierung des Balkens auch die Querschnittsform miteinbezogen, würde die Optimierung das Rohr als günstigste Konstruktionsform ergeben.

Um Konstruktionen nach rein wirtschaftlichen Gesichtspunkten bewerten zu können, sind deren Bemessungen wichtig. Die wirtschaftlichste Lösung ist in der Regel diejenige Lösung, bei welcher der Querschnitt am kleinsten wird, weil dann weniger (Bau-)Material benötigt wird.

Im nachfolgenden Beispiel soll durch Rechnung unter Verwendung einer Tabellenkalkulation die wirtschaftlich günstigste Konstruktionsform für einen Turmschaft mit rundem Querschnitt gesucht werden.

Beispiel: Wirtschaftlich optimaler Querschnitt eines Turms unter Windlast

Der Querschnitt eines Aussichtsturms besteht nicht nur aus wirtschaftlichen Überlegungen aus einem rohrförmigen Schaft, sondern auch aus praktischen Erwägungen, um innen für ein Treppenhaus oder einen Fahrstuhlschacht Platz zu haben.

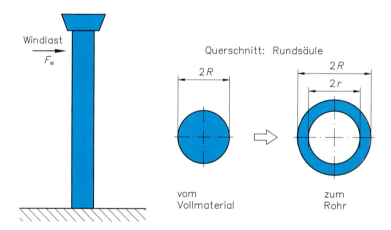

In einer Simulation mit der Tabellenkalkulation wird der wirtschaftlich optimale Querschnitt für den Turm gesucht. Dazu wird von einem Vollmaterial ausgegangen und der Innenradius vom Wert Null beginnend schrittweise vergrößert, bis bei vorgegebener Grenzspannung ein Optimum gefunden wird.

Entscheidungsgrößen	Innenradius r und Außenradius R
Einzelzielgrößen	Zulässige Grenzspannungen
Zielfunktion	Wirtschaftlichster Querschnitt der Turmsäule

Auf den Turmschaft wirkt neben seinem Eigengewicht zusätzlich der Wind als horizontal angreifende Windkraft F_w. Die Windkraft (Annahme: die Windgeschwindigkeit bleibt konstant) kann vereinfacht berechnet werden mit

$$F_w = \frac{1}{2} c_w \cdot \varrho \cdot A \cdot v^2$$

c_w Luftwiderstand (hier: 0,4)
ϱ (rho) Luftdichte in kg/m³
v Windgeschwindigkeit in m/s
A Fläche der Säule im Wind in m²

mit $A = 2 \cdot R \cdot h$

R Außenradius in m
h Höhe der Säule in m

Durch die Windlast als Horizontalkraft entsteht ein Drehmoment M auf die Säule. Dieses Drehmoment ist maximal am höchsten Punkt h:

$$M_{max} = F_w \cdot h$$

Das Drehmoment wirkt auf die Säule im Fußpunkt als Biegemoment M_b. Das Biegemoment M_b ist das Produkt aus zulässiger Biegespannung $\varrho_{b\,zul}$ und dem Widerstandsmoment W der Säule:

$$M_b = \sigma_{b\,zul} \cdot W$$

Das Widerstandsmoment eines Rohres (Tabellenbuch) lautet:

$$W = \frac{\pi}{32} \cdot \frac{(2R)^4 - (2r)^4}{2R}$$

R Außenradius in m
r Innenradius in m

Daraus folgt für die zulässige Biegespannung:

$$\sigma_{b\,zul} = \frac{M_b}{W} = \frac{F_w \cdot h}{W}$$

Wird in diese Gleichung der Term für das Widerstandsmoment eingesetzt, so kann die Gleichung nach r aufgelöst werden:

$$r^4 = R^4 - R \cdot \frac{F_w \cdot h \cdot 4}{\sigma_{zul} \cdot \pi} \Rightarrow r = f(R)$$

Im folgenden Bild ist die Spannungsverteilung im Querschnitt dargestellt. Zur Vereinfachung wurden die Vertikalkräfte infolge des Eigengewichts vernachlässigt.

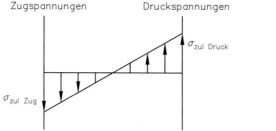
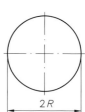

Spannungsverteilung

Über den Querschnitt stellt sich eine lineare Spannungsverteilung ein. Diese Spannungsverteilung führt zu einer Maximalspannung σ_{max} am Rand, die sowohl vom inneren Radius r als auch vom äußeren Radius R des Querschnittes abhängt:

$$\sigma_{max} = \pm \frac{4 \cdot F_w \cdot h}{\pi \cdot R^3 \cdot \left(1 - \frac{r^4}{R^4}\right)}$$

Der kleinstmögliche Querschnitt wird dann erreicht, wenn die maximale Zugspannung $\sigma_{max\,Zug}$ gleich der maximal zulässigen Zugspannung $\sigma_{zul\,Zug}$ ist. Dasselbe gilt auch für die Druckspannung.

Bemessung der Einzelzielgrößen: $\sigma_{max\,Zug} = \sigma_{zul\,Zug}$
$\sigma_{max\,Druck} = \sigma_{zul\,Druck}$

In der Formel wird nun σ_{max} durch σ_{zul} ersetzt (σ_{zul} ist eine Materialkonstante).

Die folgende Beziehung für die Radien:

$$R^3 \cdot \left(1 - \frac{r^4}{R^4}\right) = \frac{4 \cdot F_w \cdot h}{\pi \cdot |\sigma_{zul}|}$$

stellt keine eindeutige Beziehung für R und r dar, sondern liefert eine unendliche Vielzahl von Wertepaaren für R und r, die diese Bedingung erfüllen.

Das bedeutet mathematisch interpretiert, der Innenradius r kann in Abhängigkeit von R grafisch dargestellt werden.

Suche des optimalen Querschnittes mit der Tabellenkalkulation

Zuerst müssen mit der Tabellenkalkulation die erforderlichen Werte berechnet werden. Die Tabelle wird so aufgebaut, dass in Spalte A Eingabefelder für die einzelnen Parameter und Konstante stehen:

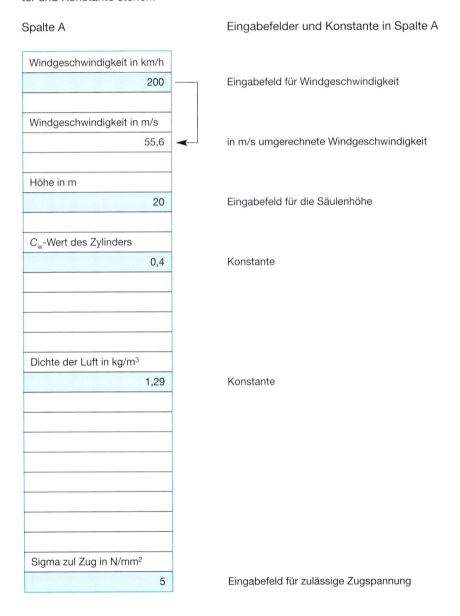

III Konstruktive Gestaltung

Nachfolgende Tabelle stellt die berechneten Werte[2] dar:

Windgeschwindigkeit in km/h	R in m	r in m	Windkraft in N	Zug/Druckspannung durch Wind in N/mm²	Zug/Druckspannung durch Wind in N/mm²	Wandstärke in m	Baumaterial in m³
200	0,010	0,000	318,52	8111,01	unmöglich	0	0
	0,020	0,000	637,04	2027,75	unmöglich	0	0
Windgeschwindigkeit in m/s							
55,6	0,030	0,000	955,56	901,22	unmöglich	0	0
	0,040	0,000	1274,07	506,94	unmöglich	0	0
	0,050	0,000	1592,59	324,44	unmöglich	0	0
Höhe in m	0,060	0,000	1911,11	225,31	unmöglich	0	0
20	0,070	0,000	2229,63	165,53	unmöglich	0	0
	0,080	0,000	2548,15	126,73	unmöglich	0	0
Cw-Wert des Zylinders	0,090	0,000	2866,67	100,16	unmöglich	0	0
0,4	0,100	0,000	3185,19	81,11	unmöglich	0	0
	0,110	0,000	3503,70	67,03	unmöglich	0	0
	0,120	0,000	3822,22	56,33	unmöglich	0	0
	0,130	0,000	4140,74	47,99	unmöglich	0	0
	0,140	0,000	4459,26	41,38	unmöglich	0	0
Dichte der Luft in kg/m³	0,150	0,000	4777,78	36,05	unmöglich	0	0
1,29	0,160	0,000	4096,30	31,68	unmöglich	0	0
	0,170	0,000	5414,81	28,07	unmöglich	0	0
	0,180	0,000	5733,33	25,03	unmöglich	0	0
	0,190	0,000	4051,85	22,47	unmöglich	0	0
	0,200	0,000	6370,37	20,28	unmöglich	0	0
	0,210	0,000	6688,89	18,39	unmöglich	0	0
	0,220	0,000	7007,41	16,76	unmöglich	0	0
	0,230	0,000	7325,93	15,33	unmöglich	0	0
	0,240	0,000	7644,44	14,08	unmöglich	0	0
Sigma zul Zug in N/mm²	0,250	0,000	7962,96	12,98	unmöglich	0	0
5	0,260	0,000	8281,48	12,00	unmöglich	0	0
	0,270	0,000	8600,00	11,13	unmöglich	0	0
	0,280	0,000	8918,52	10,35	unmöglich	0	0
	0,290	0,000	9237,04	9,64	unmöglich	0	0
	0,300	0,000	9555,56	9,01	unmöglich	0	0
	0,310	0,000	9874,07	8,44	unmöglich	0	0
	0,320	0,000	10192,59	7,92	unmöglich	0	0
	0,330	0,000	10511,11	7,45	unmöglich	0	0
	0,340	0,000	10829,63	7,02	unmöglich	0	0
	0,350	0,000	11148,15	6,62	unmöglich	0	0
	0,360	0,000	11466,67	6,26	unmöglich	0	0
	0,370	0,000	11785,19	5,92	unmöglich	0	0
	0,380	0,000	12103,70	5,62	unmöglich	0	0
	0,390	0,000	12422,22	5,33	unmöglich	0	0
	0,400	0,000	12740,74	5,07	unmöglich	0	0
	0,410	0,177	13059,26	5,00	5,00	0,2327	8,59
	0,420	0,224	13377,78	5,00	5,00	0,1964	7,94
	0,430	0,254	13696,30	5,00	5,00	0,1755	7,55
	0,440	0,279	14014,81	5,00	5,00	0,1608	7,27
	0,450	0,301	14333,33	5,00	5,00	0,1495	7,05
	0,460	0,320	14651,85	5,00	5,00	0,1403	6,87
	0,470	0,337	14970,37	5,00	5,00	0,1326	6,73
	0,480	0,354	15288,89	5,00	5,00	0,1260	6,60
	0,490	0,370	15607,41	5,00	5,00	0,1202	6,49
	0,500	0,385	15925,93	5,00	5,00	0,1151	6,40
	0,510	0,399	16244,44	5,00	5,00	0,1106	6,32
	0,520	0,414	16562,96	5,00	5,00	0,1064	6,24
	0,530	0,427	16881,48	5,00	5,00	0,1027	6,18

Aus den vorliegenden Berechnungen wird nun der Innenradius *r* in Abhängigkeit von R grafisch dargestellt.

---

[2] Hinweis zur Darstellung: Die Tabelle wurde gegen unsinnige Werte abgesichert (z. B. gegen Wurzel aus einer negativen Zahl). In dem entsprechenden Feld wird dann „unmöglich" ausgegeben.

Optimieren technischer Systeme

In dem nachfolgenden Diagramm ist nur ein Stück vom Rohrschaft (1/4-Rohrschaft) ausgezeichnet:

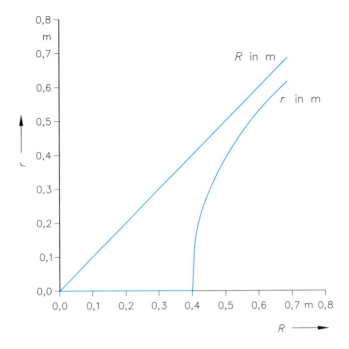

Dort wo die Kurve die x-Achse schneidet ($R = 0{,}400$ m), ist der Innenradius $r = 0$. Der Turm wäre folglich massiv bei einem Durchmesser von 0,800 m.

Bei sehr großen Außenradien nähert sich die Kurve asymptotisch der Winkelhalbierenden, d. h. die Dicke des Zylinders wird immer dünner – es wird immer weniger Material benötigt.

Zur besseren Interpretation wurde im Diagramm auch die Winkelhalbierende eingetragen. Sie hat die Funktion $r = R$. Der horizontale Abstand zwischen Winkelhalbierender und Kurve entspricht der Dicke des Säulenschaftes.

Allerdings werden aus ästhetischen und konstruktiven Gründen erheblich stärkere Wanddicken realisiert, als durch die Spannung erforderlich wäre. Hohlzylinder sind wegen der Knickgefahr als Mast ungeeignet und die Verschalung würde zu teuer. In der Praxis werden deshalb Holzstümpfe mit nach unten wachsender Wandstärke gebaut.

Aus den bisherigen Berechnungen kann ohne großen Aufwand die Kreisringfläche ermittelt werden. Sie ist ein Maß für den Materialaufwand, der für den Schaft erforderlich ist. Somit kann die Kreisringfläche und damit auch das Volumen (Baumaterial) des Hohlzylinders in Abhängigkeit von R berechnet und grafisch dargestellt werden.

Baumaterialverbrauch als Funktion vom Außenradius:

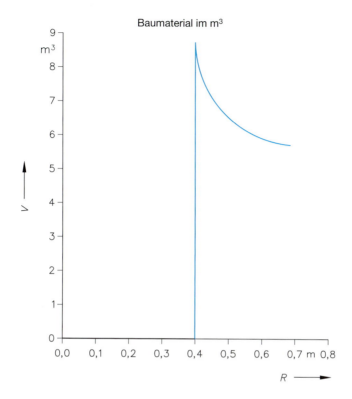

3.3.3 Optimierung bezüglich Konstruktion

An den Konstrukteur werden die vielfältigsten Anforderungen gestellt: Seine Konstruktion soll nicht nur technisch funktionell und kostengünstig sein, sondern auch ästhetisch anspruchsvoll, ergonomisch auf den Benutzer abgestimmt und zudem umweltbewusst konzipiert.

Das Hauptaugenmerk wird bei statischen Konstruktionen allerdings auf der Sicherheit liegen: Das System (Bauwerk, Brücke, Turm usw.) muss allen vorhersehbaren und unvorhersehbaren Belastungen Stand halten.

Im folgenden Beispiel sollen verschiedene Tragwerke hinsichtlich ihrer Tragfähigkeit untersucht werden.

Projektarbeit: Versuche mit selbstgebastelten Brücken

Sachstrukturanalyse

Tragwerke dienen dazu, Kräfte weiterzuleiten und ihr Gleichgewicht zu vermitteln. Tragwerke in diesem Sinne sind:

- **Stäbe:** Stäbe sind Tragwerke, deren Länge groß ist im Verhältnis zur Breite und Dicke. Sie können entweder selbstständig Tragwerke bilden oder Teile von Tragwerken (z. B. Strebenfachwerk) sein.

- **Flächentragwerke:** Bei ihnen sind Länge und Breite groß, verglichen mit der Dicke.

  Beispiele: Scheiben, Platten, Schalen und Faltwerke.

  Scheiben: Scheiben sind ebene Flächentragwerke, die entweder aus einzelnen Stäben zusammengesetzt sind oder in Form einer Blechtafel, Holzplatte, Leichtbauplatte. Wichtig ist, dass die Belastungskräfte in die Ebene des Tragwerkes fallen, sodass die Gesamtkonstruktion sich auf einer Zeichenebene darstellen lässt.

  Platten: Eine Platte ist ebenfalls ein ebenes Tragwerk, nur stehen hier die Belastungskräfte senkrecht oder schräg zur Plattenebene. Platte und Scheibe unterscheiden sich nur durch die Art der Belastung.

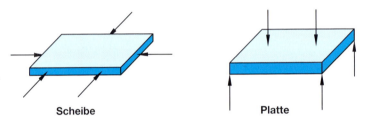

Scheibe   Platte

- **Schalen:** Schalen sind Tragwerke, die sich nach einer oder zwei Richtungen wölben (z. B. Zylinderschale, Kugelschale). Derartige Tragwerke werden als Dachkonstruktionen und Kuppeln verwendet.

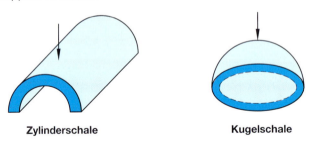

Zylinderschale   Kugelschale

Scheiben, Platten und Schalen unterscheiden sich ganz erheblich in ihrer Tragfähigkeit.

Aufgabe: Basteln verschiedener Tragwerke (Brücken) aus unterschiedlichen Materialien und testen auf Druckbelastung und Stabilität.

Die einzelnen Versuchsergebnisse sollen miteinander verglichen und anschließend hinsichtlich ihrer Tragfähigkeit beurteilt werden. Bei der Beurteilung können unter anderem auch Herstellungsverfahren, Haltbarkeit, Transportart (Fußgänger-, Eisenbahn-, Autobrücke) und Wirtschaftlichkeit einbezogen werden.

Beispiele für Brückenkonstruktionen:

Material	Papier, Pappkarton, Aluminiumfolie, Plastikfolie, ...
Ausführung des Tragwerkes	einzelne, ebene Fläche
	gefaltete Blattfläche
	querversteifte, ebene Fläche
	querversteifte bzw. längsversteifte, gebogene Fläche

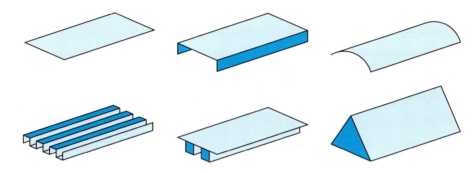

Ausführungen von Tragwerken

Muster für eine Matrix zur Bewertung der Tragwerkskonstruktionen:

Material	Form	Testgewicht	Beobachtung
ENTWURF	ENTWURF	ENTWURF	ENTWURF

3.3.4 Optimierung bezüglich Umwelt

Uns ist bewusst geworden, dass industrielle und gesellschaftliche Entwicklung ihren Preis fordern: Umweltbelastung und Ausbeutung unserer Rohstoffreserven. Die Konsequenz: Ein aktiver Schutz unserer Umwelt ist eine entscheidende Herausforderung der Gegenwart und eine der wichtigsten Aufgaben zur Sicherung unserer künftigen Lebensgrundlagen.

Hierbei darf nicht nur an den Schutz des Waldes, die Verringerung der Müllberge und die Sanierung der Altlasten gedacht werden, sondern auch daran, dass alles, was wir heute konstruieren und produzieren, auch morgen möglichst verwertbar, zumindest aber umweltverträglich entsorgbar sein muss.

Dafür gibt es keine einfachen Lösungen. Kenntnisse und Technologien müssen erarbeitet werden, um diese Herausforderung mit Entschlossenheit und Motivation anzunehmen.

Umweltbewusste Auswahl von Werkstoffen

Wo kann ein Ingenieur heute ansetzen, wenn er umweltbewusst planen, konstruieren und entwickeln will?

Er kann bei der Planung bereits darauf achten, ob ein Werkstoff problemlos recycelbar ist. Auch wir als Verbraucher, können umwelt- und abfallbewusst handeln. Indem wir bereits beim Einkauf darauf achten, welche Produkte wenig Abfall erzeugen (z. B. Mehrwegflaschen) oder recycelbar sind.

Beispiel: Stahl

- Stahl ist zu 100 % recycelbar.
- Stahl kann immer wieder und ohne Qualitätsverlust in den Werkstoffkreislauf zurückgeführt werden.
- Mehr als 40 % des erzeugten Stahls wird aus Schrott erschmolzen. Der Stahl aus alten Autos, Bauwerken, Eisenbahnschienen, Verpackungen usw. geht in großem Umfang wieder in hochwertige Produkte ein.
- Im Elektroschrottverfahren wird Schrott in wertvolle Produkte verwandelt. Im Vergleich zur Erschmelzung von Stahl aus Erz wird rund 2/3 der benötigten Energie eingespart.

Beispiel: Aluminium

- Um eine Tonne Aluminium herzustellen werden u. a. 4–5 Tonnen Bauxit gebraucht, d. h. abgebaut. Außerdem mehr als 1 Tonne Braunkohle und dreimal so viel Energie (15.000 kWh) wie für die Herstellung einer Tonne Stahl (5000 kWh).
- Als Abfallprodukt bleiben ca. 3 Tonnen schwermetallhaltiger Schlamm, Fluorid, Schwefeldioxid, Kohlenmonoxid, Staub und Abgase. Somit ist die Herstellung von Aluminium mit ganz erheblichen Umweltbelastungen verbunden.
- Um Aluminiumabfälle wieder einzuschmelzen, werden zwar nur 5–10 % der Energie benötigt, die zur Gewinnung von Aluminium aus Rohmaterial nötig sind, aber die Umweltbelastungen bei der ersten Herstellung sind damit bei weitem nicht ausgeglichen. Ferner ist die Qualität von wiederverwertetem Aluminium allein nicht ausreichend, um daraus z. B. Haushaltsfolien oder Portionsverpackungen herzustellen, sodass immer Bauxit benötigt wird und nicht ausschließlich Recyclingmaterial.

Beispiel: Papier

- Altpapier wird größtenteils in der Papierindustrie zur Herstellung von neuem Papier eingesetzt. Die Altpapiereinsatzquote ist bei den verschiedenen Papiersorten unterschiedlich: Karton und Pappe für Verpackungen sowie Wellpappen werden fast ausschließlich aus Altpapier hergestellt (rund 75 % Anteil aus Altpapier).
- Bei der Herstellung von Zeitungspapier beträgt der Anteil von Altpapier rund 45 %.
- Bei den grafischen Papieren liegt der Anteil von Altpapier lediglich bei 2–3 %.

Beispiel: Altglas

- Aus 1 kg Altglas kann 1 kg neues Glas hergestellt werden. Zur Herstellung von 1 kg Glas aus Primärrohstoffen wird dagegen 1,2 kg Rohmaterial benötigt.

- Altglas wird vor allem in der Behälterglasindustrie eingesetzt. Voraussetzung für eine optimale Altglaswiederverwertung ist Trennung des Glases nach Farben, da gemischtes Glas nur zur Herstellung von Grünglas eingesetzt werden kann und diese Kapazitäten weitgehend ausgeschöpft sind.

- Durch die Verwendung von Altglas für die Glasherstellung verringert sich gleichzeitig der Landschaftsverbrauch (weniger Quarzsandabbau), das Abwasser wird wesentlich geringer belastet und alle bei der Rohstoffgewinnung anfallenden Umweltbelastungen fallen weg.

Beispiel: Kunststoff

- Kunststoffe aus Müll weisen eine vielfältige Zusammensetzung auf. Für die Verwertung von gemischten Kunststoffabfällen sind nur sehr beschränkte Möglichkeiten vorhanden. So können aus dem erhitzten und plastifizierten Kunststoffgemisch neue Gegenstände gepresst werden. Aufgrund der geringen Qualität und des wenig ansprechenden Aussehens bestehen allerdings nur geringe Absatzmöglichkeiten für derartige Produkte.

- PVC-Kunststoffe: Die Grundstoffe von Polyvinylchlorid sind Ethylen und Chlor, die zusammen Venylchlorid bilden. Chlor ist sehr reaktionsfähig und hochgiftig. Venylchlorid besteht zu 57 % aus Chlor und ist ebenfalls ein giftiges Gas. Dem Polyvinylchlorid werden vor der Weiterverarbeitung die verschiedensten Zuschlagstoffe beigemischt, die beim Endprodukt oft mehr Gewichtsanteil haben als das PVC. Die Folge ist eine unübersehbare Vielzahl unterschiedlicher PVC-Kunststoffe, was die Verwertung erheblich erschwert.

Einige der verwendeten Weichmacher stehen im Verdacht Krebs zu erregen. Sie können zum Teil verdampfen oder in die Umgebung abwandern. Um die Weichmacher zu schützen, werden sog. Biostabilisatoren meist aus hochgiftigen Schwermetallverbindungen zugesetzt. Andere, überwiegend bleihaltige Schwermetallverbindungen sollen als Thermostabilisatoren die Chlorabspaltung bei Wärmeeinwirkung verhindern.

Auf der Deponie können diese Stoffe in die Umgebung gelangen, bei der Verbrennung werden sie alle wieder freigesetzt. Dabei entstehen ätzende Chlorwasserstoffe, giftige Chlorgase und eventuell auch Dioxine und Furane.

3.4 Wechselwirkungen zwischen Technik, Gesellschaft und Umwelt

Wissenschaft und Technik haben unser Leben in den vergangenen 150 Jahren grundlegend geändert. Dabei sind die positiven Seiten der technisch bedingten Veränderungen aller Lebensverhältnisse eindrucksvoll. Erinnert sei hier nur

- an die Verdopplung der Lebenserwartung durch die moderne Medizin und die Hygiene,
- an die weitgehende Befreiung der Menschen von unmittelbarer physischer Not und von schwerer, gesundheitsgefährdender Arbeit,
- an die enorme Erweiterung des persönlichen Gestaltungsspielraums für die meisten Menschen in den Industrieländern.

Hinter diesen unbestreitbaren Segnungen darf freilich die Tatsache nicht verborgen bleiben, dass die Technik nicht nur gesellschaftliche Veränderungen, sondern auch Gefahren für die Umwelt und den Menschen mit sich bringen.

Wechselwirkung zwischen Technik und Gesellschaft

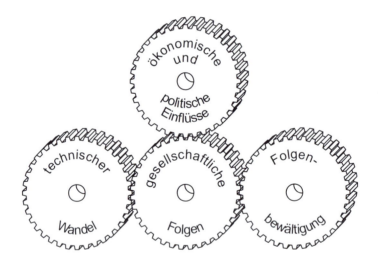

Technik und Gesellschaft beeinflussen sich gegenseitig. Sie sind gewissermaßen ineinander verzahnt. Bei der gegenseitigen Verflechtung der Einflüsse wird häufig das Neue an einer technischen Entwicklung am Anfang nur schwer oder überhaupt nicht erkannt:

Als Graham Bell das Telefon erfand, hatte er selber noch keine Vorstellung von den Möglichkeiten eines Fernsprechnetzes, bei dem durch Vermittlung alle Teilnehmer des Netzes untereinander in Verbindung treten können. Seine Erfindung wurde zunächst als technische Spielerei angesehen, da Botenjungen denselben Dienst billiger verrichten konnten. Auch in unserer Zeit ist es schwer, die Entwicklung einer technischen Neuerung vorherzusagen. Die vielseitigen Vorteile einer Bildschirmzeitung werden häufig damit abgetan, dass sie schlecht in der S-Bahn zu lesen sei.

Neue Techniken werden zunächst meist nur dazu benutzt, alte Techniken zu ersetzen. Erst später werden die Potenziale der neuen Technik voll ausgeschöpft. Die Übernahme der Kutschenbauweise für die ersten Automobile ist ein Beispiel dafür.

Dem Menschen und der Gesellschaft fällt heute nicht nur die Aufgabe zu, sich technischen Entwicklungen anzupassen, sondern sie auch zu gestalten und sie bereits im Vorfeld möglicher Einsatzgebiete kritisch zu hinterfragen. Denken wir an die Bedeutung des Datenschutzes im Zusammenhang mit der anwachsenden Datenkommunikation.

Frederik Vester, ein international anerkannter Fachmann für Umweltfragen, sagt in seinem Buch „Ausfahrt Zukunft" Folgendes: *„Unsere heutige Zeit ist mehr und mehr dadurch gekennzeichnet, dass wir mit einer heraufziehenden Umweltkatastrophe konfrontiert sind, wie sie das Menschengeschlecht seit Bestehen seiner Kulturen noch nicht erlebt hat. Wachsende Abfallberge, zerstörte Regenerationsräume, Gifte in Luft, Wasser und Boden, radioaktive Verseuchung, Klimaverschiebungen durch Ozonloch und Treibhauseffekt, fortschreitende Wüstenbildung, Aussterben vieler Tier- und Pflanzenarten, Bodenerosion etc. bedeuten Risiken, die sich durch ihre Vernetzung zunehmend gegenseitig verstärken und inzwischen die gesamte Menschheit bedrohen."*
Als Mitverursacher nennt er das Kraftfahrzeug, von dem 1990 etwa 520 Millionen Exemplare auf unserem Planeten Erde vorhanden waren, welches aus seinen fossilen Treibstoffen einen jährlichen Ausstoß von gut 2 Milliarden t Kohlendioxid und anderen Abgasen hinterließ.

Technik als Ursache der Umweltprobleme?

Der Mensch hat die natürliche Umwelt in weiten Bereichen erschlossen und nach seinen Bedürfnissen umgestaltet. Heute lebt und arbeitet er in einer künstlichen Wohn- und Arbeitswelt.

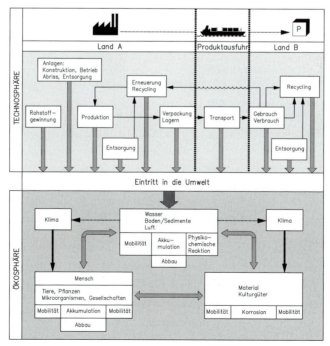

Diese künstliche Umwelt kann in einem Modell in Objekte eingeteilt werden:

- *Bautechnische Objekte* sind Wohn- und Industriegebäude, Brücken und Straßen.
- *Gebrauchsobjekte* sind alle Gegenstände vom Werkzeug bis zur Maschine, von der Kleidung bis zum Mobiliar, die trotz ihres Gebrauchs dasselbe bleiben und lediglich einem Verschleiß unterliegen.
- *Verbrauchsobjekte* sind alle Objekte, die auf Grund ihres Verbrauchs eine physikalische oder chemische Veränderung erfahren, z. B. Nahrungsmittel, Trink- und Brauchwasser, Treibstoffe.

Alle diese Objekte will der Mensch nutzen, er *verwendet* sie. Damit es sie gibt, müssen sie hergestellt, *produziert* werden. Zur Produktion werden Grundmaterialien *gewonnen* oder *erzeugt*: Rohstoffe, Energieträger, Biomasse und künstliche Substanzen. Er belastet dabei die natürliche Umwelt.

Insbesondere zwei Gründe sind für die Umweltbelastung anzuführen:
- Es gibt keinen Prozess der Gewinnung, der Produktion oder der Verwendung, bei dem neben dem beabsichtigten Ergebnis nicht auch Nebenprodukte anfallen und als *Emission*[1] an die natürliche Umgebung abgegeben werden.

Diese Emissionen treten auf in Form von Müll, als Schadstoffe oder als Abfallenergien.
- Der Mensch beansprucht für seine künstliche Umwelt innerhalb der natürlichen Umwelt Raum (*Okkupation*[2]), und zwar als Abbauplatz, als Bauplatz und als Lagerplatz.

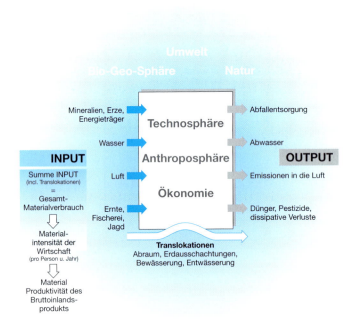

Modell der Wechselwirkung zwischen Technik und Umwelt

[1] Emission: Abblasen von Gasen, Ruß u. Ä. in die Luft
[2] Okkupation: Besetzung (fremden Gebietes) mit oder ohne Gewalt

Technik als Lösung der Umweltprobleme?

Die ungehemmte Ausbeutung der Umwelt zur Nahrungserzeugung und zur Rohstoffgewinnung stößt auf Grenzen. Der Mensch muss erkennen, dass er das, was von ihm erobert worden ist, schützen und pflegen muss, wenn es weiterhin Bestand haben soll.

Im Extremfall könnte dies durch einen weitgehenden Konsumverzicht erreicht werden, was allerdings auch einen totalen Verzicht auf Zivilisation bedeuten würde.
Einige Lösungswege sind weniger einschneidend:

- **Rationalisierung**
  Die Produktion wird so verbessert, dass für die gleiche Menge Produkt weniger Rohstoffe und weniger Energie eingesetzt werden muss, sodass auch weniger Emissionen entstehen.
- **Sparen**
  Den Gebrauch und den Verbrauch der Produkte so handhaben, dass keine unnötige Verschwendung auftritt.
- **Recycling**
  Emissionen werden so behandelt, dass sie sich als Material oder Energie in den Produktionsprozess zurückführen lassen.

Recycling

Recycling	Weiterverwendung	Wiederverwertung	Weiterverwertung
Wiederholte Verwendung eines Produkts für den für die erste Verwendung vorgesehenen Verwendungszweck.	Nutzung des Produkts für eine vom Erstzweck verschiedene Verwendung, für die es nicht hergestellt ist.	Wiedereinsatz von Stoffen und Produkten in bereits früher durchlaufene Produktionsprozesse unter partieller oder völliger Formauflösung und -veränderung.	Einsatz von Stoffen und Produkten in noch nicht durchlaufene Produktionsprozesse unter Umwandlung zu neuen Werkstoffen oder Produkten; Verlust der Materialidentität und/oder Gestaltänderung gegenüber den ursprünglichen Produkten.
Beispiel: Pfandflasche, Austauschmotor	Beispiel: Senfglas als Trinkglas	Beispiel: Altglaseinsatz bei der Glasherstellung	Beispiel: Herstellung von Kartonagen aus Papierabfällen

- **Quantitative Schadstoffminderung**
  Der Anteil schädlicher Stoffe in den Emissionen wird durch technische Behandlung reduziert.
- **Qualitative Verminderung von Immissionswirkungen**[3]
  Emissionen und Müll werden so behandelt und so gelagert, dass ihre Wirkungen auf die Umwelt (Immission) geringer werden.
- **Substitution**[4]
  Bisher verwendete Werkstoffe und Energieträger werden durch weniger umweltbelastende ersetzt.

---

[3] Immission: Einwirkung auf ein Grundstück durch Zufuhr von Dämpfen, Gerüchen, Rauch, aber auch Lärm, Erschütterungen, Strahlung, Wärme usw.
[4] Substitution: Ersetzung, Stellvertretung

Technik ist eine entscheidende Voraussetzung für die Lösung von Umweltproblemen. Vorsorgender Umweltschutz verlangt: Techniken müssen durch rechtzeitige und systematische Analyse und Bewertung ihrer voraussichtlichen Auswirkungen bereits umweltverträglich geplant werden. Doch wie die aufgeführten Lösungsansätze zeigen, liegt die Umweltverantwortung nicht ausschließlich in der Hand der anderen.

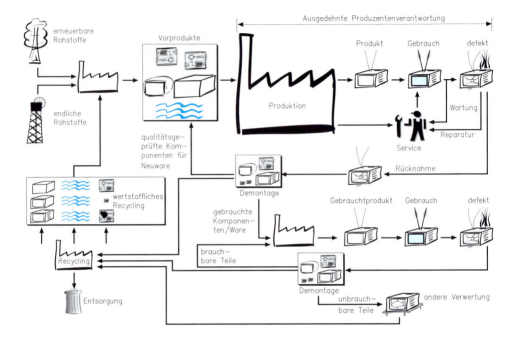

Kapitel IV Information

1 Grundlagen der Informationsverarbeitung

Das Mitteilungsbedürfnis des Menschen ist uralt. Lange vor der Erfindung der Elektrizität fand der Mensch Lösungen, um Nachrichten schneller übermitteln zu können als er gehen, laufen oder reiten konnte. Er benutzte dazu Rauchwolken, Trommeln, Hörnerschall, Glockenklang, ließ Metall oder Spiegel in der Sonne aufblinken und nachts Laternen leuchten[1] ...

1.1 Geschichte der Computertechnik

Zeitabschnitt	Formen der Kommunikation
Urzeit	Gestik, Mimik, Urlaute, Findung von Sprache
Steinzeit	Rauch- und Feuerzeichen, akustische Signale mit Holzinstrumenten und Buschtrommeln
10 000 v. Chr.	Schrift: Bilderschrift, Keilschrift, Silbenschrift, Alphabet
Antike	Stenographie (63 v. Chr. von Tiro, einem Schreibsklaven Ciceros erfunden) Trägermaterialien für die Schrift waren Stein, Lehmziegel, Metalltafeln, Tierhäute, Pergament- und Papyrusrollen (Papyrus- bzw. Pergamentblätter ergaben als gebundener Stapel das „Buch", den Codex (Klotz)).
ab 1450	Erfindung des Buchdrucks (Gutenberg)
ab 1760	Optischer Telegraf (Chappe) Erste industrielle Revolution (1765 Dampfmaschine von J. Watt)
1837	Elektrischer Telegraf Morse erfindet das Morsealphabet
1850	Telegrafie (Drucktelegrafie)
ab 1880	Industrielle Nutzung der Elektrizität Telefon von Alexander Graham Bell Schreibmaschine und Fernschreiber Erfindung der Braunschen Röhre Faksimileübertragung, Bildfunk, See- und Flugfunk, Tonrundfunk
ab 1945	Fernsehen, Funktelefon, Satellitenfunk
ab 1970	Kommunikation mit Licht Datenübertragung, Kabelfernsehen rechnergesteuerte Vermittlung
1980	Glasfasertechnik digitales Telefonnetz Digital-Faksimile Bürofernschreiber, Bildschirmtext (Btx), Videotext
ab 2000	Sprachein- und -ausgabe Breitbandinformationstechnik Bildtelefon Farbfaksimile

---

[1] O'Brien Robert: Die Maschinen. rororo TIME-LIFE-Bücher Bd. 8, New York 1970

1.2 Aufbau und Funktion einer DV-Anlage

Grundstrukturen und Funktionen der Informationsverarbeitung

Alle informationsverarbeitenden Systeme weisen grundsätzlich dieselbe Struktur auf. Dabei macht es keinen Unterschied, ob es sich um biologische oder technische Systeme handelt. Über Eingabeeinheiten (Sensoren) werden Signale erfasst und zu einer Verarbeitungseinheit weitergeleitet. Das Ergebnis der Verarbeitung (Befehle, Aktionen) wird an die Ausgabeeinheiten (Aktoren) weitergeleitet.

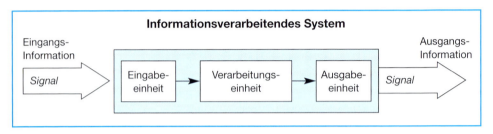

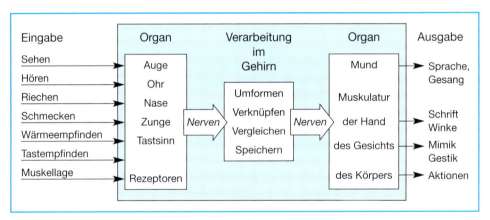

Der Mensch als ein informationsverarbeitendes System

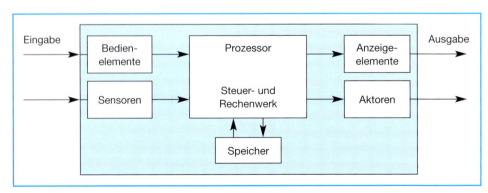

Die Maschine (Computer) als ein informationsverarbeitendes System

Die Systeme Mensch und Maschine (Computer) weisen in ihrer Struktur hinsichtlich Eingabe-Verarbeitung-Ausgabe (EAV) große Ähnlichkeit auf. Sie unterscheiden sich jedoch erheblich in ihrer Leistungsfähigkeit:

- Das Gehirn kann Erfahrungen aus vielfältigen Lebenssituationen sowie gespeichertes Wissen aus früheren Arbeitsaufgaben auf Probleme selbstständig anwenden. Das Gehirn kann kreativ sein. Die Basis hierfür sind parallele und vernetzte Nervenstrukturen (Neuronen).
- Computer besitzen eine extrem hohe Arbeitsgeschwindigkeit und arbeiten umfangreiche Aufgaben mit großer Genauigkeit ab.

1.2.1 Hardware, Software, Informationstechnologie (IT)

Eine Datenverarbeitungsanlage erzielt dann gute Ergebnisse, wenn sowohl Hardware als auch Software eines Rechnersystems gut aufeinander abgestimmt sind. Um diese Ergebnisse erzielen zu können, müssen in der Wissenschaft und in der Wirtschaft verschiedene Bereiche eng zusammenarbeiten, beispielsweise müssen moderne Telekommunikationsmöglichkeiten vorhanden sein, um die Möglichkeiten der Computer voll ausschöpfen zu können.

In der folgenden Übersicht werden einige wichtige Grundlagenbegriffe kurz erklärt.

Begriff	Erklärung
Hardware	Alle physikalisch-technischen Bestandteile einer Computeranlage werden als Hardware bezeichnet. Zur Hardware gehören u. a. • die Zentraleinheit (eigentlicher Computer), • Eingabegeräte wie die Tastatur oder die Maus, • Ausgabegeräte wie Drucker und Plotter, • Speicher wie Festplatten und Diskettenlaufwerke. • Datenkommunikations- und Multimediageräte wie ASDL-Modem, DVD und Lautsprecherboxen.
Software	Programme, die für den Betrieb eines Computers und für die Lösung bestimmter Aufgaben mit dem Computer benötigt werden, sind die Software eines Rechnersystems. Zur Softwareausstattung eines Computers gehören z. B. • Betriebssysteme, • Softwaretools wie Textverarbeitungs-, Tabellenkalkulations- und Datenbankprogramme, • Anwendungsprogramme zur Lösung bestimmter betrieblicher Aufgaben.
Informations-technologie (IT)	Informationstechnologie wird auch als Informationstechnik (IT) bezeichnet. Der Begriff ist ein Oberbegriff für die Informations- und Datenverarbeitung sowie die dafür benötigte Hardware. Der Begriff kommt aus dem Englischen (information technology). Informationstechnik (Informationstechnologie) ist die Technik der Erfassung, Übermittlung, Verarbeitung und Speicherung von Informationen mithilfe von Computer- und Telekommunikationseinrichtungen (Computer, Telekommunikation). Informationstechnologie basiert auf den Grundlagen und Spezialbereichen der Informatik. Dies sind u. a. Betriebssysteme, Programmierung, Datenstrukturen, Rechnerarchitektur, Softwareentwicklung, Datenbanken, Computergrafik, Computertechnik, Datennetze, Netzwerke, Internet, Multimedia usw. Darüber hinaus bilden weitere physikalisch-technische Fachgebiete die Grundlage der Informationstechnik; z. B. die Nachrichten- und Übertragungstechnik, Telekommunikation, Elektrotechnik, Mikroelektronik, die Mess- und Regelungstechnik (Sensorik, Abtastung, Wandlung usw.).

1.2.2 Computerarten

Computer werden in unterschiedlichen Arten und verschiedenen Formen angeboten. In der nachfolgenden Übersicht werden die einzelnen Computer kurz beschrieben.

Begriff	Erklärung
Personalcomputer	Der Personalcomputer enthält neben den traditionellen Komponenten Zentraleinheit, Festplatte weitere Hardwarekomponenten, wie z. B. ein DVD-Laufwerk, Schnittstellen oder eine weitere Festplatte. Der Tower ist zu empfehlen, da er besser auf Erweiterungen ausgelegt ist. Einen kleineren Tower bezeichnet man als Minitower. Das Desktop-Gehäuse als traditionelles Gehäuse für einen Personalcomputer kommt heute kaum noch vor.
Laptop/Notebook	Der Laptop (Notebook) ist ein tragbarer Computer, der es ermöglicht, auch ohne Stromanschluss Daten zu erfassen und zu verarbeiten. Er beinhaltet alle Elemente des herkömmlichen Computers mit Festplatte, CD-/DVD-Laufwerk bzw. -Brenner und Anschlussmöglichkeiten für Drucker und Maus. Ein besonderes Kennzeichen ist das Strom sparende Flüssigkristalldisplay zur Anzeige der Daten. Besonders leichte tragbare Personalcomputer werden auch als Notebooks (Notizbuch) bezeichnet.
PDA/Handheld	Ein Handheld Computer bzw. PDA (Personal Digital Assistant) ist ein kleines tragbares Gerät, auf dem wichtige Programme wie Terminplaner, Textverarbeitung und Tabellenkalkulation für den Einsatz unterwegs installiert sind. In der Regel ist der Computer mit einer Schnittstelle ausgestattet, die es erlaubt, die Daten auf einen Personalcomputer zu übertragen. Bei modernen Geräten werden die Daten z. B. per Funk auf einen anderen Computer übertragen.
Mainframe	Ein Großrechner (engl.: Mainframe, Host) ist umfangreiches, komplexes Computersystem. Dabei werden die die Kapazitäten und Möglichkeiten eines Personalcomputers weit überschritten. Auch Netzwerke können die Leistungsmerkmale eines Großrechners in der Regel nicht erreichen. Großrechner zeichnen sich vor allem durch ihre Zuverlässigkeit und hohe Ein-Ausgabe-Leistung aus. Dies ist auch unbedingt notwendig, denn sie werden im Onlinebetrieb eingesetzt und müssen gleichzeitig einem großen Benutzerkreis zur Verfügung stehen. Typische Beispiele für die Nutzung von Großrechnern sind beispielsweise der Einsatz in Betrieben wie Banken usw. Auch der Kunde hat beispielsweise über Terminals die Möglichkeit, den Rechner für Überweisungen, Bargeldabhebungen usw. zu nutzen. Personalcomputer lassen sich mit Großrechnern vernetzen. Damit stehen Daten von Großrechnern auch diesen Computern zur Verfügung.
Netzwerk-Computer	Netzwerk-Computer werden zur Nutzung des Internets und in lokalen Intranetzen (Firmennetzen) eingesetzt. Sie sind im Grunde genommen Terminals, die über eigene lokale CPU-Leistung verfügen. Ein Netzwerkcomputer verfügt über alle notwendigen Komponenten eines Personalcomputers, er verfügt jedoch über keinen eigenen Festplattenspeicher.

1.2.3 Grundausstattung eines Personalcomputers

Ein Computersystem muss in der Lage sein, die Eingabe von Daten, die Verarbeitung der erfassten Daten und die Ausgabe der erfassten und verarbeiteten Daten zu gewährleisten. Dies entspricht dem so genannten EVA-Prinzip (Eingabe-Verarbeitung-Ausgabe).

Zur Grundausstattung eines Computers, besonders des Personalcomputers, gehören neben dem eigentlichen Computer (der Zentraleinheit) die Ein- und Ausgabegeräte. Eine immer größere Bedeutung erlangen Geräte, die die Datenkommunikation ermöglichen, also das Austauschen von Daten über Datenleitungen oder kabellose Systeme. Der Einsatz des Computers als Multimediainstrument für Lernzwecke (Lexika mit Videosequenzen usw., Lernprogramme mit Musik- und Sprachausgabe usw.) erfordert CD-ROM-Laufwerke, Soundkarten usw.
In der folgenden Tabelle sind die wesentlichen Bestandteile eines Computersystems zusammengestellt. Eine klare Unterscheidung zwischen den einzelnen Bereichen Zentraleinheit usw. ist nicht immer möglich. Bestimmte Bestandteile des Computersystems werden für Ein- und Ausgabezwecke genutzt.

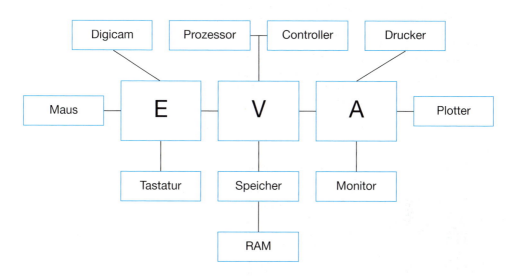

Eingabegeräte/ Ausgabegeräte	Zentraleinheit	Speicher	Datenkommunikation/ Netzwerke/Multimedia
• Tastatur • Maus • Scanner • Barcodeleser • Digitalkamera • Camcorder • Bildschirm • Drucker • Plotter • Lautsprecher	• Motherboard mit • Prozessor • BIOS • Controller • Arbeitsspeicher • ROM • RAM • Bussystem • Steckplätze • Schnittstellen	• Festplatte • Diskette • CD • DVD • Speicherkarten • USB-Sticks • MO-Laufwerk • Streamer	• Modem • ISDN-Karte • DSL-Modem • Netzwerkkarten • Hub/Switch • Router • Grafikkarten • Soundkarte

1.2.4 Motherboard (Zentraleinheit)

Hauptplatine (Mainboard)

Als Hauptplatine oder Mainboard bezeichnet man einen sehr wesentlichen Bestandteil der Zentraleinheit. Die Bezeichnungen sind in der Literatur jedoch nicht immer einheitlich.

Das Motherboard ist auf einer Kunststoffplatte untergebracht, die als Träger für elektronische Bauteile (Arbeitsspeicher usw.) dient und Leitungsbahnen für die Verbindung der einzelnen Bauteile enthält. Platinen werden über Sockel, Steckplätze bzw. -leisten oder durch direktes Einlöten mit elektronischen Bauelementen und Chips bestückt.

Die nachfolgende Übersicht zeigt wichtige Elemente eines Motherboards. Es gibt verschiedene Motherboards, der Aufbau ist jedoch im Wesentlichen identisch. Die einzelnen benutzten Begriffe werden auf den nächsten Seiten erklärt.

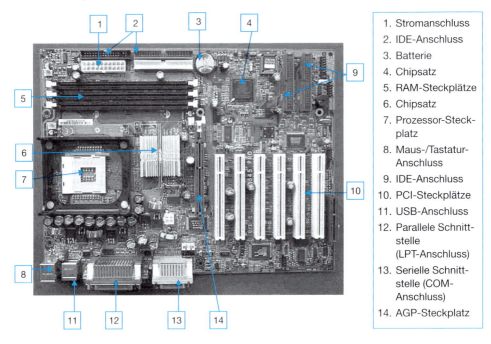

1. Stromanschluss
2. IDE-Anschluss
3. Batterie
4. Chipsatz
5. RAM-Steckplätze
6. Chipsatz
7. Prozessor-Steckplatz
8. Maus-/Tastatur-Anschluss
9. IDE-Anschluss
10. PCI-Steckplätze
11. USB-Anschluss
12. Parallele Schnittstelle (LPT-Anschluss)
13. Serielle Schnittstelle (COM-Anschluss)
14. AGP-Steckplatz

Das Herzstück ist dabei der Prozessor, auch CPU (Central Processing Unit) genannt. Ein weiterer Bestandteil der Hauptplatine ist das BIOS (Basic Input Output System).

Die Verbindungen zwischen den einzelnen Bestandteilen werden über Busleitungen vorgenommen, die z. B. Daten übertragen oder Befehle weitergeben. Controller sorgen unter anderem für den Austausch größerer Datenmengen.

Zur Erweiterung des Personalcomputers sind Steckplätze vorhanden, die den Anschluss von zusätzlichen Geräten erlauben.

Central Processing Unit (CPU)

Die wesentliche Aufgabe des Prozessors besteht darin, den Computer zu steuern (durch das Steuerwerk) und logische und arithmetische Operationen auszuführen (durch das Rechenwerk). Normalerweise ist ein Prozessor mit einem Cache-Speicher ausgerüstet, der die Arbeit des Prozessors beschleunigt. Ein Coprozessor unterstützt den Prozessor bei bestimmten Aufgaben, z. B. bei mathematischen oder grafischen Operationen. Der Mikroprozessor ist ein Chip. Als Chips bezeichnet man Bausteine, die Logik- und Speicherschaltungen zur Verfügung stellen.

CPU (Central Processing Unit) Prozessor	**Steuerwerk** Die Kommandozentrale des Computers wird als das Steuerwerk bezeichnet. Die Eingabe, Verarbeitung und Ausgabe der Daten wird entsprechend der Reihenfolge der Befehle eines Programms abgearbeitet. Bevor die einzelnen Befehle des Programms verarbeitet werden können, müssen sie von einem Datenträger in die Zentraleinheit kopiert, vom Steuerwerk entschlüsselt und z. B. an das Rechenwerk weitergegeben werden.
	Rechenwerk Im Rechenwerk eines Computers (Arithmetic Logical Unit) werden die Daten verarbeitet, also z. B. mathematische Berechnungen vorgenommen. Zur Ausführung von mathematischen Operationen werden in modernen Personalcomputern integrierte Coprozessoren zusätzlich eingesetzt.
	Cache (Prozessorcache) Der Cachespeicher eines Prozessors dient der Zwischenspeicherung von Daten oder Programmteilen. Häufig benutzte Daten bzw. Programmteile werden in einem solchen Speicher zwischengespeichert und falls sie benötigt werden, schneller als aus dem RAM-Speicher (siehe Arbeitsspeicher) geladen.

Bei der Einschätzung der Leistungsfähigkeit eines Prozessors sind die Busbreite und die Taktfrequenz des Prozessors von entscheidender Bedeutung:

Busbreite   Die Busbreite gibt die Anzahl der Bits, die gleichzeitig übertragen werden, an. Die Bezeichnungen Bits und Bytes werden später erklärt. Mit einem 16 Bit breiten Datenbus werden pro Takt (siehe Taktfrequenz) 2 Bytes übertragen, mit 32 Bits 4 Bytes. Daher führt eine höhere Busbreite zu einer größeren Verarbeitungs- bzw. Übertragungsgeschwindigkeit.
Verbindungen innerhalb der Zentraleinheit werden als interne Busse bezeichnet. Eine höhere Busbreite führt zu einer schnelleren Verarbeitung innerhalb eines Prozessors. Verbindungen zwischen der Zentraleinheit und anderen Bausteinen des Computers werden als externe Busse bezeichnet. Die Übertragungsgeschwindigkeit zwischen dem Prozessor und den übrigen Bestandteilen des Personalcomputers wird durch eine größere Busbreite erhöht.

Taktfrequenz Die Taktgeschwindigkeit wird in Megahertz (Millionen Taktungen in der Sekunde) gemessen. Je höher die Taktfrequenz ist, desto schneller ist normalerweise der Computer.

Seit Markteinführung der Personalcomputer dominierten Mikroprozessoren der Firma Intel. Auf dem Markt für Mikroprozessoren ist als Konkurrent von Intel vor allem das Unternehmen AMD (Advanced Micro Devices) tätig. Die Prozessoren von AMD haben eine etwa gleiche Leistungsfähigkeit wie die Intel-Prozessoren. Um gute Verkaufszahlen und damit einen gewissen Marktanteil zu erreichen, sind die Prozessoren normalerweise billiger als die entsprechenden Prozessoren der Firma Intel.

Die folgende Tabelle gibt einen Eindruck über die Leistungsentwicklung der Intel-Prozessoren. Entsprechend leistungsfähige AMD-Prozessoren stehen ebenfalls bereit.

Bezeichnung	Prozessor	Co-prozessor	Jahr	maximale Taktfrequenz in Megahertz	Busbreite (intern)	Busbreite (extern)
XT	8088		1979	8	8-Bit	8-Bit
AT	80286	80287	1982	16	16-Bit	16-Bit
386er	80386	80387	1985	40	32-Bit	32-Bit
486er	80486	integriert	1989	120	32-Bit	32-Bit
Pentium	Pentium	integriert	1992	200	64-Bit	32-Bit
Pentium Pro	Pentium Pro	integriert	1995	200	64-Bit	32-Bit
Pentium II	Pentium II	integriert	1997	450	64-Bit	32-Bit
Pentium III	Pentium III	integriert	1999	700	64-Bit	32-Bit
Pentium IV	Pentium IV	integriert	seit 2001	3400	64-Bit	32-Bit

Seit dem Jahr 2006 gibt es **Dual-Core-Prozessoren** und **Quad-Core-Prozessoren** von Intel. Sie enthalten zwei bzw. vier Prozessoren und können daher wesentlich schneller arbeiten. Moderne Notebooks beinhalten spezielle, für den Einsatz in Notebooks entwickelte Strom sparende Prozessoren. In modernen Prozessoren sind Befehle integriert, um Multimediaanwendungen wie das Abspielen von Videofilmen, Klangerzeugungen und Bildbearbeitungen zu unterstützen.

BIOS
BIOS-Chip   Im BIOS sind wichtige Informationen zur Arbeitsweise des Personalcomputers gespeichert. Auch alle Informationen, die der Computer während seines Startvorganges benötigt, sind in dem BIOS-Chip (Speicherbaustein) abgelegt. Das im BIOS gespeicherte Programm (BIOS-Software) stellt eine Verbindung zwischen der Hardware und dem Betriebssystem dar. Die Software kann aktualisiert werden. Erst das Betriebssystem ermöglicht die Arbeit mit dem Computer. Das Betriebssystem ist eine für die Arbeit mit dem Computer benötigte Software, um beispielsweise Dateien zu kopieren.

BIOS-Software Im BIOS-Chip auf dem Motherboard eines Personalcomputers ist das „CMOS-RAM" integriert. Es enthält wichtige und grundlegende Informationen zur Konfiguration des Computers. Im CMOS-RAM ist die aktuelle Zeit, das aktuelle Datum, der Typ der installierten Festplatte usw. gespeichert. Die Daten werden beim Starten des Computers aktualisiert.

Speicher

Der ausreichende Arbeitsspeicher eines Personalcomputers ist eine wesentliche Voraussetzung für ein schnelles und effektives Arbeiten. Dabei ist zwischen dem ROM-Speicher und dem RAM-Speicher zu unterscheiden.

Arbeitsspeicher	
SD-RAM (**S**ynchronous **D**ynamic **R**andom **A**ccess **M**emory) 	**ROM (Read Only Memory)** Aus den ROM-Chips kann der Computer nur Informationen lesen. Sie werden z. B. benötigt, damit der Computer nach dem Einschalten einen Selbsttest durchführen und das Betriebssystem laden kann. Auch ist es möglich, einzelne Programme auf ROM-Chips abzulegen, die dann jederzeit aktiviert werden können. Es ist vor allem bei Laptop-Computern sehr vorteilhaft, wenn das benötigte Programm direkt zur Verfügung steht. Die Informationen bleiben nach dem Ausschalten des Computers erhalten.
DDR-SDRAM (**D**ouble **D**ata **R**ate **S**ynchronous **D**ynamic **R**andom **A**ccess **M**emory) 	**RAM (Random Access Memory)** Die RAM-Chips werden auch als Arbeitsspeicher oder Hauptspeicher bezeichnet. Im Arbeitsspeicher werden Daten abgelegt, auf die das Steuerwerk direkt sowohl lesend als auch schreibend zugreifen kann. Die Daten in diesen Chips gehen mit dem Ausschalten des Computers verloren, werden also nicht dauerhaft gespeichert. Daher ist eine Abspeicherung der Daten auf einem externen Speicher notwendig. RAM-Bausteine werden in speziellen Steckplätzen auf der Hauptplatine des Personalcomputers eingesetzt. In der Regel kann ein PC nachträglich mit weiteren RAM-Speichern aufgerüstet werden.
Sockel für Arbeitsspeicher	**Cache** Der Cache dient dem schnellen Datenaustausch auf dem Motherboard. Häufig benutzte Daten werden zwischengespeichert und stehen daher schneller zur Verfügung.

Sockel und Slots

Als Sockel bezeichnet man die Fassungen für Chips. Der Prozessor eines Computers wird in der Regel in einen Sockel eingesteckt. Daher ist es unter Umständen möglich, den Computer später mit einem leistungsfähigeren Prozessor auszustatten. Oftmals sind die Sockel jedoch nicht in der Lage, einen verbesserten Prozessor aufzunehmen, da die Größe des Prozessors sich geändert hat.

Chipsatz zur Motherboardsteuerung

Chipsatz

Die Steuerung des Motherboards wird über einen Chipsatz vorgenommen. Die einzelnen Komponenten des Motherboards werden miteinander verknüpft, sodass ein vernünftiges Arbeiten des Computers ermöglicht wird.

Schnittstellen

Die Verbindung zu den Peripheriegeräten (Drucker usw.) wird über Schnittstellen vorgenommen. Man kann dabei zwischen internen Schnittstellen, die sich innerhalb eines Computers befinden, und externen Schnittstellen, die sich außerhalb des Computers befinden, unterscheiden.

Interne Schnittstellen

PCI-Steckplatz In Steckplätzen können verschiedene Karten eingesetzt werden. Diese Karten (z. B. Grafikkarten) werden für spezielle Aufgaben genutzt, z. B. für die Ansteuerung eines Monitors. Moderne PCI-Steckplätze sind für PCI-X und PCI-Express ausgelegt.

PCMCIA Die PCMCIA-Schnittstelle ist eine Schnittstelle für Notebooks. Dadurch kann z. B. ein Netzwerk mit dem Notebook verbunden oder eine USB-Schnittstelle für ältere Notebooks zur Verfügung gestellt werden.

Externe Schnittstellen

Serielle Schnittstelle Bei der seriellen Schnittstelle werden die einzelnen Bits (siehe Punkt Bit usw.) einzeln nacheinander übertragen. Dies nennt man auch sequenzielle Übertragung. Die Schnittstelle wird mittlerweile selten verwandt.

Parallele Schnittstelle (Centronics-Schnittstelle) Jeweils eine Bitgruppe (1 Byte = 8 Bit) wird übertragen. Dadurch steigt die Geschwindigkeit der Datenübertragung. Die parallele Schnittstelle wird in der Regel für den Druckeranschluss genutzt. Die Schnittstelle verliert an Bedeutung, da Drucker heutzutage in der Regel über die USB-Schnittstelle angeschlossen werden.

USB 1.1
USB 2.0 Der Universal Serial Bus ist ein modernes Bussystem, das alle bisherigen Anschlüsse für Drucker, Maus, Tastatur usw. vereint. Der aktuelle Standard (USB 2.0) überträgt bis zu 60 MByte pro Sekunde, der ältere Standard (USB 1.1) bis zu 1,5 MByte pro Sekunde.

Controller

Als Controller wird eine Geräteeinheit bzw. Hardware-Komponente bezeichnet, die zur Ansteuerung von Massengeräten wie Festplatten, Disketten-Laufwerken, DVD-Laufwerken usw. dient. In der Regel wird der Datenaustausch zwischen zwei verschiedenen Komponenten kontrolliert. Controller können auch Steckkarten sein, die in einen Steckplatz auf der Systemplatine eingesteckt und mit einem Kabel mit dem zu steuernden Gerät verbunden werden.

RAID-Controller Über Controller werden Peripheriegeräte angeschlossen. Es handelt sich (**R**edundant **A**rray meistens um IDE-Controller (integrated drive electronics), da der wesentof **I**nexpensive liche Teil der Steuerelektronik im jeweiligen Gerät eingebaut ist. IDE-**D**isks) Controller befinden sich auf dem Motherboard.

SCSI-Controller An einem SCSI-Controller (Small Computer System Interface) lassen sich eine ganze Anzahl von Geräten gleichzeitig anschließen, also z. B. mehrere Festplatten und ein Scanner.

Bussystem

Personalcomputer sind modular aufgebaut, das bedeutet, dass der Aufbau des Computers aus einzelnen, in der Regel voneinander relativ unabhängigen und klar voneinander getrennten Komponenten besteht. Die einzelnen Komponenten bestehen meist aus Chips, z. B. für die Ansteuerung eines Bildschirmes oder für die Ansteuerung von Peripheriegeräten wie Festplatten. Die Verbindung zwischen allen Elementen des Motherboards wie Prozessor, Arbeitsspeicher, Controller und Grafikkarte wird über das Bussystem hergestellt.

```
Zentral-      Bus-        Adressbus
einheit       steuerung
                          Datenbus

                          Steuerbus

                          Drucker-    Controller
                          schnittstelle  Festplatte   ...
```

Die Aufgaben der einzelnen Busse lassen sich wie folgt beschreiben:

Steuerbus   Der Steuerbus überträgt Informationen vom Steuerwerk an die anderen Hardwarebestandteile des Computersystems. Durch die Übermittlung der Steuerbefehle wird die Funktionsfähigkeit des Computers gewährleistet.

Adressbus   Über den Adressbus wird die Speicherverwaltung des Computers abgewickelt. Jeder einzelnen Speicherzelle wird eine Adresse zugewiesen. In diesen Speicherzellen können dann Informationen abgelegt werden.

Datenbus   Leitungsbahnen, die Daten zwischen den einzelnen Komponenten des Computersystems übertragen, werden als Datenbus bezeichnet.

Auf dem Motherboard von Personalcomputern befinden sich heutzutage je nach Ausstattung die folgenden Bussysteme:

PCI-Bus   Der PCI-Bus (peripheral component interconnect) ist das für Computer der Pentium-Klasse benutzte Bussystem. Es ist ein so genanntes 32-Bit-System und erlaubt hohe Datenübertragungsraten.

PCI-X
PCI Express   Eine Erhöhung der Datenübertragungsleistung gegenüber dem normalen PCI-Bus wird mit PCI-X und PCI Express erreicht.

ISA-Bus   Der ISA-Bus (Industry Standard Architecture) wird heutzutage nur noch für langsame Karten wie Soundkarten und Modems benutzt.

AGP   Der AGP (Accelerated Grafics Port) ist ein moderner Bus zur schnellen Datenübertragung zwischen Prozessor und Grafikkarte.

1.2.5 Eingabegeräte

Vorbemerkungen

Eingabegeräte sind vom Prinzip einfunktionale Geräte, das bedeutet, sie haben nur die Möglichkeit bzw. Aufgabe, zur Eingabe von Daten genutzt zu werden. Heutzutage sind jedoch immer mehr Zusatzfunktionen vorhanden, sodass Rückmeldungen an die Eingabegeräte erfolgen, die dann bei der Arbeit am Computer genutzt werden können. Zur Erleichterung der Datenerfassung werden neben der Tastatur heute zunehmend andere Geräte eingesetzt. Damit ist es beispielsweise möglich, Bilder, Grafiken und Texte automatisch einzulesen.

Tastatur

Tastatur 	Die Tastatur besteht aus dem alphanumerischen Tastenfeld, welches im Wesentlichen der Schreibmaschinentastatur (DIN 2137) entspricht, den Funktionstasten (F1 bis F12), die in Programmen mit speziellen Funktionen versehen werden, dem Cursorblock mit speziellen Möglichkeiten wie dem Entfernen oder Einfügen von Zeichen und dem numerischen Tastenfeld, welches die Eingabe von Zahlen erleichtert.
Funktastatur 	Zusätzlich zu den Schreibmaschinentasten gibt es Sondertasten wie die Tasten [**Strg**] und [**Alt**]. Sie werden in Verbindung mit anderen Tasten in Programmen für bestimmte Aufgaben genutzt. Auf modernen Tastaturen befindet sich eine spezielle Win-Taste, die unter Windows genutzt werden kann. Moderne Funktastaturen können außerdem die Arbeit erleichtern.

Maus

Maus	Die Bedienung von Programmen wird durch den Einsatz der Maus wesentlich vereinfacht. Bewegungen, die mit der Maus ausgeführt werden, werden auf den Bildschirm übertragen. Computermäuse können per Kabel oder per Funk mit dem Computer verbunden werden.
Optische Maus 	Die Arbeit mit einer grafischen Benutzeroberfläche, z. B. Windows, ist ohne die Nutzung der Maus nicht sinnvoll. Mit der linken Maustaste werden z. B. durch Anklicken Programme oder Menüpunkte in Programmen ausgewählt. Eine weitere Möglichkeit ist in Programmen das Anklicken von Schaltflächen. Dadurch werden bestimmte Aufgaben in Programmen erfüllt, z. B. das Abspeichern ( ) von Ergebnissen. Mit der rechten Maustaste wird in verschiedenen Programmen das sogenannte Kontextmenü aufgerufen, das alle zurzeit zur Verfügung stehenden Befehle anzeigt. Optische Mäuse übertragen Handbewegungen nicht mechanisch mittels Kugel und Rädchen im Mausinneren. Ein Lichtstrahl wird auf die Tischoberfläche projiziert, die Reflexion von einem Sensor aufgefangen und in elektronische Befehle umgewandelt.

Scanner

Scanner

Eine Bild- oder Textvorlage wird vom Scanner abgetastet und als sogenannte Pixelgrafik eingelesen. Die Pixelgrafik besteht aus einzelnen Punkten, die zusammengesetzt das Bild ergeben. Die Pixelgrafiken der Texte werden durch OCR-Programme (Optical Charakter Recognition) in Texte umgewandelt.

1.2.6 Ausgabegeräte

Begriff

Ausgabegeräte sind ebenfalls einfunktional und geben Daten aus. Die Daten werden vorübergehend auf dem Bildschirm oder dauerhaft, z. B. auf Papier, ausgegeben.

Bildschirm und Grafikkarte

Bildschirm

Der Bildschirm gibt erfasste und verarbeitete Daten aus. In Verbindung mit der Tastatur wird er auch als Dialoggerät bezeichnet, da diese beiden Geräte den direkten Austausch von Informationen erlauben. Die Qualität der Datenausgabe wird im Wesentlichen von der Beschaffenheit des Monitors und der verwendeten Grafikkarte bestimmt. Mit der Grafikkarte wird der Monitor angesteuert.

TFT-Bildschirm

TFT-Bildschirme (Thin Film Transistor) haben herkömmliche Computerbildschirme mittlerweile fast vollständig abgelöst. Die Bildschirmtechnik arbeitet nicht mit einer Bildröhre, sondern mit Flüssigkristallen. Eingesetzt wird die Technik in Flachbildschirmen und tragbaren Computern. Die Monitore stellen die Farben besser als herkömmliche Monitore dar und bauen das Bild schnell auf. TFT-Bildschirme werden über einen DVI (Digital Visual Interface) angeschlossen.

Grafikkarte

Der Standard der Grafikkarten ist seit einigen Jahren die SVGA-Grafikkarte (Super Video Grafics Array). Die Karte wird normalerweise im Grafikmodus betrieben. 3-D-Grafikkarten ermöglichen eine schnelle dreidimensionale Darstellung auf dem Bildschirm.

DVI-Kabel

Unter der Benutzeroberfläche Windows wird der Grafikmodus benutzt. Die Bildpunkte auf dem Bildschirm werden einzeln angesteuert. Dabei hängt die Schärfe der Darstellung von der gewählten Auflösung ab. Grafik-Karten erlauben heutzutage z. B. die Darstellung von 1600 x 1200 Bildpunkten. Je höher die Auflösung, desto genauer werden Grafiken auf dem Bildschirm dargestellt. Außerdem können bei einer höheren Auflösung mehr Zeichen nebeneinander dargestellt werden. Alle Zeichen, also auch die Buchstaben und Zahlen, werden im Grafikmodus als Grafiken behandelt.

Beamer

Beamer

Der Beamer projiziert ein Computerbild auf einen Hintergrund, eine Leinwand usw. Durch die große Darstellung eignet sich der Beamer für den Einsatz bei Vorträgen und Präsentationen, beispielsweise mit dem Programm *PowerPoint*. Über Beamer können auch Fernsehprogramme ausgegeben werden.

Plotter

Plotter

Ein Plotter ist ein Zeichengerät, das technische Zeichnungen oder Diagramme durch einen Stift zeichnet. In das Gerät können beliebige Stifte, Tuschefüller und Faserschreiber eingesetzt werden, die dann nicht einzelne Punkte aneinander reihen, sondern das Ergebnis zeichnen. Der Stift, der zeichnet, wird durch eine spezielle Software in Richtung der x-Achse und der y-Achse bewegt.

Drucker

Impact-Drucker und Non-Impact-Drucker
Alle Drucker, die mechanisch auf das Papier (z. B. Nadeldrucker) einwirken und damit Durchschläge erstellen können, nennt man Impact-Drucker (Anschlagdrucker).
Drucker, die keine Durchschläge erstellen können, gehören zur Gruppe der Non-Impact-Drucker (anschlagfreie Drucker). Zu dieser Druckergattung gehören die Tintenstrahl- und die Laserdrucker.

Matrixdrucker
Als Matrixdrucker werden alle Drucker bezeichnet, bei denen die einzelnen Buchstaben, Zahlen und Zeichen aus einzelnen Punkten zu einer Zeichenmatrix zusammengesetzt werden. Zu diesen Druckern gehören die Nadel-, die Tintenstrahl- und die Thermodrucker.

Nadeldrucker
Beim Nadeldrucker sind im Druckkopf senkrecht angeordnete Stahlnadeln untergebracht. Einzelne Nadeln werden jeweils, falls es das zu druckende Zeichen erfordert, auf das Papier gehämmert und verursachen einen kleinen schwarzen Punkt. Die Punkte zusammen ergeben das gewünschte Zeichen bzw. ergeben eine Grafik, ein Bild usw.
Da Nadeldrucker recht laut sind und im Gegensatz etwa zum Laserdrucker bei der Arbeit unter der Benutzeroberfläche Windows relativ langsam sind, ist ihre Bedeutung in den letzten Jahren deutlich zurückgegangen. Sie werden vor allem benutzt, wenn mehrere Durchschläge eines Dokuments erstellt werden müssen.

Tintenstrahldrucker
Beim Tintenstrahldrucker werden die einzelnen Punkte durch einen Tintenstrahl, der durch feine Düsen gespritzt wird, erzeugt.
Sie eignen sich für Farbdarstellungen ausgezeichnet. Allerdings ist die Farbdarstellung recht teuer. Für besonders gute Ausdrucke wird Spezialpapier benötigt. Tintenstrahldrucker sind normalerweise in der Lage, auch Folien zu bedrucken.

Laserdrucker
Der Laserdrucker ist auf Grund seiner guten Druckergebnisse in den letzten Jahren zum Standarddrucker geworden.
Die Druckergebnisse werden nicht zeichenweise, sondern seitenweise ausgegeben. Die Funktionsweise des Laserdruckers gleicht der eines Fotokopierers. Der Laserdrucker, der eigentlich ein eigenständiger Druckcomputer ist, baut die gesamte Seite im eigenen Speicher auf und gibt sie aus. Laserdrucker haben ein ausgezeichnetes Druckbild für Text und Grafiken und sind im Verhältnis zu anderen Druckern sehr schnell. Laserdrucker sind in der Lage, neben Papier auch Folien zu bedrucken. In der Regel können sie zwischen vier und zehn Seiten pro Minute ausgeben.
Der Preis des Laserdruckers ist in den letzten Jahren so weit gefallen, dass dieser Drucker zunehmend andere Drucker verdrängt. Auch die Druckkosten sind akzeptabel. Der Preise für Farblaserdrucker und Kosten für die Ausgabe von farbigen Drucken sind noch sehr hoch.

1.2.7 Speichergeräte – Externe Speicher

Möglichkeiten der Datenspeicherung

Während Daten im Hauptspeicher nach dem Ausschalten eines Computers verloren sind, können Daten auf externen Speichern dauerhaft gesichert werden. Daten können unterschiedlich abgelegt und bearbeitet werden, je nachdem, welcher Datenträger benutzt wird. Die folgende Übersicht gibt die Möglichkeiten der Datenspeicherung an:

sequenziell (fortlaufend, seriell)	Die einzelnen Datensätze werden hintereinander in einer logischen Reihenfolge, z. B. nach Artikelnummern, abgelegt. Die bearbeiteten Daten können nur in der angeordneten Reihenfolge (seriell) bearbeitet werden.
Index-sequenziell	Über eine Liste, die die Kernbegriffe (z. B. Artikelnummer) einer gespeicherten Datei enthält, wird der Zugriff auf einzelne Datensätze erleichtert. Mit dem Kernbegriff ist ein Hinweis verbunden, wo sich der gesamte Datensatz auf dem Datenträger befindet. Sortierungen und andere Dateioperationen erfolgen anhand des Kernbegriffs.
Gestreut (wahlfrei, direkt)	Die Reihenfolge der gespeicherten Datensätze ist in gestreut organisierten Dateien beliebig. Die Adresse, wo der Datensatz auf dem Datenträger zu finden ist, wird in einer separaten Datei festgelegt.

Speichermedien und -geräte

Die Speicherung von immer größeren Datenmengen wird auf verschiedenen Speichermedien vorgenommen. Diese Speicher können teilweise einmal (CD-R) oder mehrmals beschrieben (Festplatte usw.) oder nur gelesen werden (CD-ROM).

Festplatte

Die Festplatte, auch als Magnetplatte bezeichnet, ist der wichtigste externe Datenträger. Auf Festplatten lassen sich große Datenmengen (Festplatten über 200 Gigabyte sind heute üblich) speichern. Mehrere übereinander liegende magnetisierte Aluminiumscheiben können über Schreib-/Leseköpfe Daten auf die Festplatte schreiben bzw. Daten von der Festplatte lesen. Die Daten werden auf der Festplatte gestreut (wahlfrei, direkt) abgelegt.

Diskette
Disketten-
laufwerk

In ein Diskettenlaufwerk werden Disketten zum Lesen und Schreiben von Daten eingelegt. Über einen Schreib-/Lesekopf werden die Daten von der Diskette gelesen bzw. auf die Diskette geschrieben.

Eine Diskette besteht aus einer flexiblen, magnetisierbaren Scheibe, die in eine Hülle montiert ist. Die heute genutzte Diskette hat einen Durchmesser von 3,5 Zoll und kann 1,44 MByte, also ca. 1,4 Millionen Zeichen gestreut (wahlfrei, direkt) aufnehmen. Über einen kleinen Schreibschutzschalter kann verhindert werden, dass die Diskette beschrieben werden kann und damit eventuell benötigte Daten überschrieben werden.

Eine Diskette wird in ringförmige Spuren und Sektoren (bei der 3,5 Zoll-Diskette 80 Spuren und 9 Sektoren) durch das sogenannte Formatieren eingeteilt.

Auf Grund der geringen Speicherkapazität nimmt die Bedeutung der Diskette immer mehr ab.

USB-Sticks

USB-Speichersticks (USB-Sticks) bieten die Möglichkeit, größere Datenmengen (zzt. bis zu 64 GByte) bequem zu sichern. Die Speichersticks werden an die USB-Schnittstelle angeschlossen und werden von den Betriebssystemen Windows XP und Windows Vista automatisch erkannt und im Windows-Explorer als Laufwerk angezeigt. Vorherige Betriebssysteme wie Windows 98 benötigen einen speziellen Treiber, der mit den Sticks geliefert wird.

Speicherkarten
und
Kartenleser

Speicherkarten werden vor allem in Digitalkameras benutzt. Die Dateien der Karten können dann direkt von der Kamera über die USB-Schnittstelle oder mithilfe von Kartenlesern über die USB-Schnittstelle auf den Computer übertragen werden. Diese Karten können ebenfalls zur Sicherung von Daten eingesetzt werden, da vom Computer über die Lesegeräte auch Daten auf die Karten übertragen werden können.

SD Card

Compact Flash

Memory Stick

**Magnetband
Magnetband-
speicher
Streamer**

Das Magnetband war lange der wichtigste Massenspeicher. Wie bei einer Musikkassette läuft das Band an einem Schreib-/Lesekopf vorbei, der das Band berührt. Sollen Daten gelesen werden, die z. B. in der Mitte des Bandes abgelegt wurden, muss das Band zunächst vorgespult werden.
Für Personalcomputer spielen Magnetbänder in der Datensicherung eine große Rolle. Die Daten von Festplatten werden sequenziell (fortlaufend) auf ein Magnetband übertragen, damit sie beim Ausfall einer Festplatte wieder zur Verfügung gestellt werden können. Das Bandlaufwerk eines Personalcomputers bezeichnet man als Streamer.

**MO-Wechselplatten
(MO-Laufwerke)** Datenträger, die in magnetisch-optischer Form beschrieben werden, bezeichnet man als MO-Wechselplatten. Durch das Wechseln der Datenträger können große Datenmengen gespeichert werden. Die Datenträger sind durch eine Kombination von Laser- und Magnettechnik extrem sicher.

**CD-ROM
CD-ROM-
Laufwerk**

Die Daten werden optisch (berührungslos) abgetastet. Eine CD (Compact-Disk) oder CD-ROM (Compact-Disk – Read Only Memory) fasst eine Datenmenge von bis zu 700 Megabyte, normalerweise 650 Megabyte. Die CD wird durch einen Laserstrahl berührungslos und völlig verschleißfrei im CD-ROM-Laufwerk gelesen.
Durch die hohe Geschwindigkeit (Drehgeschwindigkeit der CD) sind gute Datenübertragungsraten von der CD in den Computer möglich, sodass Videosequenzen, Tondokumente usw. problemlos auf dem Bildschirm angezeigt bzw. über Lautsprecher ausgegeben werden können.
Die CD und damit die entsprechenden Laufwerke werden im Computerbereich allmählich von der DVD und den entsprechenden Geräten abgelöst.

**CD-R
CD-R-Lauf-
werk**

Als CD-R (Compact Disc Recordable) werden optische Massenspeicher bezeichnet, die einmal beschrieben werden können und dann wie eine normale CD gelesen werden. Gerade für das Sichern von Daten ist das Beschreiben einer CD eine gute Möglichkeit.
Auch das Anlegen einer Sicherungskopie von einer CD-ROM ist ein wichtiges Argument für die Anschaffung eines CD-R-Laufwerkes. Durch die Verwendung eines Kopierschutzes versuchen einige Softwarehersteller zu verhindern, dass eine Kopie angelegt werden kann. Spezielle Kopiersoftware wiederum ermöglicht die Erstellung einer Sicherungskopie von kopiergeschützter Software. Jedoch ist dabei die jeweils gültige Rechtslage zu beachten.

**CD-RW
CD-RW-
Laufwerk**

CD-RW (CD-ReWritable) sind Massenspeicher, die bis zu 1000-mal beschrieben werden können. Daher kann die CD als normaler Massenspeicher benutzt werden. Die mehrfache Beschreibung der CD wird durch spezielle Software ermöglicht.
Diese Geräte bilden heutzutage den Standard für CD-Geräte. Laufwerke, die nur ein einmaliges Beschreiben einer CD (Compact Disk) ermöglichen, werden nicht mehr angeboten.

DVD **DVD-Laufwerk** 	Die DVD (Digital Versatile Disk) erfasst Datenmengen von mehreren Gigabyte (in der Regel 4,7 Gigabyte). Auf Grund der großen Datenmenge können Lexika oder ganze Spielfilme auf dem Medium abgelegt werden. Neben DVD-Laufwerken für Computer werden DVD-Player angeboten. Diese Geräte dienen in der Regel als Abspielgerät für Spielfilme, die käuflich erworben oder ausgeliehen werden können. Diese Geräte haben Videorecorder mittlerweile fast vollständig verdrängt.
DVD+R **DVD+RW** **DVD-R** **DVD-RW** **DVD-Laufwerk** **DVD Double Layer** 	Für die Beschreibung von DVD-Datenträgern gibt es zwei unterschiedliche Standards, den Plus- und den Minus-Standard. Mittlerweile unterstützen die meisten Laufwerke beide Standards. Die Wiedergabe auf dem Computer oder einem DVD-Player ist nicht von dem benutzten Standard abhängig. DVD-Datenträger können einmal (DVD+R, DVD-R) oder mehrfach (DVD+RW, DVD-RW) beschrieben werden. Die große Datenmenge (4,7 Gigabyte) ermöglicht die Sicherung des Inhaltes ganzer Teile einer Festplatte auf einem Datenträger. Besondere Bedeutung kommt dem Sichern von Videodateien zu. DVD-Datenträger und Laufwerke (DVD Double Layer) mit etwa der doppelten Kapazität sind seit 2004 auf dem Markt. Aufgrund der großen Datenmenge zur Sicherung und Wiedergabe von Daten wird die DVD die CD im Bereich der Computernutzung in den nächsten Jahren weitestgehend überflüssig machen. DVD-Laufwerke können eine CD lesen, sodass ein CD-Laufwerk zum Wiedergeben von Informationen nicht unbedingt benötigt wird.
Blue-Ray-Disk **HD DVD** 	Die Blue-Ray-Disk kann bis zu 200 GByte Daten aufnehmen. Sie soll die Nachfolge der DVD antreten. Das Konkurrenzprodukt HD DVD kann zurzeit 30 GByte aufnehmen. Fraglich ist, ob beide Formate oder nur ein Format sich auf Dauer durchsetzt.

1.2.8 Multifunktionale Geräte

Multifunktionsgeräte 	Multifunktionale Geräte erledigen verschiedene Funktionen. So werden Geräte angeboten, die als Scanner, Faxgerät und Drucker genutzt werden können. Auf Grund des Preises stellen sie eine Alternative zum Kauf der einzelnen Geräte dar. Die Qualität ist in der Regel mit Einzelgeräten vergleichbar.

1.2.9 Multimediageräte

Multimediageräte

Unter dem Begriff „Multimedia" versteht man in der Regel das Zusammenspiel von Tönen, Videosequenzen, Texten und Grafiken. Personalcomputer und deren Zubehör ermöglichen die Erstellung multimedialer Dateien und deren Wiedergabe. Darüber hinaus können Datenträger erstellt werden, die z. B. auf DVD-Playern, MP3-Playern usw. abgespielt werden können. Wichtige Geräte zur Nutzung multimedialer Inhalte werden nachfolgend beschrieben.

Soundkarte Lautsprecherboxen

Mit einer Soundkarte können Klänge und Musik abgespielt und aufgenommen werden. Die Karte wird in einen Steckplatz auf dem Motherboard gesteckt. An einer Soundkarte kann ein Mikrofon, eine Stereoanlage und/oder ein CD-ROM-Laufwerk angeschlossen werden. Normalerweise werden für die Tonausgabe kleinere Lautsprecher mit dem Computer verbunden. Aber auch Surround Sound Lautsprecher lassen sich problemlos anschließen.
Die Ausgabe von Tönen erweitert die Möglichkeiten des Personalcomputers. Lernprogramme, Spiele, Lexika usw. werden durch die Soundkarte interessanter und effektiver.

Grafikkarten

Grafikkarten sorgen für die Ausgabe von Daten. 3-D-Grafikkarten unterstützen Multimediaanwendungen. Die Wiedergabe von digitalen Fotos, Videosequenzen usw. hängt insbesondere von der Qualität der Grafikkarte ab. Vor allem bei Spielen wird von der Grafikkarte eine schnelle Wiedergabe von Informationen erwartet.

Digitale Kamera

Mit digitalen Kameras werden Fotos aufgenommen, die direkt auf einem Datenspeicher abgelegt werden. Später können diese Fotos in Texte usw. integriert werden. Die digitalen Kameras können auch als Eingabegeräte bezeichnet werden. Ihre Bedeutung ist vor allem im Zusammenhang mit multimedialen Anwendungen zu sehen.

Camcorder

Digitale Camcorder zeichnen Filmsequenzen in digitaler Form auf. Die Ergebnisse können auf einen Computer übertragen und bearbeitet werden. Die erstellten Videoclips lassen sich in Präsentationen einbauen und verdeutlichen daher gesprochene Sachverhalte.
Moderne Geräte sind auch in der Lage, Videoclips per E-Mail zu versenden und MP3-Soundeffekte zu produzieren.

Webcam

Eine Webcam ermöglicht es, Videokonferenzen abzuhalten oder Videomails zu versenden. Dazu müssen jedoch die entsprechenden Voraussetzungen vorhanden sein. Grundsätzlich können auch Bildinformationen innerhalb eines vernetzten Raumes ausgetauscht werden.

Externe Multimediageräte

Multimediadateien werden heutzutage nicht nur am Computer wiedergegeben, sondern beispielsweise über MP3-Player und DVD-Player. Der Computer wird zur Erstellung von Medien wie Videofilmen oder MP3-Dateien genutzt.
Die Erstellung und Übertragung von Audio- und Videodateien wird im *Kapitel Multimediale Dokumente* erklärt.

MP3-Player MP3-Dateien haben in den letzten Jahren einen einmaligen Siegeszug in der Musikszene angetreten. Player zum Abspielen dieser Dateien gibt es in unterschiedlicher Form.

MP3-Player mit CD Durch die geringere Größe der MP3-Dateien können bei vernünftiger Komprimierung und Qualität weit über 100 Musikstücke auf eine CD gebrannt werden. Die Player wirken im Gegensatz zu anderen Playern etwas klobig und sind daher in der Beliebtheit bei Nutzern in den letzten Jahren zurückgefallen.

USB-Sticks USB-Sticks können je nach Speicherkapazität mehrere Hundert Songs speichern. Die leichte Übertragung der Audiodateien über die USB-Schnittstellen, der Preis und das teilweise formschöne Aussehen machen den Player zum beliebten Wiedergabegerät.

MP3-Player mit Festplatte MP3-Player mit einer Festplatte können zum Teil mehr als 10.000 Musiktitel speichern. Aufgrund der hohen Speicherkapazität der Geräte können MP3-Dateien mit einer besonders guten Qualität verwandt werden. Die Auswahl einzelner Musikstücke ist in der Regel sowohl über den Titel als auch über den Interpreten möglich.
Der Apple-iPod konnte sich in den letzten Jahren große Marktanteile erringen. Allerdings haben andere Unternehmen mit konkurrenzfähigen Geräten nachgezogen.

DVD-Player Mit dem DVD-Player lassen sich in der Regel verschiedene Medien nutzen. Auf Video-CD (VCD), Super-Video-CD (SVCD) oder DVD gespeicherte Videofilme werden über ein Fernsehgerät wiedergegeben. MP3-Musik kann z. B. über den DVD-Player und eine Stereoanlage abgespielt werden.

DVD-Recorder Der DVD-Recorder zeichnet Fernsehsendungen auf. Daneben ist er in der Lage, alle Medien, die ein DVD-Player ausgibt, ebenfalls wiederzugeben. Auf einer Festplatte aufgezeichnete Filme usw. können bei vielen Geräten auf eine CD oder DVD gebrannt werden.

IV Grundlagen der Informationsverarbeitung

Mobile Video-Player

Mobile Video-Player können je nach Größe der Festplatte (z. B. 30 GB) bis zu 200 Spielfilme, Fernsehsendungen usw. speichern. Sie sind normalerweise auch in der Lage, Musik und Fotos wiederzugeben.

Auf Grund ihrer Größe eignen sich die Player beispielsweise dazu, sich während einer Bahnfahrt usw. Filme anzusehen, Musik zu hören usw. Sie können jedoch auch an Fernsehgeräte und Stereoanlagen zur Wiedergabe von Filmen bzw. Musik angeschlossen werden. Aufnahmen können in der Regel von jeder Quelle (Fernsehen usw.) gemacht werden.

Anschlüsse für Multimediageräte

Der Computer ist heutzutage nicht nur ein Arbeitsgerät für normale Büroanwendungen, sondern kann auf Grund der vorhandenen Anschlüsse für alle möglichen multimedialen Anwendungen genutzt werden. Aufgenommene Videos werden beispielsweise auf den Computer übertragen, dann bearbeitet und in Präsentationen eingebettet, über Medien-Player ausgegeben oder ins Internet gestellt.

Die folgende Übersicht beschreibt die Funktionen der Anschlüsse.

FireWire

Über den Anschluss Firewire (IEEE-1394, i-Link) werden große Datenmengen sehr schnell beispielsweise zwischen einem digitalen Camcorder und einem Computer übertragen. Digitale Camcorder sind mit einer DV-Out-Schnittstelle ausgestattet. Mithilfe eines speziellen Kabels wird diese Schnittstelle mit der FireWire-Schnittstelle am Computer verbunden. Das Betriebssystem Windows XP oder Vista erkennt danach automatisch die Verbindung, sodass Daten übertragen werden können.

Composite Gelbe Buchse

Die Farb- und Helligkeitsinformationen eines Bildes (Videofilms) werden über eine gemeinsame Leitung übertragen. Dies führt dazu, dass sich die Signale gegenseitig stören können. Dadurch kann die Bildqualität negativ beeinflusst werden. Daher ist eine eventuell vorhandene S-Video-Verbindung (siehe nachfolgend) vorzuziehen.

Die Steckerart wird als Cinch-Stecker bezeichnet. Die Buchsen am Computer, Videorecorder usw. sowie die Kabelenden sind in der Regel gelb. Die Audiosignale müssen separat übertragen werden.

S-Video

Über den S-Video-Anschluss werden Farb- und Helligkeitsinformationen eines Bildes (z. B. eines Filmes einer Videokassette) getrennt voneinander zum Computer übertragen. Die Bildqualität ist besser als beim normalen Videosignal (Composite), das die Informationen zusammen übermittelt. Die Audiosignale müssen ebenfalls separat übertragen werden.

Audioeingang Blaue Buchse

Über den Audioeingang werden die Audiosignale (Musik usw.) eines Videofilms aus einem Videorecorder, von einer Stereoanlage usw. auf den Computer übertragen.

Soll beispielsweise ein Videofilm von einer VHS-Kassette oder einem analogen Camcorder auf den Computer übertragen werden, müssen sowohl

277

die Bilder (über den S-Video- oder den Composite-Anschluss) als auch das Audio-Signal (über den Audioeingang) mittels der jeweiligen Kabel übertragen werden (roter und weißer Anschluss am Videorecorder, bei Scartanschluss wird ein Adapter benötigt).

Mikrofon
Rosa Buchse
Über ein Mikrofon oder ein sogenanntes Headset (Kopfhörer mit einem an einem Bügel montierten Mikrofon) können Geräusche (Sprache usw.) aufgenommen werden. Windows XP und Vista sind beispielsweise im Bereich **Zubehör/Unterhaltungsmedien** mit einem Audiorecorder ausgestattet, der Aufnahmen über das Mikrofon gestattet. Auch in anderen Programmen, z. B. in PowerPoint, besteht die Möglichkeit der Sprachaufnahme.

Antennen-
eingang TV
Mithilfe des Antenneneingangs wird das Fernsehbild mittels TV- bzw. Videokarte auf den Bildschirm eines Computers übertragen. Die TV-Karte ist über ein Antennenkabel mit der Fernsehantenne oder einem Kabelanschluss verbunden. Mithilfe von Programmen, z. B. dem kostenlosen Windows Movie Maker, kann ein Fernsehprogramm dann aufgenommen und weiterverarbeitet werden. Außerdem können an Computer externe und DVB-T-Empfänger über die Schnittstelle angeschlossen werden.

Antennen-
eingang Radio
Das Radioprogramm kann über den Antenneneingang Radio empfangen werden. Normalerweise wird ein entsprechendes Programm beim Kauf des Computers oder einer TV- und Radiokarte mitgeliefert. Die Audiosignale können dann aufgenommen und digitalisiert werden.

USB

Die USB-Schnittstelle ist die Schnittstelle, die heutzutage besonders zur Sicherung von großen Datenmengen (z. B. 64 GByte) auf USB-Sticks verwandt wird. Daneben ist es z. B. möglich, mithilfe von Kartenlesern, die an die Schnittstelle angeschlossen werden, Speicherkarten von Digitalkameras auszulesen. Die Digitalkameras können in der Regel auch direkt über diesen Anschluss angesteuert werden. Auch MP3-Player können direkt an den Anschluss gesteckt werden. Die Musikstücke werden dann mittels spezieller Programme oder dem Windows Explorer übertragen.

Audioausgang
Grüne Buchse
Der Ton wird bei Computern über Lautsprecherboxen ausgegeben. Die Boxen sind teilweise in Bildschirmen integriert, besonderer Hörgenuss stellt sich jedoch erst ein, wenn seperate Lautsprecher vorhanden sind oder sogar eine 5.1-Lautsprecherausgabe erfolgt. Über die jeweilige Soundkarte (Systemsteuerung) muss die Ausgabe eingestellt werden.

Anschlüsse für die Wiedergabe von Bildschirmsignalen an Fernseher usw.

Moderne Computer werden oftmals auch für Unterhaltungszwecke im Wohnbereich, in Gaststätten oder für Vereinszwecke genutzt. Soll eine Präsentation beispielsweise über einen Beamer oder ein Film über ein Fernsehgerät wiedergegeben werden, so muss der Computer über die entsprechenden Anschlüsse verfügen.
In der folgenden Übersicht werden sowohl analoge als auch digitale Anschlüsse dargestellt. Die Übertragung über digitale Anschlüsse bietet zumeist einen Qualitätsvorteil, da bei der analogen Übertragung oftmals zunächst digitale in analoge Daten umgewandelt werden und danach eine Rückumwandlung erfolgen muss.

SCART

SCART ist ein in Europa verbreiteter Standard-Anschluss für Audio- und Videogeräte. Weltweit spielt dieser Anschluss jedoch keine Rolle. Über eine entsprechende Scartbuchse am Computer können Daten analog an Fernsehgeräte usw. mit Hilfe eines Scartkabels übertragen werden.

VGA

Der VGA-Anschluss ist ein analoger Bildübertragungsstandard für Stecker- und Kabelverbindungen zwischen Grafikkarten und Anzeigegeräten. Normalerweise wird das Videosignal vom Computer an den Monitor gesandt.
Beim Einsatz eines Laptops kann ein Beamer über ein VGA-Monitorkabel angesteuert werden. Über eine Tastenkombination kann bestimmt werden, ob der Bildschirminhalt sowohl über den Laptop-Bildschirm als auch über den Beamer oder nur über ein Ausgabegerät wiedergegeben wird.

DVI

Die Schnittstelle Digital Visual Interface (DVI) dient zur digitalen Übertragung von Videodaten. Die Schnittstelle wird für den Anschluss von TFT-Bildschirmen an eine Grafikkarte eines Computers genutzt.

HDMI

High Definition Multimedia Interface ist eine Schnittstelle, die eine volldigitale Übertragung von Audio- und Videodaten erlaubt. Damit können diese Daten beispielsweise in hervorragender Qualität vom Computer auf einen Fernseher übertragen werden.

1.3 Betriebssysteme

Das Betriebssystem ist ein Programm, das die einzelnen Komponenten des Computersystems zu einem einsatzfähigen System verbindet und die Schnittstelle zwischen Anwenderprogramm und Hardware bildet.

Es stellt Befehle zur Verfügung, mit denen hauptsächlich der Datentransfer zwischen den Komponenten des Computers ausgeführt werden kann.

Standardbetriebssysteme

Als Standardbetriebssysteme werden solche Betriebssysteme bezeichnet, die weitgehend unabhängig vom Hersteller der Hardware eingesetzt werden können. Gegenwärtig haben sich drei Betriebssysteme auf dem Markt durchgesetzt.

- **DOS (Disk Operating System)**
Es ist hauptsächlich zum Einsatz in sog. Personal-Computern geeignet. Mit Zusatzprogrammen kann auch im Netzwerk gearbeitet werden. Programme, die unter dem Betriebssystem DOS arbeiten, können die Möglichkeiten der modernen Mikroprozessoren nur noch eingeschränkt nutzen.

- **OS (Operating System)**
Das Betriebssystem OS berücksichtigt die Entwicklungen der Mikroprozessortechnik, sodass die Leistungsfähigkeit der modernen Rechner besser genutzt wird. Multitasking[3] sowie Netzwerkbetrieb wird unterstützt.

- **UNIX, Linux**
Dieses Betriebssystem ist auch auf Rechnern mit verschiedenen Mikroprozessoren einsetzbar (die Anpassung des Betriebssystems an die Hardware ist Aufgabe der Firmware). UNIX ist ein sehr komplexes Betriebssystem, das hauptsächlich in Rechnernetzen mit unterschiedlichen Rechnerklassen und Mehrplatzbetrieb eingesetzt wird.

- **grafisch orientierte Betriebssysteme**
unter den Betriebssystemen WINDOWS, UNIX (bzw. Linux), OS und vielen anderen weniger bekannten Betriebssystemen hat sich die Bedienung über grafisch geführte Benutzeroberflächen verbreitet. Die wohl bekannteste grafische Benutzeroberfläche ist Windows in verschiedenen Entwicklungsstufen.

Der Einsatz von Software ist in drei Anwendungsgebiete unterteilt:

- Entwicklung eigener Programme mit Hilfe einer Programmiersprache,
- Erstellung und Einsatz von Anwendungen mit einer Standardsoftware,
- Einsatz von Branchensoftware.

---

[3] Multitasking: scheinbar gleichzeitiges Bearbeiten mehrerer Aufgaben im Computer

1.3.1 Aufgaben des Betriebssystems

Das Betriebssystem eines Computers hat verschiedene Funktionen. Die wichtigsten für die tägliche Arbeit mit dem Computer dürften die folgenden sein:

- **Beginn und Ende der Arbeit mit dem Computer**
  Das Betriebssystem versetzt den Computer in die Lage, Arbeiten auszuführen. Daher wird es normalerweise beim Starten des Computers geladen. Es muss ordnungsgemäß beendet werden, damit es nicht zu Datenverlusten kommt.
- **Starten und Beenden von Programmen**
  Der Start und das Beenden eines Programms sind grundsätzlich bei allen Windows-Programmen identisch. Daher werden diese notwendigen Arbeiten am Beispiel des Startens und Beendens der Tabellenkalkulation Excel erklärt.
- **Verwalten von Dateien (Kopieren, Löschen usw.)**
  Sollen Daten auf einen anderen Datenträger übertragen oder gelöscht werden, so wird dies mit dem Windows-Explorer vorgenommen. Der Windows-Explorer stellt den Bereich zur Verfügung, der als die eigentliche Aufgabe des Betriebssystems bezeichnet werden kann. Er ist im Prinzip wie jedes andere Windows-Programm aufgebaut.

In diesem Kapitel werden die Bildschirmausschnitte von Windows 2000 angezeigt. Die hier gezeigten Arbeiten lassen sich jedoch im Wesentlichen identisch mit Windows 98 durchführen. Lediglich die Anzeige sieht zum Teil etwas anders aus.

1.3.2 Starten und Beenden von Windows

Mit dem Einschalten des Computers wird die Arbeit mit Windows aufgenommen. Das Betriebssystem Windows muss unbedingt ordnungsgemäß beendet werden. Wird die Arbeit einfach mit dem Ausstellen des Computers beendet, führt dies u. U. zu Datenverlusten.

Bearbeitungsschritte:

- Schalten Sie den Computer ein. Nach dem Start des Computers wird Windows geladen. Auf dem Desktop (Bildschirm) werden Symbole angezeigt, mit denen sich Programme (z. B. Microsoft Excel) starten bzw. Einstellungen für die Arbeit (z. B. Arbeitsplatz) mit Windows festlegen lassen. Außerdem können Sie nach Anklicken der Schaltfläche **Start** über die Schaltfläche **Programme** bzw. z. B. **Programme/Zubehör** die angegebenen Programme starten.

- Am Ende der Arbeitssitzung klicken Sie auf das Symbol **Start** in der Taskleiste. Wählen Sie danach den Bereich **Beenden** mit der Maus aus. Klicken Sie mit der linken Maustaste auf das Wort **Beenden**.

- Danach können Sie den Computer herunterfahren.

Betriebssysteme

1.3.3 Starten und Beenden eines Programms

Start eines Programms

Der Start eines Programms kann auf unterschiedliche Weise, je nach Installation des Programms, erfolgen. Die drei grundsätzlichen Möglichkeiten werden hier gezeigt:

Bearbeitungsschritte:

- Das Symbol **Start** wird mit der linken Maustaste angeklickt, der Menüpunkt **Programme** gewählt und anschließend ein Programm, z. B. die Tabellenkalkulation **EXCEL** durch Anklicken mit der linken Maustaste gestartet.

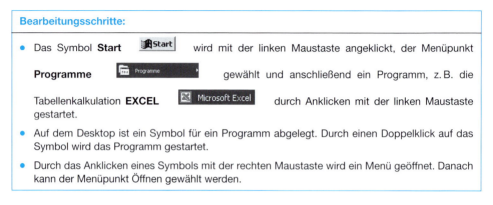

- Auf dem Desktop ist ein Symbol für ein Programm abgelegt. Durch einen Doppelklick auf das Symbol wird das Programm gestartet.
- Durch das Anklicken eines Symbols mit der rechten Maustaste wird ein Menü geöffnet. Danach kann der Menüpunkt Öffnen gewählt werden.

Beenden eines Programms

Ein Programm muss ordnungsgemäß geschlossen werden, damit keine Daten verloren gehen.

Bearbeitungsschritte:

- Klicken Sie mit der linken Maustaste den Menüpunkt **Datei** an. Ein sogenanntes Pulldown-Menü wird aufgeklappt. Wählen Sie den Menüpunkt **Beenden** und klicken Sie ihn mit der linken Maustaste an.

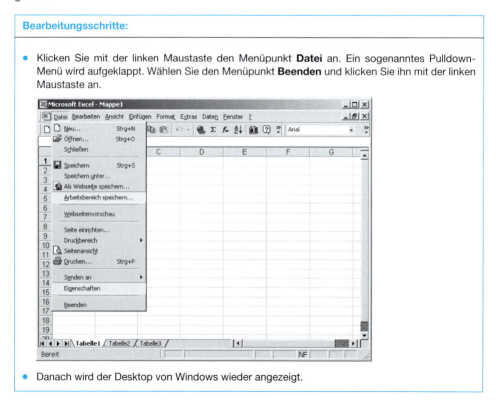

- Danach wird der Desktop von Windows wieder angezeigt.

IV Grundlagen der Informationsverarbeitung

1.3.4 Die Arbeit mit dem Explorer

Aufgaben des Windows-Explorers

Der Windows-Explorer führt verschiedene für die tägliche Arbeit mit einem Computer notwendige Tätigkeiten aus. Er ermöglicht unter anderem
- das Anzeigen der Inhalte von Datenträgern und Ordnern (Verzeichnissen),
- Ordner (Verzeichnisse) auf einem Datenträger zu erstellen,
- das Suchen von Dateien,
- Dateien zu löschen, zu kopieren, umzubenennen oder auf einen anderen Datenträger oder in ein anderes Verzeichnis zu verschieben,

Aufrufen des Windows-Explorers

Der Windows-Explorer wird wie ein normales Programm aufgerufen.
Hinweis: Bei allen Windows-Betriebssystemen ist die Arbeit mit dem Explorer im Wesentlichen identisch. Lediglich die Bildschirmdarstellung unterscheidet sich. In diesem Buch werden Bildschirmausdrucke des Explorers von Windows 2000 verwandt.

Bearbeitungsschritte:

- Um den **Windows-Explorer** zu starten, wählen Sie entweder über die Schaltfläche **Start** im Bereich **Programme** oder im Bereich **Programme/Zubehör** das Programm aus oder betätigen die rechte Maustaste und wählen in dem dann eingeblendeten **Kontextmenü** den Menüpunkt **Explorer** aus.

- Die Anzeige könnte in etwa so aussehen:

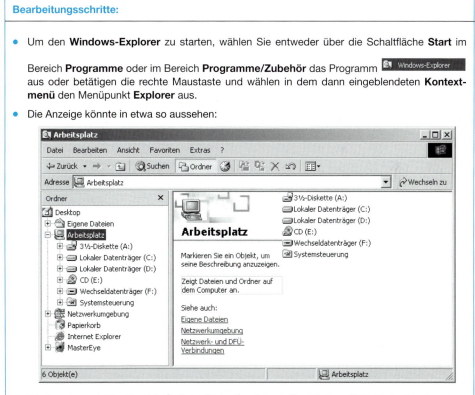

- Die Anzeige zeigt im Bereich **Ordner** die Laufwerke wie Festplatten, Diskettenlaufwerke, einen Ordner **Systemsteuerung** usw. an. Es ist gut möglich, dass auch die Unterverzeichnisse der einzelnen Laufwerke angegeben werden. Im rechten Bereich werden Laufwerke, Ordner (Verzeichnisse) von Festplatten usw. angegeben.

Erklärungen zu den Fenstern am Beispiel des Windows-Explorers

Jedes Programm, also Textverarbeitungen, Tabellenkalkulationen, Windows-Explorer usw. ist im Prinzip identisch aufgebaut. Daher werden grundsätzliche Bemerkungen zum Aufbau eines Windows-Programms anhand der Arbeit mit dem Windows-Explorer gemacht, damit nicht bei jedem Programm Erklärungen erfolgen müssen.

Programmname

Auf der obersten Leiste wird der Name eines Programms (z. B. Explorer, Microsoft Excel) angegeben. Außerdem finden sich Angaben beispielsweise zum Laufwerk oder zum Namen einer Datei.

Menüleiste

Datei Bearbeiten Ansicht Favoriten Extras ?

Beim Wählen eines Menüpunkts (z. B. Datei) wird ein sogenanntes Pulldown-Menü aufgeklappt, das weitere Befehle zur Verfügung stellt. Blass angezeigte Menüpunkte sind nicht verfügbar, da beispielsweise ohne das Auswählen einer Datei diese auch nicht gelöscht werden kann.

Die am häufigsten verwendeten Pulldown-Menüs des Windows-Explorers werden nachstehend abgebildet. Je nach Nutzung des Explorers können Menüpunkte hinzukommen oder wegfallen.

Symbolleiste

Schaltflächen können bei Windows eine Alternative zu den Menüpunkten darstellen. Sie sehen bei den einzelnen Windows-Versionen z. T. unterschiedlich aus. Fährt man mit der Maus auf eine Schaltfläche, wird die jeweilige Funktion angegeben.

Das jeweils verwendete Verzeichnis, z. B. ein Laufwerk oder ein Ordner, wird als Adresse angegeben. Durch Anklicken des Pfeils nach unten kann ein anderes Verzeichnis mit der Maus angewählt werden.

Ist die gewünschte Symbolleiste nicht eingeblendet, muss der Menüpunkt **Ansicht/Symbolleiste** gewählt werden. Ein Häkchen kennzeichnet, dass die Symbolleiste eingeblendet ist.

IV Grundlagen der Informationsverarbeitung

Kontextmenü Wird ein Eintrag im Windows-Explorer durch das Anklicken mit der Maus markiert, so wird der Eintrag dunkel dargestellt. Betätigt man die rechte Maustaste, so wird das sogenannte Kontextmenü eingeblendet:

Das Kontextmenü zeigt alle Befehle, die momentan ausgeführt werden können.

Statusleiste

In der Statusleiste werden allgemeine Informationen gegeben, beispielsweise, wie viel freier Speicherplatz auf einem Datenträger vorhanden ist oder wie groß eine markierte Datei ist.

Daneben enthält die **Titelleiste** Schaltflächen, die auf die Darstellung eines Windows-Fensters großen Einfluss haben. Außerdem werden in Windows-Fenstern sogenannte Bildlaufleisten angezeigt.

 Das Anklicken des Symbols **Minimieren** in der rechten oberen Ecke führt dazu, dass das Programm, in diesem Fall der Windows-Explorer, auf Symbolgröße in der **Taskleiste** am unteren Bildschirmrand verkleinert wird. Durch Anklicken mit der Maus in der **Taskleiste** wird das Programm wieder auf dem Bildschirm angezeigt.

 Das Symbol **Wiederherstellen** in der rechten oberen Ecke verkleinert die Größe des Fensters auf dem Bildschirm.

 Im verkleinerten Fenster wird durch das Symbol **Maximieren** das Programm-Fenster auf die gesamte Bildschirmgröße ausgedehnt.

 Durch das Anklicken des Symbols **Schließen** wird das jeweilige Programm beendet.

 Die Änderungen der Größe des Programm-Fensters und das Schließen können auch durch das Anklicken des Symbols in der linken oberen Ecke des Bildschirms und die Wahl des entsprechenden Menüpunktes vorgenommen werden.

 Mit Hilfe der Bildlaufleisten kann man innerhalb eines Fensters nach oben, unten, rechts oder links wandern. So kann man sich alle Inhalte eines Programms usw. ansehen. Passen alle Informationen in ein Fenster, werden die Bildlaufleisten nicht angezeigt.

Darstellung in einem Fenster

Die Bildschirmanzeige eines Programms unter dem Betriebssystem Windows kann sehr unterschiedlich eingestellt sein. Die Darstellung eines Programms ist daher an fremden Rechnern oftmals ungewohnt. Über den Menüpunkt **Ansicht** kann in jedem Programm die gewünschte Ansicht eingestellt werden.

Bearbeitungsschritte:
• Starten Sie den Windows-Explorer. Die Darstellung könnte in etwa so aussehen:  • Wählen Sie den Menüpunkt **Ansicht**.  • Probieren Sie die einzelnen Möglichkeiten durch das Anwählen der Menüpunkte aus. Ein Häkchen sagt beispielsweise aus, dass die Symbolleiste eingeblendet ist. Der Punkt vor Details gibt an, dass detaillierte Angaben im rechten Bereich des Explorers gemacht werden. Sie werden danach in der Lage sein, die von Ihnen gewünschte Darstellung jederzeit wieder herzustellen. • Der Pfeil nach rechts hinter dem Menüpunkt **Symbole anordnen** weist auf ein zusätzliches Menü hin.

Anzeigen des Inhaltsverzeichnisses von Datenträgern

Oftmals ist es wichtig, den Inhalt eines Datenträgers zu kennen. Daher können Datenträger und Ordner (Verzeichnisse) eingesehen werden.

Bearbeitungsschritte:

- Starten Sie den **Windows-Explorer**. Die Anzeige könnte nach Anklicken des Laufwerkes C: in etwa so aussehen:

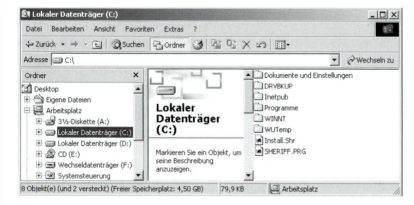

- Im Bereich der **Adresse** können Sie das Laufwerk usw. auswählen.
- Durch Anklicken der Pfeile in der Bildlaufleiste im Bereich **Ordner** können Sie den sichtbaren Bereich der Ordner bzw. Dateien nach unten bzw. nach oben bewegen. Werden alle Ordner/Dateien dargestellt, ist keine Bildlaufleiste vorhanden.
- Vor dem Begriff **Arbeitsplatz** und den einzelnen Datenträgern (3,5-Diskette (A:) usw.) werden Plus- bzw. Minuszeichen dargestellt. Ein Pluszeichen bedeutet, dass ein oder mehrere Unterordner (Unterverzeichnisse) vorhanden sind. Durch das Anklicken des Pluszeichens mit der Maus werden diese Unterordner auf dem Bildschirm dargestellt. Durch das Anklicken eines Minuszeichens werden die Unterverzeichnisse nicht mehr im Bereich **Ordner** angezeigt.
- Klicken Sie auf eine Bezeichnung (z. B. Lokaler Datenträger (C:), werden im rechten Bereich die einzelnen Ordner und Dateien der Festplatte C: angezeigt.
- Auf diese Art und Weise können Sie sich den Inhalt aller Datenträger und Unterverzeichnisse ansehen.
- Die gewünschte Darstellung lässt sich über den Menüpunkt **Ansicht** einstellen.
- Über den Menüpunkt **Ansicht/Symbole anordnen** können Sie bestimmen, nach welchen Kriterien die einzelnen Ordner und Dateien geordnet werden sollen.

Betriebssysteme

Suchen nach bestimmten Dateien

Auf Festplatten, Disketten usw. kann nach bestimmten Dateien gesucht werden. Bearbeitungsschritte:

Bearbeitungsschritte:

- Wenn Sie den **Windows-Explorer** geöffnet haben, können Sie die Suche über den Menüpunkt **Extras/Suchen/Dateien/Ordner** durchführen.
- Ansonsten klicken Sie auf die Schaltfläche **Start** und wählen den Menüpunkt **Suchen/Dateien/Ordner**. Sie können auch die Funktionstaste **[F3]** benutzen, wenn Sie nicht in einem Programm arbeiten.
- Geben Sie den Namen der gesuchten Datei ein. Durch das Anklicken der Schaltfläche **Durchsuchen** können Sie das Laufwerk bestimmen. Normalerweise sollte die Optionsschaltfläche **Untergeordnete Ordner einbeziehen** aktiviert sein. Nach dem Anklicken der Schaltfläche **Starten** wird die gewünschte Datei gesucht und falls sie vorhanden ist, angezeigt.

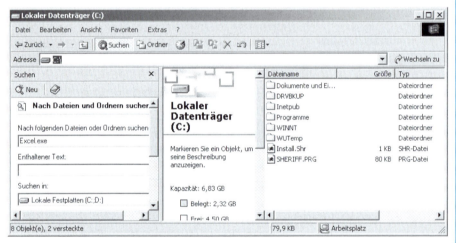

- Wenn Sie die Registerkarte **Datum** anklicken, können Sie bestimmen, dass nur nach Dateien gesucht wird, die in einer bestimmten Zeit entstanden sind. Unter **Weitere Optionen** können Sie sogar nach Textteilen in Dokumenten suchen.
- Die gefundenen Dateien können danach kopiert, umbenannt, ausgeschnitten usw. werden. Über die Menüpunkte **Datei** und **Bearbeiten** können Sie sich einen Überblick über die Möglichkeiten der Weiterbearbeitung verschaffen.

Durch die Verwendung von Platzhaltern können Sie beispielsweise nach Dokumenten suchen, deren Anfangsbuchstaben Sie kennen oder nach Dokumenten eines bestimmten Dateityps, wie etwa nach Word-Dokumenten vom Dateityp **doc**. Einige Möglichkeiten werden nachfolgend beschrieben. Die Möglichkeiten können beliebig miteinander verbunden werden.

Excel.exe	Es wird die Datei Excel.exe gesucht.
*.doc	Alle Dateien vom Dateityp **doc** (Word-Dokumente) werden gesucht.
E*.*	Es wird nach allen Dateien gesucht, die mit dem Buchstaben E anfangen.
E???.*	Es wird nach allen Dokumenten gesucht, die mit dem Buchstaben E anfangen und vier Buchstaben lang sind.

Erstellen und Löschen eines Ordners (Unterverzeichnis)

Ordner, auch Unterverzeichnisse genannt, erlauben eine Datenverwaltung auf Datenträgern. So können Dokumente nach bestimmten Themengebieten abgelegt werden.

Bearbeitungsschritte:
• Starten Sie den **Windows-Explorer**. Wählen Sie ein Laufwerk an. 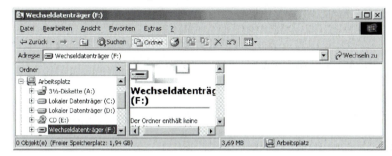   • Wählen Sie den Menüpunkt **Datei/Neu/Ordner**. Im Bereich **Inhalt von ...** wird der neue Ordner angezeigt.    • Da der neue Ordner noch markiert ist, können Sie einen anderen Namen eingeben. Ist der neue Ordner nicht mehr markiert, müssen Sie den Ordner markieren und den Menüpunkt **Datei/Umbenennen** wählen und danach die Umbenennung vornehmen. 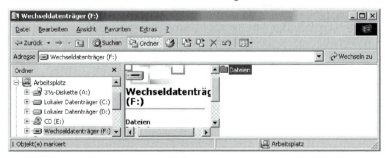   • Wenn Sie den Ordner wieder löschen wollen, markieren sie ihn und wählen anschließend den Menüpunkt **Datei/Löschen**. Der Ordner wird, wenn Sie die eingeblendete Sicherheitsabfrage mit **Ja** beantworten, gelöscht.

Markieren, Kopieren, Ausschneiden, Einfügen usw. von Dateien

Bevor Dateien kopiert oder entfernt werden können, müssen sie markiert werden. Die verschiedenen Möglichkeiten des Markierens sind in der folgenden Übersicht angegeben:

Markieren Die gewünschte Datei wird auf einem Datenträger und/oder in einem Ordner gesucht und durch Anklicken mit der Maus markiert.

Markieren (mehrere einzelne Dateien) Zunächst wird die erste Datei markiert. Danach wird die Taste **[Strg]** gedrückt. Bei gedrückter Taste **[Strg]** können Sie dann weitere Dateien markieren. Der Vorteil dieses Vorgehens ist, dass gleichzeitig mehrere Dateien kopiert oder bearbeitet werden können.
Hinweis: Mehrere Ordner können nur im rechten Bereich des Explorers gleichzeitig markiert werden.

Markieren (mehrere aufeinanderfolgende Dateien) Zunächst wird die erste Datei markiert. Danach wird die Umschalttaste [⇧] gedrückt. Bei gedrückter Umschalttaste [⇧] wird die letzte zu markierende Datei mit der Maus angeklickt.

Alles markieren Über den Menüpunkt **Bearbeiten/Alles markieren** können Sie den gesamten Inhalt eines Ordners markieren.

Markierung umkehren Nachdem Sie eine oder mehrere Dateien markiert haben, können Sie über diesen Menüpunkt die Markierung umkehren. Das bedeutet, bisher nicht markierte Dateien sind nun markiert und die anderen, bisher markierten, nicht mehr.

Die folgende Übersicht soll die Unterschiede zwischen den verschiedenen Möglichkeiten des Kopierens, Löschens usw. zeigen:

Ausschneiden Die markierte Datei wird auf einem Datenträger oder in einem Ordner entfernt. Sie kann jedoch über den Menüpunkt **Einfügen** auf einen anderen Datenträger oder in ein anderes Verzeichnis eingefügt werden.

Kopieren Eine markierte Datei bleibt auf dem Datenträger oder in dem Ordner weiterhin vorhanden. Über den Menüpunkt **Einfügen** kann sie zusätzlich auf einen anderen Datenträger oder in ein anderes Verzeichnis eingefügt werden.

Einfügen Eine ausgeschnittene oder kopierte Datei wird auf einen anderen Datenträger oder in ein Verzeichnis eingefügt.

Senden an Eine markierte Datei wird auf eine Diskette oder einen anderen Datenträger, der in einem Laufwerk ausgewechselt werden kann, übertragen.

Löschen Die markierte Datei wird vom Datenträger entfernt. Das Löschen entfernt die Datei unwiderruflich von einem Datenträger, der in einem Laufwerk ausgewechselt werden kann. Von einer Festplatte wird die Datei in den sogenannten Papierkorb verschoben. Sie kann danach unter Umständen wieder zurückgeholt werden. Auf die Funktion des Papierkorbs wird später noch eingegangen.

IV Grundlagen der Informationsverarbeitung

Bearbeitungsschritte:

- Markieren Sie die Datei, die kopiert werden soll.

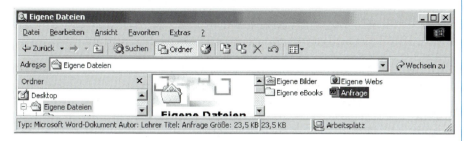

- Wählen Sie den Menüpunkt **Bearbeiten/Kopieren**.
  Wählen Sie einen Datenträger oder einen Ordner aus, z. B. einen Wechseldatenträger oder ein anderes Laufwerk.

- Wählen Sie den Menüpunkt **Bearbeiten/Einfügen**.
  Die kopierte Datei wird auf dem Wechseldatenträger oder in dem bestimmten Ordner eingefügt.

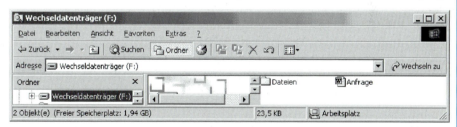

- Setzen Sie zum Kopieren usw. auch die rechte Maustaste ein. Dies ist nach dem Markieren oftmals die schnellste Möglichkeit.

291

Kopieren per Drag and Drop

Als **Drag and Drop** (Ziehen und Ablegen) bezeichnet man die Möglichkeit, eine Datei mit der Maus auf einen anderen Datenträger bzw. in einen anderen Ordner zu kopieren. Auf dem ursprünglichen Datenträger ist die Datei dann nicht mehr vorhanden. Soll dies geschehen, ist die Datei auf dem normalen Weg zu kopieren.

Bearbeitungsschritte:

- Markieren Sie die Datei, die kopiert werden soll.

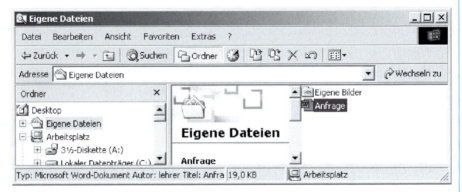

- Ziehen Sie bei gedrückter linker Maustaste die Datei auf die Bezeichnung eines Laufwerks, bis die Bezeichnung dunkel unterlegt ist.

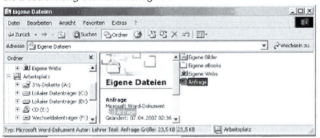

- Lassen Sie die Maustaste los. Die Datei ist auf den Datenträger, der gewählt wurde, kopiert.

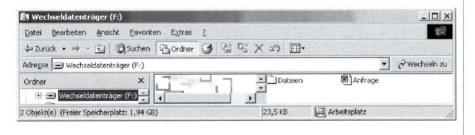

Umbenennen einer Datei

Der Name einer Datei kann jederzeit geändert werden.

Bearbeitungsschritte:
• Markieren Sie eine Datei. Wählen Sie Menüpunkt **Datei/Umbenennen** oder drücken Sie die rechte Maustaste und wählen Sie den Menüpunkt **Umbenennen** im Kontextmenü. Die markierte Datei ist dunkel unterlegt und mit einem Rahmen versehen. Es kann ein neuer Name eingegeben werden. Auch nach dem Markieren einer Datei und dem anschließenden Drücken der Funktionstaste [F2] kann eine Datei umbenannt werden.

Eigenschaften einer Datei bzw. eines Datenträgers

Sie können im **Windows-Explorer** jederzeit Informationen zu den Laufwerken oder zu einer bestimmten Datei aufrufen.

Bearbeitungsschritte:
• Markieren Sie im Windows-Explorer das Laufwerk A: Wählen Sie den Menüpunkt **Datei/Eigenschaften**. Es werden Informationen über das Laufwerk gegeben.   • Nach Anklicken der Registerkarte **Extras** kann man beispielsweise vom Programm das Laufwerk optimieren lassen, z. B. werden Dateien zusammengefasst usw. 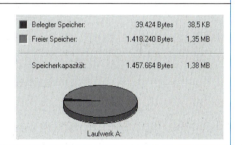

Papierkorb

Dateien, die von einem wechselbaren Datenträger, wie z. B. einer Diskette gelöscht wurden, sind unwiderruflich gelöscht. Dateien auf einer Festplatte werden nach dem Löschen in den Papierkorb verschoben und können u. U. wieder zurückgeholt werden.

Bearbeitungsschritte:
• Wählen Sie den Papierkorb im **Explorer** aus. Gelöschte Dateien werden angezeigt.    • Über den Menüpunkt **Datei/Papierkorb leeren** wird der Inhalt des Papierkorbs endgültig gelöscht. Wenn Sie eine Datei markieren, können Sie sie über den Kontextmenüpunkt (rechte Maustaste) **Wiederherstellen** wieder an der ursprünglichen Stelle auf dem Laufwerk einfügen.

1.3.5 Datensicherung

Möglichkeiten der Datensicherung

Als Datensicherheit versteht man den Versuch, Daten bei der Datenverarbeitung vor Verlust, Zerstörung, Verfälschung, unbefugter Kenntnisnahme und unberechtigter Bearbeitung zu schützen.

Die Ziele der Datensicherung:
- Die Datenverarbeitungsanlage und die Daten müssen verfügbar sein, wenn sie benötigt werden.
- Die Programme und die Daten müssen korrekt und aktuell sein.
- Die Datenverarbeitungsanlage, die Programme und die Daten müssen vor dem Zugriff unbefugter Personen geschützt werden.

Zum Schutz der Daten können u. a. folgende Maßnahmen ergriffen werden, die hier stichpunktartig angegeben werden. Außerdem wird der damit verbundene Zweck erläutert.

Hardware
- Zutrittskontrolle zur Datenverarbeitungsanlage.
  ⇒ Der Zutritt zu den Räumen mit der Datenverarbeitungsanlage wird mit Schlüsseln, Plastikkarten mit Lesestreifen oder ähnlichem gesichert.
- Abschließen der Datenverarbeitungsanlage und Verschließen der Anlage in Stahlschränken usw.
  ⇒ Die Datenverarbeitungsanlage kann von Unbefugten nicht benutzt werden.
- Einsatz von Notstromaggregaten und Blitzschutzgeräten.
  ⇒ Datenverluste durch den Ausfall von Strom oder durch Überspannungen werden vermieden.
- Sichern durch ein Passwort beim Anstellen des Computers.
  ⇒ Der Computer kann von Unbefugten nicht genutzt werden. Das Einsehen, Verändern und Ausgeben von Daten wird verhindert.

Software
- Sichern einzelner Programme durch ein Passwort.
  ⇒ Die Benutzung eines Programms bzw. eines bestimmten Bereiches eines Programms ist nur bestimmten Benutzern möglich. Bei ACCESS kann die gesamte Datenbank über ein Passwort geschützt werden. Damit sind nur Berechtigte in der Lage, die Datenbank zu nutzen. Aber auch einzelne Tabellen, Abfragen usw. können für Benutzer und/oder Benutzergruppen freigegeben werden.
- Automatische Abspeicherung von Dateien nach einem gewissen Zeitabstand.
  ⇒ z. B. Einstellen der automatischen Abspeicherung bei Word, Excel usw.
- Abfragen bei der Abspeicherung von Ergebnissen.
  ⇒ Die ursprünglichen Dateien werden vor dem Vernichten bewahrt. Die aktuellen Daten können unter einem anderen Namen abgespeichert werden.
- Plausibilitätskontrollen in Programmen.
  ⇒ z. B. kann der Bestand an Artikeln in einer Datenbank nur nummerische Zeichen enthalten. Andere Eingaben werden vom Programm mit einer Fehlermeldung quittiert.

- Prüfbit-Technik.
  ⇒ Fehler bei der Übertragung von Daten werden dadurch minimiert, dass jedes Byte durch ein sogenanntes Prüfbit ergänzt wird, welches aus der Bitfolge des Bytes errechnet wird.
- Prüfziffernverfahren.
  ⇒ Aus einer Kontonummer, Artikelnummer usw. wird eine zusätzliche Zahl ermittelt, die an die ursprüngliche Nummer angehängt wird. Wird nun die Kontonummer usw. eingegeben, wird vom Programm aus der ursprünglichen Kontonummer die zusätzliche Zahl errechnet und mit der Eingabe verglichen. Erst wenn die errechnete Zahl mit der eingegebenen Zahl übereinstimmt, nimmt das Programm die Eingabe an.

Sonstige Sicherungsmaßnahmen

- Sicherungskopien von Dateien, Verzeichnissen der Festplatte oder einer ganzen Festplatte (sogenanntes Backup).
  ⇒ Die Windows-Betriebssysteme stellen Möglichkeiten der Datensicherung zur Verfügung. Außerdem stellen Hersteller von Sicherungshardware (z. B. von Streamern) spezielle Programme für die Sicherung von Dateien usw. zur Verfügung.
- Aufbewahren von Ursprungsdateien, die u. U. später noch benötigt werden.
  ⇒ Die Dateien können später genutzt werden, um beispielsweise den ursprünglichen Datenbestand einer Datei, z. B. den Anfangsbestand eines Artikels, festzustellen.
- Aufbewahren von Dateien, die zum Beispiel den Datenstand am Ende eines Jahres zeigen.
  ⇒ Mit dem Datenbestand können Bilanzauswertungen usw. vorgenommen werden.
- Anlegen einer Sicherungskopie für jeden Wochentag, jede Woche und jeden Monat.
  ⇒ Die Sicherungskopie für den Montag wird dann am nächsten Montag, die für den Dienstag am nächsten Dienstag usw. überschrieben. Dasselbe Prinzip wird für die Wochen und Monate angewandt. Somit hat man jederzeit den Datenbestand aller Wochentage der letzten Woche, den Datenbestand der letzten Woche und den Datenbestand des letzten Monats gesichert.
- Festhalten der Benutzer der Datenverarbeitungsanlage durch ein Protokoll.
  ⇒ In einem Protokoll, welches u. U. auch automatisch von der Rechneranlage auf Grund der Eingabe eines Passwortes erstellt wird, wird festgehalten, wer von wann bis wann die Datenverarbeitungsanlage genutzt hat. Damit kann festgestellt werden, wer eventuell für unbeabsichtigte Fehler oder beabsichtigte Manipulationen verantwortlich ist.

Sonstige Möglichkeiten der Datensicherung und -sicherheit

Durch die Nutzung des Internets sind die Gefahren des Datenverlusts und des Datendiebstahls enorm gestiegen. Auf einem Computer sollten daher entsprechende Programme zur Datensicherung und Abwehr von Viren usw. installiert sein.

In der folgenden Übersicht sind Erklärungen zu einzelnen Bereichen der Sicherheit und Sicherung von Daten und entsprechende Programme (Freewareprogramme), die die Daten schützen und sichern, angegeben (siehe auch www.werner-geers.de/Datensicherheit).

Art/Programm	Erklärung:
Virenschutz-programm	Die rasante Entwicklung des Internets sorgt dafür, dass Viren und andere Computerschädlinge massenweise programmiert und verteilt wurden und werden. Vorsichtsmaßnahmen und wirksame, stets aktuell zu haltende Virenschutzprogramme sollen wirtschaftliche Schäden verhindern.
Spamschutz	Als Spam werden unerwünschte Werbe-Mails bezeichnet. Die Mails „verstopfen" teilweise das Internet. In Unternehmen, Privathaushalten usw. fällt Arbeit an, um benötigte von unerwünschten Mails zu trennen.
AntiSpy	Die Ausspähung von Computerdaten über das Internet, die damit verbundenen Möglichkeiten der Manipulation und ungerechtfertigter Nutzung dieser Daten soll durch AntiSpy-Programme verhindert werden.
Firewall	Über die Firewall wird die Kommunikation zwischen zwei Netzen (Computern), also z. B. zwischen dem heimischen Computer und dem Internet, geführt. Eine Firewall ist die Schwelle zwischen zwei Netzen, die überwunden werden muss, um Computer im anderen Netz zu erreichen. Daher kann eine Firewall das Eindringen fremder Personen in den eigenen Computer oder das eigene Computernetzwerk verhindern.
Datensicherung	Die Sicherung von Computerdaten durch die Übertragung auf externe Datenträger (CD, DVD) wird normalerweise durch Brennprogramme in Zusammenarbeit mit einem CD/DVD-Brenner vorgenommen.
Backup	Ein Backup-Programm sichert je nach Bedarf den Inhalt von Festplatten, von einzelnen Ordnern usw. Auch können Dateien mit z. B. bestimmten Dateitypen gesichert werden.
Daten-komprimierung	Die Größe von Dateien ist oftmals ein Problem. Das Versenden über das Internet blockiert die Leitungen über eine längeren Zeitraum, Speichermedien (z. B. USB-Sticks) können Dateien auf Grund ihrer Größe nicht aufnehmen. Durch die Komprimierung mit einem Datenkomprimierungsprogramm werden Daten verlustfrei komprimiert und können später in das ursprüngliche Format zurückgespeichert werden. Außerdem können bei Bedarf mehrere Dateien zu einer größeren zusammengefasst werden.
PDF-Erstellung	Heutzutage werden Handbücher und andere Dokumente den Nutzern oftmals nicht mehr in gedruckter Form, sondern als PDF-Dokument zur Verfügung gestellt. Der Inhalt kann nicht verändert werden, das Dokument kann auf dem Bildschirm angesehen und bei Bedarf ausgedruckt werden. Auf Grund der geringeren Dateigröße lassen sich PDF-Dokumente auch über das Internet versenden. PDF (Portable Document Format) stellt heute ein Standardformat für Dokumente dar.

1.3.6 Datenschutz für Privatpersonen

Zweck des Bundesdatenschutzgesetzes

Das Bundesdatenschutzgesetz vom 20. Dezember 1990 regelt den Datenschutz.

Zweck und Anwendungsbereich des Gesetzes § 1
(1) Zweck des Gesetzes ist es, den Einzelnen davor zu schützen, dass er durch den Umgang mit seinen personengeschützten Daten in seinem Persönlichkeitsrecht beeinträchtigt wird.
(2) Dieses Gesetz gilt für die Erhebung, Verarbeitung und Nutzung personenbezogener Daten durch
1. öffentliche Stellen des Bundes,
2. öffentliche Stellen der Länder, soweit der Datenschutz nicht durch Landesgesetz geregelt ist und soweit sie
   a) Bundesrecht ausführen oder
   b) als Organe der Rechtspflege tätig werden und es sich nicht um Verwaltungsangelegenheiten handelt.
3. nicht-öffentliche Stellen, soweit sie die Daten in oder aus Dateien geschäftsmäßig oder für berufliche oder gewerbliche Zwecke verarbeiten oder nutzen.

Öffentliche Stellen

Im zweiten Abschnitt des Bundesdatenschutzgesetzes ist die Datenverarbeitung der öffentlichen Stellen geregelt. Aus dem Gesetz werden die wichtigsten Passagen angegeben, da es unmöglich ist, alle Ausnahmen usw. wiederzugeben. Grundsätzlich empfiehlt es sich daher, in einem konkreten Fall die Bestimmungen des Gesetzes zu lesen.

Der Datenschutz in den Ländern ist ähnlich geregelt. Daher kann davon ausgegangen werden, dass Bestimmungen des Bundesrechts ebenfalls auf Landesebene durch die entsprechenden Landesgesetze gelten.

Anwendungsbereich § 12
Die Vorschriften dieses Abschnittes gelten für öffentliche Stellen des Bundes, soweit sie nicht als öffentlich-rechtliche Unternehmen am Wettbewerb teilnehmen. Ist der Datenschutz nicht durch ein Landesgesetz geregelt, gelten wichtige Bestimmungen auch für die öffentlichen Stellen der Länder.

Datenerhebung § 13
Das Erheben personenbezogener Daten ist zulässig, wenn ihre Kenntnis zur Erfüllung von Aufgaben der erhebenden Stelle erforderlich ist. Personenbezogene Daten sind beim Betroffenen zu erheben. Ohne seine Mitwirkung dürfen sie nur erhoben werden, wenn z. B. eine Rechtsvorschrift dies vorsieht.

Datenspeicherung, -veränderung und -nutzung § 14
Das Speichern, Verändern und Nutzen personenbezogener Daten ist zulässig, wenn es zur Erfüllung der in der Zuständigkeit der speichernden Stelle liegenden Aufgaben erforderlich ist und für die Zwecke erfolgt, für die die Daten erhoben worden sind. Das Speichern, Verändern oder Nutzen für andere Zwecke ist nur zulässig, wenn z. B. eine Rechtsvorschrift dies vorsieht oder der Betroffene einwilligt.

Auskunft an den Betroffenen § 19
Dem Betroffenen ist auf Antrag Auskunft zu erteilen über die zu seiner Person gespeicherten Daten, über die Herkunft und den Empfänger dieser Daten und den Zweck der Speicherung.

Berichtigung, Löschung und Sperrung von Daten § 20
Personenbezogene Daten sind zu berichtigen, wenn sie unrichtig sind.
Die personenbezogenen Daten sind zu löschen, wenn beispielsweise ihre Speicherung unzulässig ist oder die Daten zur Erfüllung ihrer Aufgabe nicht mehr benötigt werden.
Die personenbezogenen Daten sind zu sperren, wenn die Behörde im Einzelfall feststellt, dass ohne die Sperrung schutzwürdige Interessen des Betroffenen beeinträchtigt werden und die Daten für die Aufgabenerfüllung der Behörde nicht mehr erforderlich sind.

Anrufung des Bundesbeauftragten für den Datenschutz § 21
Jedermann kann sich an den Bundesbeauftragten für den Datenschutz wenden, wenn er der Ansicht ist, bei der Erhebung, Verarbeitung oder Nutzung seiner personenbezogenen Daten durch öffentliche Stellen des Bundes in seinen Rechten verletzt worden zu sein.

Wahl des Bundesbeauftragten für den Datenschutz § 22
Der Deutsche Bundestag wählt auf Vorschlag der Bundesregierung den Bundesbeauftragten für den Datenschutz mit mehr als der Hälfte der gesetzlichen Zahl seiner Mitglieder.

Kontrolle durch den Bundesbeauftragten für den Datenschutz § 24
Der Bundesbeauftragte für den Datenschutz kontrolliert bei den öffentlichen Stellen des Bundes das Einhalten der Vorschriften des Bundesdatenschutzgesetzes und anderer Vorschriften über den Datenschutz.

Unternehmen

Der Datenschutz durch die Verarbeitung von personenbezogenen Daten in den Unternehmen ist ebenfalls durch das Bundesdatenschutzgesetz geregelt. Wichtige Bestimmungen werden nachfolgend angegeben. Ausnahmen von den grundsätzlichen Bestimmungen sollten in dem Gesetz nachgelesen werden.

Anwendungsbereich § 27
Die Vorschriften dieses Abschnittes finden Anwendung, soweit personenbezogene Daten in oder aus Dateien geschäftsmäßig oder für berufliche oder gewerbliche Zwecke verarbeitet oder genutzt werden durch nicht öffentliche Stellen oder durch öffentlich-rechtliche Unternehmen des Bundes oder der Länder, soweit sie am Wettbewerb teilnehmen.

Datenspeicherung, -übermittlung und -nutzung für eigene Zwecke § 28
Das Speichern, Verändern oder Übermitteln personenbezogener Daten oder ihre Nutzung als Mittel für die Erfüllung eigener Geschäftszwecke ist zulässig im Rahmen der Zweckbestimmung eines Vertragsverhältnisses oder vertragsähnlichen Vertrauensverhältnisses mit dem Betroffenen, oder so weit es zur Wahrung berechtigter Interessen der speichernden Stelle erforderlich ist und die Daten aus allgemein zugänglichen Quellen entnommen werden können.

Benachrichtigung des Betroffenen § 33

Werden erstmals personenbezogene Daten für eigene Zwecke gespeichert, ist der Betroffene von der Speicherung und der Art der Daten zu benachrichtigen.

Werden personenbezogene Daten geschäftsmäßig zum Zwecke der Übermittlung gespeichert, ist der Betroffene von der erstmaligen Übermittlung und der Art der übermittelten Daten zu benachrichtigen.

Eine Pflicht zur Benachrichtigung besteht nicht, wenn der Betroffene auf andere Weise Kenntnis von der Speicherung oder Übermittlung erlangt hat oder die Daten für eigene Zwecke gespeichert und aus allgemein zugänglichen Quellen entnommen sind.

Auskunft des Betroffenen § 34

Der Betroffene kann Auskunft verlangen über die zu seiner Person gespeicherten Daten, auch soweit sie sich auf Herkunft und Empfänger beziehen, den Zweck der Speicherung und Personen und Stellen, an die seine Daten regelmäßig übermittelt werden, wenn seine Daten automatisiert verarbeitet werden.

Berichtigung, Löschung und Sperrung von Daten § 35

Personenbezogene Daten sind zu berichtigen, wenn sie unrichtig sind.

Personenbezogene Daten sind zu löschen, wenn ihre Speicherung unzulässig ist, es sich um Daten über gesundheitliche Verhältnisse, strafbare Handlungen, Ordnungswidrigkeiten sowie religiöse oder politische Anschauungen handelt und ihre Richtigkeit von der speichernden Stelle nicht bewiesen werden kann. Außerdem sind sie zu löschen, wenn sie für eigene Zwecke verarbeitet wurden und ihre Kenntnis für die Erfüllung des Zweckes der Speicherung nicht mehr erforderlich ist.

An die Stelle der Löschung tritt die Sperrung, soweit einer Löschung gesetzliche, satzungsmäßige oder vertragliche Aufbewahrungsfristen entgegenstehen oder Grund zu der Annahme besteht, dass durch eine Löschung schutzwürdige Interessen des Betroffenen beeinträchtigt würden oder eine Löschung wegen der besonderen Art der Speicherung nicht oder nur mit unverhältnismäßig hohem Aufwand möglich ist.

Personenbezogene Daten sind ferner zu sperren, soweit ihre Richtigkeit vom Betroffenen bestritten wird und sich weder die Richtigkeit noch die Unrichtigkeit feststellen lässt.

Bestellung eines Beauftragten für den Datenschutz § 36

Die nicht-öffentlichen Stellen, die personenbezogene Daten automatisiert verarbeiten und damit in der Regel mindestens fünf Arbeitnehmer ständig beschäftigen, haben spätestens innerhalb eines Monats nach Aufnahme ihrer Tätigkeit einen Beauftragten für den Datenschutz schriftlich zu bestellen. Das gleiche gilt, wenn personenbezogene Daten auf andere Weise verarbeitet werden und damit in der Regel mindestens 20 Arbeitnehmer ständig beschäftigt sind.

Aufgaben des Beauftragten für den Datenschutz § 37

Der Beauftragte für den Datenschutz hat die Ausführung des Datenschutzgesetzes sowie anderer Vorschriften über den Datenschutz sicherzustellen. Er hat insbesondere die ordnungsgemäße Anwendung der Datenverarbeitungsprogramme, mit deren Hilfe personenbezogene Daten verarbeitet werden, zu überwachen. Außerdem hat er die bei der Verarbeitung personenbezogener Daten tätigen Personen durch geeignete Maßnahmen mit den Vorschriften des Datenschutzgesetzes und anderer Vorschriften über den Datenschutz vertraut zu machen.

Technische und organisatorische Maßnahmen für den Datenschutz

In § 9 des Bundesdatenschutzgesetzes wird festgelegt, dass öffentliche und nicht-öffentliche Stellen Maßnahmen für einen geeigneten Datenschutz ergreifen müssen.

Technische und organisatorische Maßnahmen § 9

Öffentliche und nicht-öffentliche Stellen, die selbst oder im Auftrag personenbezogene Daten verarbeiten, haben die technischen und organisatorischen Maßnahmen zu treffen, die erforderlich sind, um die Ausführung der Vorschriften dieses Gesetzes, insbesondere die in der Anlage zu diesem Gesetz genannten Anforderungen, zu gewährleisten. Erforderlich sind die Maßnahmen nur, wenn ihr Aufwand in einem angemessenen Verhältnis zu dem angestrebten Schutzzweck steht.

In der Anlage zu § 9 des Bundesdatenschutzes wird festgelegt, dass je nach Art der zu schützenden personenbezogenen Daten Maßnahmen zu treffen sind, die den Datenschutz garantieren.

Zugangskontrolle	Unbefugten ist der Zugang zu Datenverarbeitungsanlagen zu verwehren, mit denen personenbezogene Daten verarbeitet werden.
Datenträgerkontrolle	Es ist zu verhindern, dass Datenträger unbefugt gelesen, kopiert, verändert oder entfernt werden können.
Speicherkontrolle	Es ist die unbefugte Eingabe in den Speicher sowie die unbefugte Kenntnisnahme, Veränderung oder Löschung gespeicherter personenbezogener Daten zu verhindern.
Benutzerkontrolle	Es ist zu verhindern, dass EDV-Anlagen mit Hilfe von Einrichtungen zur Datenübertragung von Unbefugten genutzt werden können.
Zugriffskontrolle	Es ist zu gewährleisten, dass die zur Benutzung eines Datenverarbeitungssystems Berechtigten ausschließlich auf die ihrer Zugriffsberechtigung unterliegenden Daten zugreifen können.
Übermittlungskontrolle	Es ist zu gewährleisten, dass überprüft und festgestellt werden kann, an welche Stellen personenbezogene Daten durch Einrichtungen zur Datenübertragung übermittelt werden können.
Eingabekontrolle	Es ist zu gewährleisten, dass nachträglich überprüft und festgestellt werden kann, welche personenbezogenen Daten zu welcher Zeit von wem in Datenverarbeitungssysteme eingegeben worden sind.
Auftragskontrolle	Es ist zu gewährleisten, dass personenbezogene Daten, die im Auftrag verarbeitet werden, nur entsprechend den Weisungen des Auftraggebers verarbeitet werden können.
Transportkontrolle	Es ist zu verhindern, dass bei der Übertragung personenbezogener Daten sowie beim Transport von Datenträgern die Daten unbefugt gelesen, kopiert, verändert oder gelöscht werden können.
Organisationskontrolle	Die innerbehördliche und innerbetriebliche Organisation ist so zu gestalten, dass sie den besonderen Anforderungen des Datenschutzes gerecht wird.

1.4 Grundlagen vernetzter Systeme

1.4.1 Datenkommunikationsgeräte

Die Datenkommunikation, z. B. über das Internet, erlangt eine immer größere Bedeutung. Über ein Telefonkabel werden die benötigten Daten angefordert. Die Daten werden dann mit Hilfe des Providers auf einen Computer in einem Betrieb oder in einen Privathaushalt übertragen.
Die wichtigsten Datenkommunikationsgeräte werden nachfolgend dargestellt. Dabei werden auch heute noch vorhandene, aber nicht mehr verbreitete Geräte angesprochen.

Modem Durch Datenfernübertragung über das Telefonnetz werden Daten in Computer eingelesen bzw. auf andere Computer übertragen. Das Modem ist ein Gerät, welches eine direkte Verbindung des Telefonnetzes mit dem Computer ermöglicht.

Ein Modem kann als externes Gerät oder als Steckkarte im Computer angebracht werden. Am häufigsten wird ein Modem als externes Gerät eingesetzt.
Modem ist eine Abkürzung für Modulator/Demodulator. Das Modem wandelt die digitalen Daten eines Computers in hörbare Töne um. Damit können die Töne über die Telefonleitung übertragen werden. Das Modem am Empfängergerät wandelt die Töne wieder in digitale Daten um.

Das Modem hat aufgrund der geringen Geschwindigkeit des Datenaustauschs in den letzten Jahren enorm an Bedeutung verloren. Ein Download etwa von Programmen aus dem Internet ist auf Grund der geringen Geschwindigkeit praktisch nicht möglich.

ISDN-Karte Durch einen ISDN-Anschluss (Integrated Services Digital Network) können Daten, Bilder, Texte und sprachliche Mitteilungen in einem einheitlichen Netz übertragen werden. Die Übertragung ist schneller als bei einem Modem und zudem sicherer. Umwandlungen der Daten wie beim Modem sind nicht notwendig.

Die Karte wird in einen Steckplatz auf dem Motherboard eingesetzt oder als externes Gerät über eine USB-Schnittstelle angeschlossen.
Auch die Nutzung von ISDN-Karten für die Übertragung von Daten aus dem Internet dürfte auf Grund der mangelhaften Geschwindigkeit immer weiter zurückgehen.

DSL-Modem Hochgeschwindigkeitszugänge zum Internet über normale Kupferleitungen werden z. B. über ADSL (Asymmetric Digital Subscriber Line) zur Verfügung gestellt. Die Übertragung der Informationen aus dem Internet ist dabei wesentlich höher als die Übertragungsgeschwindigkeit vom Nutzer zum Provider. Es handelt sich daher um eine asymmetrische Übertragung. ADSL eignet sich zum Downloaden großer Datenmengen aus dem Internet und dem schnellen Surfen im Internet. Übertragungsgeschwindigkeiten von bis zu 8 MBit in der Sekunde sind möglich.

Die Deutsche Telekom bietet beispielsweise ihren Dienst T-DSL mit einer Download-Geschwindigkeit aus dem Internet von 6144/KBit/s und einer Upload-Geschwindigkeit von 384/KBit/s an.

1.4.2 Netzwerkkomponenten

Die Vernetzung von Computern und damit auch die Nutzung von Daten anderer Computer, die gemeinsame Verwendung von Datenspeichern, Druckern usw. gewinnt in der Datenverarbeitung immer mehr an Bedeutung.

Selbstverständlich sind in Betrieben und Schulen Computer heutzutage vernetzt. Aber auch in Privathaushalten können vorhandene Personalcomputer innerhalb kürzester Zeit miteinander verbunden werden.

Die benötigten Hardwarekomponenten werden hier kurz vorgestellt. Es wird dabei der Tatsache Rechnung getragen, dass die einzelnen Computer heutzutage mittels Netzwerkkarten, Switch oder Hub und Twisted Pair-Kabel miteinander verbunden werden. Ein Router stellt oftmals die Verbindung zum Internet her.

Die folgenden Abbildungen zeigen exemplarisch den möglichen Aufbau eines Netzes, z. B. eine Lösung mit Server und angeschlossenen Clients (Client Server Computing) oder eine Lösung, in der einzelne Computer sowohl Server als auch Client darstellen (Peer-to-Peer Networking). Außerdem werden zwei sogenannte Netzwerktopologien (Sternnetz, Ringnetz) dargestellt, also mögliche Grundstrukturen eines Netzes.

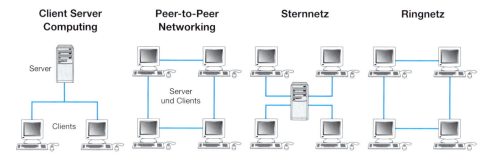

Nachfolgend werden die einzelnen Hardwarekomponenten eines Netzwerkes erklärt.

Netzwerkkarte

Eine Netzwerkkarte, die in Personalcomputer eingebaut wird bzw. oftmals, gerade bei Notebooks, schon zu den Standardkomponenten eines Computers zählt, bildet die Grundlage für die Vernetzung. Grundsätzlich stehen 10 MBit, 100 MBit oder Dual-Speed-Karten zur Verfügung, die beide Übertragungsgeschwindigkeiten erlauben. Die 1000 MBit-Karte entwickelt sich auf Grund des geringen Preises immer mehr zum Standard.
Moderne Karten verfügen über eine RJ 45 Kupplung, sodass mittels eines Twisted-Pair-Kabels mit RJ 45 Stecker die Netzwerkkarte mit einen Switch oder Hub verbunden werden kann.

RJ 45 Stecker

Ein Windows-System erkennt eine Netzwerkkarte in der Regel automatisch, damit die Arbeit in einem Netzwerk möglich ist, muss ein Netzwerkkarten-Treiber installiert werden.

Switch/Hub

Ein Hub verschickt die zu sendenden Daten in Form einer Rundmeldung, d. h. die Daten werden erst einmal an alle Netzwerkkomponenten geschickt. Der Computer, der Ziel der Daten ist, nimmt die Daten dann an. Der Hub ist daher in gewisser Weise ein dummer Verteiler der Daten. Durch das wahllose Versenden der Daten wird das Netz stark belastet und die Geschwindigkeit sinkt mit jedem neu angeschlossenem Gerät.
Ein Switch speichert die Zieladresse einzelner Netzwerkkomponenten und versendet die Daten direkt an die Zieladresse.

Twisted Pair-Kabel
RJ 45 Stecker

Diese Kabel verbinden mittels eines Hubs oder eines Switch mehrere Computer miteinander. Die maximale Übertragungsgeschwindigkeit beträgt 1000 MBit pro Sekunde.
An den Enden sind die Kabel mit RJ 45 Stecker ausgestattet, sodass sie auf der einen Seite in eine Netzwerkkarte mit einer RJ 45 Kupplung und an der anderen Seite in einen Hub oder Switch eingesteckt werden können und so die Verbindung zwischen den Computern herstellen.
Als Cross-Over-Kabel (gekreuztes Kabel) bezeichnet man ein Kabel, welches ohne Hub oder Switch zwei Computer verbindet.

Bluetooth

Bluetooth bezeichnet einen Standard zur drahtlosen Datenübertragung zwischen verschiedenen Geräten. Im Telekommunikationsbereich ist damit eine kostengünstige und einfache Möglichkeit gegeben, Kabel zu ersetzen.
Zahlreiche Unternehmen des Telekommunikations- und Informationstechnikbereichs verwenden diesen Standard.

An den ISDN-Anschluss kann beispielsweise die Basisstation (Access-Point) angeschlossen werden. Der Computer erhält ebenfalls einen Sender und Empfänger, z. B. in Form einer Steckkarte für einen USB-Anschluss.
Bis zu sieben Computer können mit der Basisstation kommunizieren, neu aufgenommene Geräte werden automatisch erkannt. Besonders die Nutzung von Laptops wird durch die drahtlose Übermittlung von Daten erleichtert.

Router

Als Router bezeichnet man einen speziellen Computer oder eine sonstige Hardwarekomponente, die Verbindungen zu mehreren Netzwerken besitzen und den Datenverkehr zwischen diesen Netzwerken regeln. Router sind das Bindeglied zwischen Teilnetzen in Betrieben, sie sind ebenfalls das Bindeglied zwischen einem Firmennetz und dem Internet.

WLAN

Ein Wireless-LAN ermöglicht die drahtlose Übertragung von Daten per Funk in einem begrenzten Bereich. Ein sogenannter Access Point stellt die Verbindung zu den einzelnen Computern im Netz her. Die Computer werden über Netzwerkkarten an das Funknetz angeschlossen.

2 Digitaltechnik

2.1 Systeme der Logik

Die Wissenschaft der Logik befasst sich mit den Denkgesetzen. Werden Aussagen als „logisch" bezeichnet, dann ist gemeint, dass die Gegebenheiten und Zusammenhänge als folgerichtig und einsichtig bezeichnet werden können. In der Sprache der Logik werden Aussagen mit *true* (wahr) oder *false* (falsch) bezeichnet. Als nummerische Symbole stehen die Ziffer 1 für true und 0 für false.
1: *true* (wahr)
0: *false* (falsch)

In unserem Leben treten ständig Ereignisse ein, die eine logische Entscheidung bedingen: so kann die Entscheidung, ob man sich ein Getränk kauft (Q), vom Durst (A) abhängen, wie auch davon, wie viel Geld (B) jemand bei sich trägt.

Die logischen Entscheidungsmöglichkeiten sind in der Tabelle zusammengefasst:

Voraussetzungen		Folge
Durst haben (A)	Geld besitzen (B)	Getränk kaufen (Q)
0	0	0
0	1	0
1	0	0
1	1	1

Der Eintritt des Ereignisses Q hängt zu jedem Zeitpunkt in einer ganz bestimmten Weise von einer oder mehreren Größen A, B, ... ab.

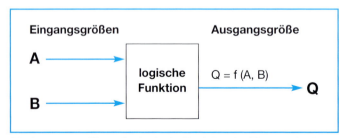

Die Ausgangsgröße – eine logische Funktion der Eingangsbedingungen

Alle logischen Funktionen gehen auf drei Grundtypen zurück:
- **NICHT-Funktion (NOT)**,
- **UND-Funktion (AND)**,
- **ODER-Funktion (OR)**.

Logikpegel

In der Technik finden logische Verknüpfungen in digitalen Steuerungen Anwendung. Digitale Steuerungsbausteine werden durch ICs (engl. *integrated circuit*: integrierte Schaltkreise) realisiert. Integriert heißt, dass alle notwendigen elektronischen Bauelemente und Verbindungen in einem gemeinsamen Herstellungsprozess entstehen und sich in mikroskopisch kleiner Form auf einem gemeinsamen Trägermaterial (Chip) befinden.

Von den ursprünglich zahlreichen Schaltkreisfamilien haben zwei besondere Bedeutung:
- **TTL-Bausteine**[1]
- **CMOS-Bausteine**[2]

Die Logikbausteine (auch Logikgatter genannt) haben einen oder mehrere Eingänge und Ausgänge. Die Betriebsspannung hat je nach Logikfamilie unterschiedliche Werte. So beträgt sie bei der TTL-Logik U_B = +5 V. bei CMOS sind Betriebsspannungen zwischen +3 V und +15 V möglich.

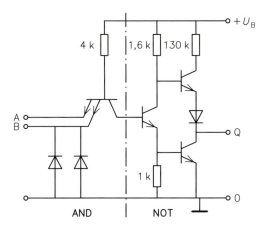
Logikgatter (NAND) in TTL-Technik

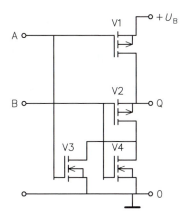
Logikgatter (NOR) in CMOS-Technik

In den Datenblättern werden neben zulässigen Mindest- und Höchstbetriebsspannungen die Spannungswerte für die Signalpegel an den Ein- und Ausgängen angegeben.
Die Digitaltechnik definiert den Spannungswert, der näher an +∞ liegt, als **H-Pegel**[3]. Als **L-Pegel**[4] wird der Pegel bezeichnet, der näher an −∞ liegt.

Diese Pegel sind bei der Signalzuordnung sehr wichtig. Die Signale selbst sind so genannte *binäre*[5] *Signale* mit zwei Zuständen:
- Der Zustand, der einem **geschlossenen Schalter** entspricht, heißt **Signal 1**.
- Der Zustand, der einem **offenen Schalter** entspricht, heißt **Signal 0**.

---

[1] Abkürzung von Transistor-Transistor-Logik
[2] Abkürzung von Complementary Metal-Oxyd-Semiconductor: komplementäre Halbleiter mit oxidisolierter Metallelektrode
[3] H von high (engl.): hoch
[4] L von low (engl.): tief
[5] binär: zweiwertig

Stellenwertsysteme

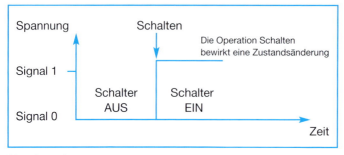

Signalzuordnung

Zur Signalerkennung ist es nicht unbedingt notwendig, dass die Ein- und Ausgangsspannungen zwischen zwei genau festgelegten Spannungswerten hin- und her springen. Es sind zwei Spannungsbereiche bzw. Spannungspegel zugelassen.

Bei der **positiven Logik** ist die positive Spannung (z. B. +5 V bei TTL) dem Signal 1 bzw. dem H-Pegel zugeordnet. Bei der negativen Logik ist die Zuordnung umgekehrt. Diese Logik wird nur noch in Ausnahmefällen verwendet.

Da bei der Signalübertragung auf die Leitung Störungen wirken können, sind die Spannungsbereiche, innerhalb derer ein Eingang ein Signal eindeutig als 1 erkennt, stets größer als die Spannungsbereiche der Ausgangssignale.

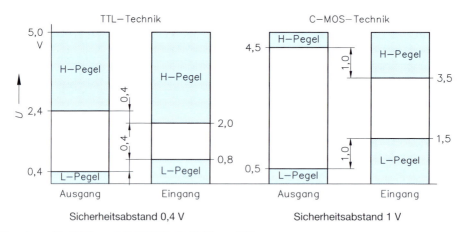

Signalpegel bei TTL- und C-MOS Technik (U_B = +5 V)

2.2 Stellenwertsysteme

Zur Darstellung von Zahlen hat der Mensch wohl zunächst auf seine Finger und Hände zurückgegriffen. Z. B. stellt die römische Fünf „V" eine stilisierte Hand dar und die Zehn „X" zwei Hände.

I II III IV V VI VII VIII IX X

Römische Zahlzeichen von 1 bis 10

306

Verschiedene Völker gebrauchten verschiedene Stufungen:
- 5er-Stufung: Römer, Griechen, Mayas und Chinesen
- 10er-Stufung: Ägypter, Sumerer und Babylonier
- 20er-Stufung: Inder und Mayas
- 60er-Stufung: Sumerer und Babylonier

Die 60er-Stufung findet auch heute noch Anwendung. Wir unterteilen die Stunde in 60 Minuten und die Minute in 60 Sekunden, bzw. den Kreis in 6 x 60°.

Ziffern	Kultur
— = ≡ ¥ ⌐ 6 7 ς ?	Indisch (Brahmi) 3. Jh.v.Chr.
7 2 3 8 4 ⌐ 7 ₹ 9 σ	Indisch (Gwalior) 8. Jh.n.Chr.
I ∠ ⇃ ⊷ 4 ſ 7 ∂ 2 ∘	Westarabisch (Gobär) 11. Jh.
1 ? 3 ⨍ 4 6 ⌒ 8 9 ∘	Europäisch 15. Jh.
1 ≥ 3 4 5 6 7 8 9 0	Europäisch (Dürer) 16. Jh.
1 2 3 4 5 6 7 8 9 0	Neuzeit (Grotesk) 20. Jh.

Zahlen verschiedener Kulturen[6]

Jede Zahl kann als Summe einer endlichen Potenzreihe dargestellt werden. Je nach der verwendeten Basis b und den verwendeten Koeffizienten z_i werden z. B. das Duale ($b = 2$), Pentale ($b = 5$), Oktale ($b = 8$), Dezimale ($b = 10$) und Sedezimale oder Hexadezimale ($b = 16$) Zahlensystem unterschieden. Die Ziffern z dieser Zahlensysteme können die Werte 0 bis $b-1$ annehmen. Der Stellenwert der Ziffern z_i ergibt sich aus der Potenz b^i, wobei die Stellen von rechts nach links ab $i = 0$ durchnummeriert sind.

$$z = z_n \cdot b_n + z_{n-1} \cdot b^{n-1} + \ldots + z_i \cdot b^i + \ldots + z_1 \cdot b^1 + z_0 \cdot b_0 = \sum_{i=0}^{n} z_i \cdot b^i$$

Die Koeffizienten z mit tiefgestellten Indizes sind die Ziffern, aus denen sich die Zahl zusammensetzt.

b^n	$n = 2$	$n = 3$	$n = 4$	$n = 5$	$n = 6$	$n = 7$	$n = 8$
$b = 2$	4	8	16	32	64	128	256
$b = 8$	64	512	4096	32768	262144	2097152	33554432
$b = 10$	100	1000	10000	100000	1000000	10000000	100000000
$b = 16$	256	4096	65536	1048576	16777216	268435456	4294967296

Tabelle von Potenzen zu verschiedenen Basen

Wenn aus der Zahlendarstellung nicht einwandfrei hervorgeht, in welchem System eine Zahl dargestellt ist, wird direkt hinter die Zahl ein entsprechender Kennungsbuchstabe gesetzt. Um diesen von den Ziffern A bis F der Hexadezimalzahlen zu unterscheiden, wird er klein geschrieben.

---

[6] Quelle: SIEMENS

Stellenwertsysteme

System	Basis	Kennung	Ziffern
Binär	2	b	01
Octal	8	c	01234567
Hexadezimal	16	h	0123456789ABCDEF

Dezimalsystem

Das im täglichen Leben gebräuchlichste Zahlensystem ist das Dezimalsystem mit den zehn Ziffern 0, 1, ... 9.
Um den Wert der Dezimalzahl 3746 rechnerisch auszudrücken, wird geschrieben:

$$3746 = 3 \cdot 1000 + 7 \cdot 100 + 4 \cdot 10 + 6 \cdot 1$$

Dabei sind die Multiplikationsfaktoren, die den Stellenwert der jeweiligen Position ergeben, Potenzen von 10, so dass auch geschrieben werden kann:

$$3746 = 3 \cdot 10^3 + 7 \cdot 10^2 + 4 \cdot 10^1 + 6 \cdot 10^0$$

Dualsystem

Das binäre Zahlensystem wird als Dualsystem bezeichnet. Es wurde von Gottfried Wilhelm Leibnitz 1679 erstmals beschrieben und stellt Zahlen mit den zwei Ziffern 0 und 1 dar. Eine Dualzahl ist demnach die Summe von Zweierpotenzen mit unterschiedlichen Exponenten:

$$z = z_n \cdot 2^n + z_{n-1} \cdot 2^{n-1} + \ldots + z_i \cdot 2^i \ldots + z_1 \cdot 2^1 + z_0 \cdot 2^0 \text{ mit } z; \in \{0; 1\}$$

Beispiel: Umrechnung der Dezimalzahl 197 zur Dualzahl

Dezimalzahl: $197 = 128 + 64 + 0 \cdot 32 + 0 \cdot 16 + 0 \cdot 8 + 4 + 0 \cdot 2 + 1$
$= 1 \cdot 2^7 + 1 \cdot 2^6 + 0 \cdot 2^5 + 0 \cdot 2^4 + 0 \cdot 2^3 + 1 \cdot 2^2 + 0 \cdot 2^1 + 1 \cdot 2^0$
Dualzahl: $= 1 1 0 0 0 1 0 1$

Verfahren zur Umrechnung der Dezimalzahl 197 zur Dualzahl:
Die Dezimalzahl wird immer wieder durch 2 dividiert; die Reste werden von rechts beginnend angeschrieben.

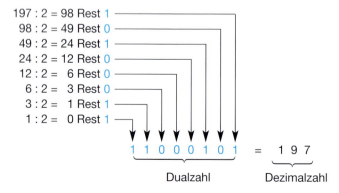

Kontrolle:

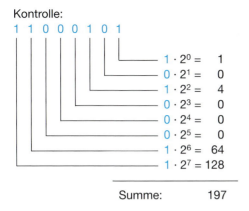

Summe: 197

Sedezimales bzw. hexadezimales Zahlensystem

Das Sedezimal- oder Hexadezimalsystem hat die Basiszahl 16. Da beim Hexadezimalsystem jede Ziffer sechzehn Werte annehmen kann und unser Dezimalsystem nur 10 verschiede Ziffern kennt, werden die Werte 10 ... 15 durch die Buchstaben A ... F des Alphabets ersetzt. Jede Hexadezimalziffer steht stellvertretend für vier Binärziffern.

Dezimal: 0 1 2 3 4 5 6 7 8 9 10 11 12 13 14 15
Hexadezimal: 0 1 2 3 4 5 6 7 8 9 A B C D E F

Umrechnung einer Hexadezimalzahl zur Dezimalzahl:

$$F\,0\,1\,D = F \cdot 16^3 + 0 \cdot 16^2 + 1 \cdot 16^1 + D \cdot 16^0$$
$$= 15 \cdot 16^3 + 0 \cdot 16^2 + 1 \cdot 16^1 + 13 \cdot 16^0$$
$$= 61\,469$$

Darstellung einer Hexadezimalzahl als Binärzahl:

$$F\,0\,1\,D = 1111\ 0000\ 0001\ 1101$$

Zahlensysteme für Computer

Die kleinste Informationseinheit im Computer ist das Bit. Es nimmt nur die Werte 0 und 1 an. Die nächst größeren Informationseinheiten sind das *Halb-Byte* (Nibble = 4 bit), *Byte* (8 bit), *Wort* (16 bit) bzw. *Doppelwort* (32 bit).

Zur Darstellung solcher Werte bieten sich Zahlensysteme an, deren Basis 2 oder eine Potenz von 2 sind. Es sind dies im Computerbereich folgende Systeme:

System	Schreibweise
binär	10010101 *b*
octal	225 *c*
hexadezimal	0A5 *h*

Logische Schaltungen

Die Binär-Darstellung eines Bytes ist gebräuchlich, um die verschiedenen Bits eines Registers im Prozessor eines Computers darzustellen, während die Hexadezimal-Darstellung zur Angabe von Werte wie Zeichen-Codes oder Speicheradressen verwendet wird.

Die folgende Tabelle stellt die Werte 0 bis 15 in den verschiedenen Zahlensystemen dar und kann eine Hilfe beim Umwandeln von Binär-Zahlen in Hexadezimal-Zahlen sein.

Binär	Octal	Dezimal	Hexadezimal
0000	000	0	0
0001	001	1	1
0010	002	2	2
0011	003	3	3
0100	004	4	4
0101	005	5	5
0110	006	6	6
0111	007	7	7
1000	010	8	8
1001	011	9	9
1010	012	10	A
1011	013	11	B
1100	014	12	C
1101	015	13	D
1110	016	14	E
1111	017	15	F

Umrechnungstabelle

2.3 Binäre Grundrechenarten

Binäre Grundrechenarten sind Addition und Multiplikation. Subtraktion und Division werden davon abgeleitet.

Addition	Subtraktion	Multiplikation	Division
0 + 0 = 0	0 − 0 = 0	0 · 0 = 0	0 : 1 = 0
1 + 0 = 1	1 − 0 = 1	1 · 0 = 0	1 : 1 = 1
0 + 1 = 1	1 − 1 = 0	0 · 1 = 0	0 : 0 = unbestimmt
1 + 1 = 0 und Übertrag 1	0 − 1 = 1 und 1 von höherer Stelle geborgt	1 · 1 = 1	1 : 0 = unbestimmt

Addition

Übersteigt beim Addieren von Dualzahlen der Summenwert den Stellenwert 1, wird die nächst höhere Stelle um den Übertrag vergrößert.

Beispiel: Die Dualzahlen 1011 1101 und 1000 0111 werden addiert und das Ergebnis dezimal kontrolliert.

Summand:	$1011 1101 b$	
Summand: +	$1000 0111 b$	
Übertrag	$1\ 111111$	
Summe:	$1010 0010 0 b$	Kontrolle: $189\,d + 135\,d = 324\,d$

Subtraktion

Die Subtraktion dualer Zahlen wird wie bei den Dezimalzahlen stellenweise durchgeführt. Sind Ziffern des Subtrahenden größer als Ziffern des Minuenden, wird von der nächsthöheren Stelle eine 1 entliehen. Die nächsthöhere Stelle des Subtrahenden wird durch diesen Übertrag um 1 vergrößert.

Beispiel: Die Dualzahl 0010 0100 soll von 0011 0000 subtrahiert und das Ergebnis dezimal kontrolliert werden.

Minuend:	$0011 0000 b$	
Subtrahend:	$- 0010 0100 b$	
geborgt von der nächsthöheren Stelle	11	
Differenz	$0000 1100 b$	Kontrolle: $48\,d - 36\,d = 12\,d$

2.4 Logische Schaltungen

Unabhängig von der technischen Realisierung logischer Schaltungen können ihre Funktionen und ihr Verhalten auf vier verschiedene Arten jeweils eindeutig beschrieben werden:

- Das **Schaltsymbol** ist eine graphische Darstellungsform, die nach DIN EN 60617 genormt ist.
- Der **Signal-Zeit-Plan** (auch Impulsdiagramm) stellt den zeitlichen Zusammenhang zwischen Eingangs- und Ausgangsvariablen grafisch dar.
- Die **Funktionstabelle** (auch Wertetabelle) stellt die Werte der Ausgangsvariablen für jede mögliche Kombination der Eingangsvariablen dar.
- Die **Funktionsgleichung**[7] ist eine mathematische Darstellung der logischen Verknüpfung.

Alle logischen Schaltungen können auf drei Grundfunktionen zurückgeführt werden:
- **NICHT-Funktion (NOT)**
- **UND-Funktion (AND)**
- **ODER-Funktion (OR)**

---

[7] Die aktuelle Norm besitzt als UND-Operator das Zeichen „ ∧ " statt bisher „ · " sowie als ODER-Operator das Zeichen „ ∨ " statt „ + ".

NICHT-Funktion (Negation)

Das Nicht-Glied, auch als Inverter (Umkehrer, Negator) bezeichnet, besitzt lediglich einen einzigen Eingang[8].

> Beim NICHT-Glied ist das Ausgangssignal gleich dem invertierten Eingangssignal.

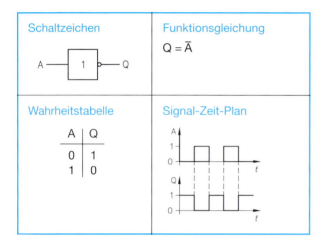

A bezeichnet die freie Variable, da ihr Signalwert frei gewählt werden kann. Q stellt die abhängige Variable dar. Im Schaltsymbol der NICHT-Funktion drückt der Kreis am Ausgang die Negation aus.

Technische Realisierung eines NICHT-Gliedes

Stellvertretend für alle weiteren Logikbausteine soll die technische Realisierung eines NICHT-Gliedes in der Funktion der TTL-Gatter dargestellt werden.
Wie schon erwähnt, wird in der TTL-Technik überwiegend mit Transistoren gearbeitet. Auf den Aufbau eines Transistors soll an dieser Stelle nicht näher eingegangen werden.

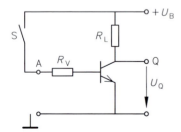

Transistorschaltung einer NICHT-Funktion

---

[8] Das NICHT-Glied ist mit nur einem Eingang eigentlich kein Verknüpfungsglied.

Das Steuersignal am Eingang A wird durch einen Schalter S erzeugt.

Ist der Schalter S geöffnet (L-Pegel am Eingang), fließt kein Basisstrom I_B, der Transistor ist gesperrt (wie bei einem geöffneten Schalter). Der Ausgang Q liegt auf H-Pegel (+ U_B).

Ist der Schalter S geschlossen, wird der Transistor durch den Basisstrom I_B durchgeschaltet. Es fließt ein Strom durch den Kollektoranschluss zum Emitter nach Masse. Der Ausgang Q liegt auf L-Pegel.

Schalter S	Pegel am Eingang A	Pegel am Ausgang Q
offen	L	H
geschlossen	H	L

Für die weiteren Betrachtungen ist es nicht nötig, die technische Realisierung einer Logikfunktion zu kennen. Es genügt die Darstellung als „black box" im Logiksymbol.

UND-Funktion (AND)

Bei UND-Glied nimmt die Ausgangsvariable Q nur dann den Wert 1 an, wenn alle Eingangsvariablen gleichzeitig den Wert 1 besitzen.

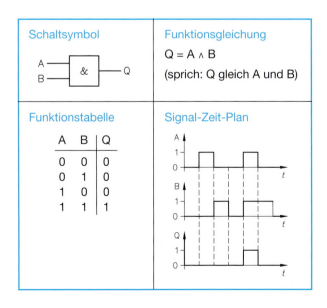

Logische Schaltungen

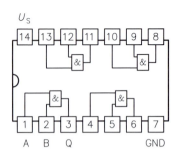
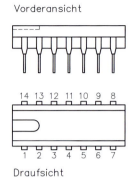

Beispiel für TTL-IC mit Dual-Inline-Gehäuse (DIL-Gehäuse)
TYP 7408 (14 Pin) mit vier integrierten UND-Gliedern

ODER-Funktion (OR)

Beim ODER-Glied nimmt die Ausgangsvariable Q immer dann den Wert 1 an, wenn mindestens eine der Eingangsvariablen den Wert 1 besitzt, d. h. wenn die Anzahl der Eingangsvariablen mit dem Wert 1 größer (oder) gleich 1 ist.

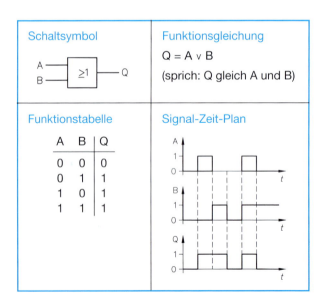

Kombination der Grundbausteine

Neben den drei logischen Grundfunktionen UND, ODER, NICHT, mit denen alle Verknüpfungen der Digitaltechnik realisiert werden können, gibt es in der Praxis weitere logische Bausteine aus Kombinationen der Grundbausteine.

NAND-Funktion (NOT-AND)

Wird der Ausgang eines UND-Gliedes durch ein nachfolgendes NICHT-Glied negiert, so entsteht ein NAND-Glied. Das Kunstwort NAND ist die Kombination von NOT und AND.

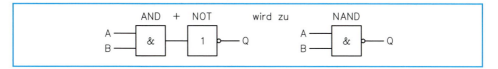

Beim NAND-Glied nimmt die Ausgangsvariable Q nur dann den Wert 0 an, wenn alle Eingangsvariablen gleichzeitig den Wert 1 besitzen.

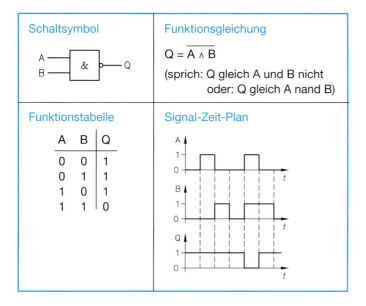

NOR-Funktion (NOT-OR)

Wird der Ausgang eines ODER-Gliedes durch ein nachfolgendes NICHT-Glied negiert, so entsteht ein NOR-Glied. Das Kunstwort NOR ist die Kombination von NOT und OR.

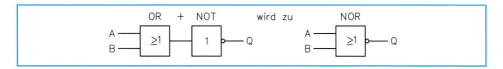

Beim NOR-Glied nimmt die Ausgangsvariable Q nur dann den Wert 1 an, wenn beide Eingangsvariablen gleichzeitig den Wert 0 besitzen.

Logische Schaltungen

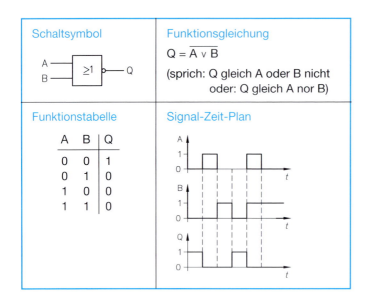

NAND- und NOR-Glieder als universelle Bausteine

Die drei Grundfunktionen UND, ODER und NICHT können durch Kombinieren von NAND-, bzw. NOR-Gliedern in digitalen Schaltnetzen vollwertig ersetzt werden. Davon wird besonders bei der praktischen Ausführung von Schaltnetzen Gebrauch gemacht damit z. B. nicht genutzte Gatter eines IC einer anderen Verwendung zugeführt werden können.

Grundfunktionen	ersetzt durch NAND-Glieder	ersetzt durch NOR-Glieder
NICHT-Glied $Q = \overline{A}$ A|Q 0|1 1|0	$Q = \overline{A \wedge A} = \overline{A}$ A|Q 0|1 1|0	$Q = \overline{A \vee A} = \overline{A}$ A|Q 0|1 1|0

316

IV Digitaltechnik

Grundfunktionen	ersetzt durch NAND-Glieder	ersetzt durch NOR-Glieder
UND-Glied		
$Q = A \wedge B$	$Q = \overline{\overline{A \wedge B}} = A \wedge B$	$Q = \overline{\overline{A} \vee \overline{B}} = A \wedge B$

A	B	Q
0	0	0
0	1	0
1	0	0
1	1	1

A	B	$\overline{A \wedge B}$	Q
0	0	1	0
0	1	1	0
1	0	1	0
1	1	0	1

A	B	$\overline{A}$	$\overline{B}$	Q
0	0	1	1	0
0	1	1	0	0
1	0	0	1	0
1	1	0	0	1

Grundfunktionen	ersetzt durch NAND-Glieder	ersetzt durch NOR-Glieder
ODER-Glied		
$Q = A \vee B$	$Q = \overline{\overline{A} \wedge \overline{B}} = A \vee B$	$Q = \overline{\overline{A \vee B}} = A \vee B$

A	B	Q
0	0	0
0	1	1
1	0	1
1	1	1

A	B	$\overline{A}$	$\overline{B}$	Q
0	0	1	1	0
0	1	1	0	1
1	0	0	1	1
1	1	0	0	1

A	B	$\overline{A \vee B}$	Q
0	0	1	0
0	1	0	1
1	0	0	1
1	1	0	1

EXKLUSIV-ODER-Funktion (XOR)

Diese logische Funktion wird häufig auch als Antivalenz bezeichnet. Sie ist der ODER-Funktion ähnlich.

> Die Ausgangsvariable Q nimmt nur dann den Wert 1 an, wenn nur eine der Eingangsvariablen gleich 1 ist, d. h. wenn die Eingangsvariablen ungleich (antivalent) sind.
> Bei gleichem Wert der Eingangsvariablen wird die Ausgangsvariable Q gleich 0.

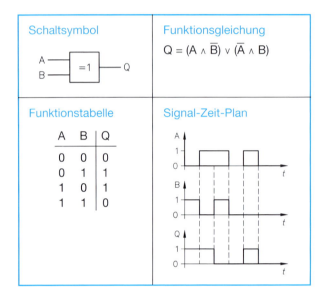

Die Funktionsgleichung des XOR-Gliedes weicht von der bisherigen Form ab. Der Term kann aus der Funktionstabelle abgeleitet werden:

Q ist 1, wenn A den Wert 1 hat und B nicht 1 ist oder wenn A nicht 1 ist und B den Wert 1 besitzt.

Diese etwas umständliche Sprechweise verkürzt dargestellt:

Q = (A UND (B NICHT)) ODER ((A NICHT) und B)

Q = (A UND $\overline{B}$) ODER ($\overline{A}$ UND B)

$$Q = (A \wedge \overline{B}) \vee (\overline{A} \wedge B)$$

IV Digitaltechnik

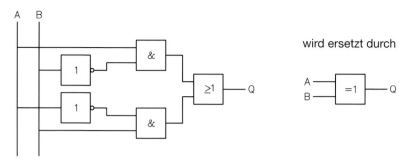

Darstellung der EXKLUSIV-ODER-Funktion durch Grundfunktionen

ÄQUIVALENZ-Funktion

> Die Äquivalenz ist die inverse Funktion zur Antivalenz (XOR).

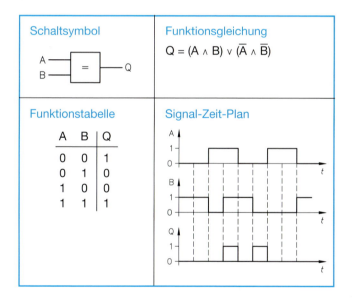

Wie bei der Antivalenz gezeigt, kann die Funktionsgleichung aus der Funktionstabelle abgeleitet werden. Es werden wieder nur Fälle analysiert, bei denen die Ausgangsvariable Q den Wert 1 hat:

$$Q = (\overline{A} \text{ UND } \overline{B}) \text{ ODER } (A \text{ UND } B)$$
$$Q = (\overline{A} \wedge \overline{B}) \vee (A \wedge B) = (A \wedge B) \vee (\overline{A} \wedge \overline{B})$$

319

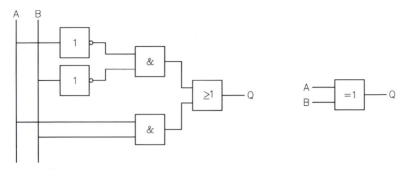

Darstellung der Äquivalenz-Funktion durch Grundfunktionen

2.5 Logische Schaltnetze

In der digitalen Steuerungstechnik werden Steuerungen durch die Kombination von logischen Grundfunktionen (UND, ODER, NICHT) und deren Kombinationen (NAND, NOR) zu Schaltnetzen realisiert. Wirken mindestens zwei logische Grundfunktionen zusammen, wird bereits von einem logischen Schaltnetz gesprochen.
Bei komplexen Schaltnetzen kann deren Funktion nicht ohne weiteres nachvollzogen werden. Dazu bedarf es einer Analyse.

2.5.1 Analyse logischer Schaltnetze

Bei der Analyse logischer Schaltnetze wird der Zusammenhang der logischen Schaltzustände zwischen den Ausgangsvariablen und den Eingangsvariablen bestimmt. Das Ziel der Analyse ist das Ermitteln der Wahrheitstabelle und/oder des Signal-Zeit-Plans.
Dabei wird von einer vorgegebenen, funktionsfähigen Schaltung des Netzwerks ausgegangen, von der entweder ein Verdrahtungsplan oder ein bestehendes Schaltbild in symbolischer Darstellung vorliegt. Die Eingangsvariablen werden zunächst schrittweise zu einer Wertetabelle zusammengefasst. Von dieser kann anschließend eine Funktionsgleichung oder ein Signal-Zeit-Plan abgeleitet werden.

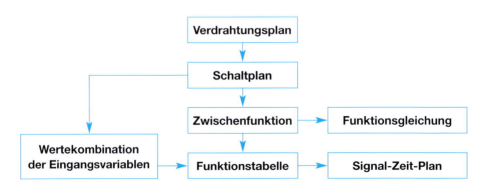

Schematischer Ablauf der Analyse

Verfahrensschritte der Analyse

- Die Ausgänge aller Verknüpfungsglieder werden mit Bezeichnern Z1 ... Zn versehen. Dabei wird stets in der Nähe der Signaleingänge begonnen.

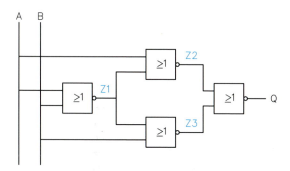

- In die Wahrheitstabelle werden alle möglichen Wertekombinationen der Eingangsvariablen und die Werte der Zwischenfunktionen in den zugehörigen Spalten eingetragen. Aus den Werten der Zwischenfunktionen wird die Ausgangsvariable Q abgeleitet.

A	B	$Z1 = \overline{A \vee B}$	$Z2 = \overline{A \vee Z1}$	$Z3 = \overline{B \vee Z1}$	$Q = \overline{Z2 \vee Z3}$
0	0	1	0	0	1
0	1	0	0	1	0
1	0	0	1	0	0
1	1	0	0	0	1

Wahrheitstabelle

Mit dem beschriebenen Verfahren können selbst unfangreichste Schaltnetze analysiert werden.

Praktischer Tipp: Die Wahrheitstabelle sollte *spaltenweise* bearbeitet werden. Die Fehlerrate sinkt dadurch beträchtlich.

2.5.2 Synthese logischer Schaltnetze

Als Synthese wird in der digitalen Steuerungstechnik der Entwurf logischer Schaltnetze auf Grund einer vorgegebenen Aufgabenstellung bezeichnet. Die Aufgabe kann in Form einer Beschreibung in Worten, einer Funktionstabelle oder in Form einer Funktionsgleichung vorliegen. Als Ergebnis liefert die Synthese ein Schaltnetz in symbolischer Darstellung.

Verfahrensschritte der Synthese

Schritt 1
Aus dem Aufgabentext werden die Anzahl der Eingangsvariablen und Ausgangsvariablen ermittelt und die zugehörigen Logikwerte festgelegt.

Logische Schaltnetze

Beispiele:
Schalter (Eingangsvariable A) geschlossen: Signal 1
offen: Signal 0
Motor (Ausgangsvariable Q1): Motor läuft bei Signal 1
Motor steht bei Signal 0
Pumpe (Ausgangsvariable Q2): Pumpe läuft bei Signal 1

Schritt 2
Eine Funktionstabelle wird erstellt.

Schritt 3
Aus der Funktionstabelle wird mit Hilfe der ODER-Normalform bzw. der UND-Normalform die Funktionsgleichung Z abgeleitet.

Schritt 4
Die Funktionsgleichung Z wird (falls erforderlich) nach den Regeln der Booleschen Algebra[9] minimiert.

Schritt 5
Die Funktionsgleichung Z wird in ein Schaltnetz umgesetzt und der Verdrahtungsplan erstellt.

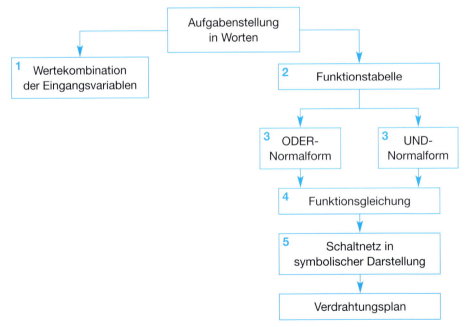

Schematischer Ablauf der Synthese

---

[9] Auf dieses Verfahren wird in diesem Buch nicht näher eingegangen, da dieser Schritt heutzutage im Allgemeinen von Software übernommen wird.

2.5.3 Disjunktive (ODER-) und konjunktive (UND-) Normalform

Prinzipiell sind zwei Verfahren möglich, um aus der Funktionstabelle die Schaltfunktion abzuleiten. Die disjunktive (ODER-) und die konjunktive (UND-) Normalform.

Beschreibung der ODER-Normalform

> Das Verfahren der ODER-Normalform ist dann zweckmäßig, wenn in der Funktionstabelle die Ausgangsvariable Q den Schaltzustand 1 weniger oft besitzt als den Schaltzustand 0.

Die Schaltzustände (Q = 1) werden als **Zwischenfunktionen Z1 ... Zn** benannt. Für jede Zwischenfunktion kann eine Funktionsgleichung durch UND-Verknüpfung (konjunktiv) der Eingangsvariablen aufgestellt werden. Dabei werden alle Eingangsvariablen, deren logischer Wert 1 ist, direkte, und alle Eingangsvariablen, deren logischer Wert 0 ist, negiert notiert.

Beispiel: Ausschnitt aus einer Funktionstabelle

A	B	C	Q
0	1	1	1
1	0	0	1
1	0	1	1

Zwischenfunktionen

→ $Z1 = \overline{A} \wedge B \wedge C$

→ $Z2 = A \wedge \overline{B} \wedge \overline{C}$

→ $Z3 = A \wedge \overline{B} \wedge C$

Die Gesamtfunktion Z ergibt sich aus einer ODER-Verknüpfung (disjunktiv) der Zwischenfunktionen.

$Z = Z1 \vee Z2 \vee Z3$

$Z = (\overline{A} \wedge B \wedge C) \vee (A \wedge \overline{B} \wedge \overline{C}) \vee (A \wedge \overline{B} \wedge C)$

Beschreibung der UND-Normalform

> Die UND-Normalform ist dann sinnvoll, wenn in der Funktionstabelle der Schaltzustand 0 der Ausgangsvariablen Q weniger oft vorkommt als der Schaltzustand 1.

Zum Aufstellen der Funktionsgleichung werden alle Zeilen der Funktionstabelle herangezogen, bei denen die Ausgangsvariable Q den Wert 0 hat. Dabei werden alle Eingangsvariablen, deren logischer Wert 0 ist, direkt notiert und alle Eingangsvariablen, deren logischer Wert 1 ist, negiert notiert. Die Eingangsvariablen der entsprechenden Zeilen werden ODER verknüpft. Alle so gewonnenen Zwischenfunktionen werden UND verknüpft und stellen damit die konjunktive (UND-) Normalform dar.

Beispiel: Ausschnitt einer Funktionstabelle

A	B	C	Q
0	1	1	0
1	1	0	0
1	0	1	0

Zwischenfunktionen

➡ $Z1 = A \vee \overline{B} \vee \overline{C}$
➡ $Z2 = \overline{A} \vee \overline{B} \vee C$
➡ $Z3 = \overline{A} \vee B \vee \overline{C}$

Die Gesamtfunktion Q ergibt sich aus einer UND-Verknüpfung der Zwischenfunktionen:

$Z = Z1 \wedge Z2 \wedge Z3$

$Z = (A \vee \overline{B} \vee \overline{C}) \wedge (\overline{A} \vee \overline{B} \vee C) \wedge (\overline{A} \vee B \vee \overline{C})$

A	B	C	Q	Zwischenfunktionen der	
				ODER-Normalform	UND-Normalform
0	0	0	1	$Z1 = \overline{A} \wedge \overline{B} \wedge \overline{C}$	
0	0	1	0		$Z1 = A \vee B \vee \overline{C}$
0	1	0	0		$Z2 = A \vee \overline{B} \vee C$
0	1	1	1	$Z2 = \overline{A} \wedge B \wedge C$	
1	0	0	1	$Z3 = A \wedge \overline{B} \wedge \overline{C}$	
1	0	1	0		$Z3 = \overline{A} \vee B \vee \overline{C}$
1	1	0	0		$Z4 = \overline{A} \vee \overline{B} \vee C$
1	1	1	1	$Z4 = A \wedge B \wedge C$	

Gegenüberstellung der ODER-Normalform und der UND-Normalform

Gesamtfunktion der ODER-Normalform

$Z = (A \wedge B \wedge C) \vee (A \wedge B \wedge C) \vee (A \wedge B \wedge C) \vee (A \wedge B \wedge C)$

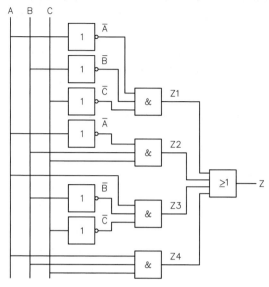

Schaltnetz zur Gesamtfunktion der ODER-Normalform

Gesamtfunktion der UND-Normalform

$Z = (A \vee B \vee \overline{C}) \wedge (A \vee \overline{B} \vee C) \wedge (\overline{A} \vee B \vee \overline{C}) \wedge (\overline{A} \vee \overline{B} \vee C)$

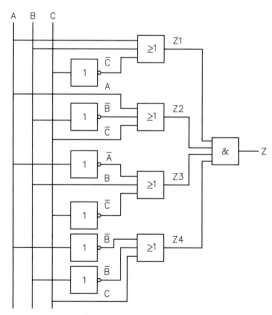

Schaltnetz zur Gesamtfunktion der UND-Normalform

2.5.4 Entwurf einer Füllstandsregelung mit digitalem Schaltnetz

In einem Wasserbecken, dem fortlaufend unterschiedliche Wassermengen entnommen werden, wird mit zwei Sensoren (A und B) der Füllstand des Beckens geregelt. Sensor A liegt oberhalb von Sensor B. Beide Sensoren liefern 1-Signal, wenn sie ins Wasser eintauchen.

Das Becken wird über zwei Zuflüsse mit den Pumpen P1 und P2 nachgefüllt, wobei die Pumpe P2 die doppelte Förderleistung von Pumpe P1 besitzt.

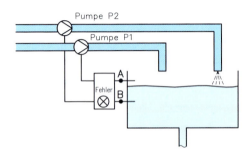

Aufgabendefinition:
Sinkt der Wasserstand unter die Marke B, sollen beide Pumpen laufen; liegt der Wasserstand zwischen A und B, soll nur Pumpe P1 laufen.

Verfahrensschritte:

Schritt 1: Definieren der Schaltzustände von Eingangs- und Ausgangsvariablen.
  Eingangsvariable: Sensor taucht ins Wasser: 1-Signal
  Ausgangsvariable: Pumpe läuft bei 1-Signal

Schritt 2: Aufstellen der Funktionstabelle.

Füllstand	Sensor B	Sensor A	Pumpe P1	Pumpe P2	Fehler
unterhalb B	0	0	1	1	0
*undefiniert (Fehler)	0	1	0	0	1
zwischen A und B	1	0	1	0	0
oberhalb A	1	1	0	0	0

---

* Der undefinierte Zustand würde bedeuten, dass Sensor A ins Wasser eintaucht, Sensor B dagegen nicht. Dieser Zustand lässt vermuten, dass Sensor B defekt ist. Die Steuerung soll in diesem Fall beide Pumpen abschalten und über eine Signalleuchte den Fehlerzustand anzeigen.

Schritt 3: Aufstellen der Zwischenfunktionen und der Gesamtfunktion.

Für Pumpe P2 tritt nur einmal der Schaltzustand 1 auf. Aus diesem Grund wird die ODER-Normalform gewählt. Die Zwischenfunktion Z1 ist auch die Gesamtfunktion.

$$P2 = \overline{A} \wedge \overline{B}$$

Für Pumpe P1 wird ebenfalls die ODER-Normalform gewählt:
$$P1 = (\overline{A} \wedge \overline{B}) \wedge (\overline{A} \wedge B)$$

Für den Fehlerfall tritt ebenfalls nur einmal der Schaltzustand 1 auf.
$$F = A \wedge \overline{B}$$

Schritt 4: Zeichnen des Schaltnetzes.

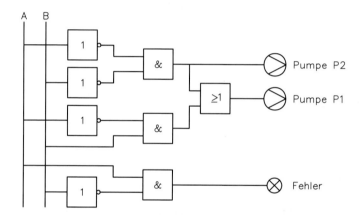

Schaltnetz zur digitalen Füllstandsregelung

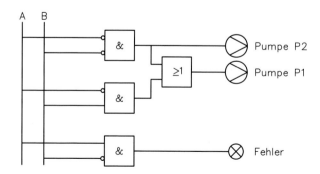

Vereinfachte Darstellung des Schaltnetzes:

2.6 Codeumsetzer

Computer arbeiten im Binärcode. Menschen sind den Umgang mit dem Dezimalcode gewohnt. Aus diesem Grund ist es notwendig, dass Eingabedaten in den Computer in den Binärcode *codiert* werden und Ausgabedaten in den Dezimalcode *decodiert* werden.
Code-Umsetzung ist die Abbildung eines Codewortes aus einem Code auf ein Codewort eines anderen Codes. Im allgemeinen Schaltsymbol für Codeumsetzer kennzeichnet die Bezeichnung „X/Y" eine Schaltung, die einen X-Code in einen Y-Code darstellt.

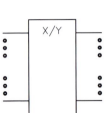

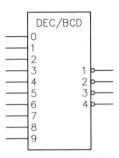

Schaltsymbol für Codeumsetzer   **Dezimal zu BCD-Codierer**

Beim Taschenrechner werden vom Codierer bei einem Tastendruck die Ziffern 0 bis 9 jeweils in eine binär codierte Dezimalziffer (BCD[10]) umgewandelt. Diese können dann intern weiterverarbeitet werden.

Dezimalzahl	Dual-Code	8-4-2-1 Code
0	00000	0000
1	00001	0001
2	00010	0010
3	00011	0011
4	00100	0100
5	00101	0101
6	00110	0110
7	00111	0111
8	01000	1000
9	01001	1001
10	01010	BCD-Code
11	01011	
12	01100	
13	01101	
14	01110	
15	01111	
16	10000	
.	.	
.	.	
.	.	

Beim 8-4-2-1-Code werden die Dezimalzahlen 0 ... 9 binär codiert. Der Name 8-4-2-1 dieses BCD-Codes leitet sich von der Wertigkeit der einzelnen Binärstellen ab.

---

[10] binary coded decimal (engl.): binär codierte Dezimalziffer; der BCD-Code legt für jede der 10 Dezimalziffern eine Kombination aus 4 Binärstellen fest.

IV Digitaltechnik

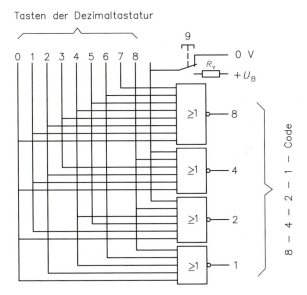

Schaltnetz eines Dezimal-zu-8-4-2-1-Codierers

Funktionsbeschreibung:
Alle Eingangsleitungen der NOR-Gatter sind über eine Taste (im Bild nur für die Dezimalzahl 9 dargestellt) mit 0 Volt (0-Signal) verbunden. Die Ausgänge der NOR-Gatter liegen deshalb auf 1-Signal.
Sobald eine Taste gedrückt wird, wechselt die entsprechende Leitung auf 1-Signal. Das Ausgangssignal an dem (den) entsprechenden NOR-Gatter(n) wechselt dann auf den Wert 0.

2.7 Addierwerke

In elektronischen Datenverarbeitungsanlagen werden arithmetische Verknüpfungen durchgeführt. Alle Rechenoperationen lassen sich auf die Addition zurückführen. Die dazu erforderlichen parallelen Addierwerke können mit digitalen Schaltnetzen realisiert werden.

Bei der Addition zweier binärer Summanden entsteht eine Summe S und ein Übertrag Ü:

A	B	S (Summe)	Ü (Übertrag)
0	0	0	0
0	1	1	0
1	0	1	0
1	1	0	1

Bei der Addition mehrstelliger Binärzahlen muss der Übertrag aus der vorhergehenden Stelle bei der folgenden Addition berücksichtigt werden. Aus diesem Grund sind für Additionen zwei unterschiedliche Schaltungen gebräuchlich: der *Halbaddierer* für die Addition von zwei einstelligen Dualzahlen und der *Volladdierer* mit drei Eingängen.

Halbaddierer

Die vorstehende Funktionstabelle zeigt, dass die Summe S mit einem XOR-Gatter und der Übertrag Ü mit einem UND-Gatter umgesetzt werden können.

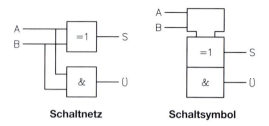

Schaltnetz   Schaltsymbol

Volladdierer

Der Volladdierer besteht aus zwei Halbaddierern. Halbaddierer 1 bildet aus den beiden Summanden A und B die Zwischensumme S1. Halbaddierer 2 addiert diese Zwischensumme mit einem eventuell vorliegenden Eingangsübertrag $Ü_{ein}$ zur Endsumme S. Die bei beiden Halbaddierern auftretenden Überträge Ü1 und Ü2 werden durch ein ODER-Gatter zum Gesamtübertrag $Ü_{aus}$ zusammengefasst.

$Ü_{ein}$	A	B	$Ü_{aus}$	S
0	0	0	0	0
0	0	1	0	1
0	1	0	0	1
0	1	1	1	0
1	0	0	0	1
1	0	1	1	0
1	1	0	1	0
1	1	1	1	1

Funktionstabelle   **Schaltnetz eines Volladdierers**

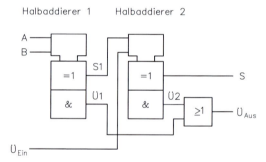

Der Summenausgang S wird immer dann logisch 1, wenn sich eine ungerade Anzahl von Eingängen (1 oder 3) im Zustand 1 befindet. Im Schaltsymbol (nächstes Bild) zeigt dies der Term 2k+1 an.
Der Übertragsausgang $Ü_{aus}$ befindet sich immer dann im Zustand 1, wenn die Mehrzahl der Eingänge (2 oder 3) 1-Signal besitzen. Im Schaltsymbol steht hierfür >n/2.

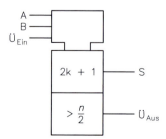

Schaltsymbol des Volladdierers

Paralleladdierer

In der Mikrocomputertechnik werden nicht nur einstellige Dualzahlen addiert, sondern Wörter aus z. B. vierstelligen Dualzahlen. Die zu addierenden Binärdaten werden zunächst in zwei Zwischenspeichern (Register A und Register B) abgelegt. Von dort gelangen sie gleichzeitig über parallele Datenleitungen zum Paralleladdierer.
Durch die parallele Bearbeitung jeder Stelle ergibt sich eine hohe Rechengeschwindigkeit und ein geringer Steuerungsaufwand. Nachteilig ist der hohe Schaltungsaufwand. Für jede Stelle wird ein Volladdierer benötigt.
Tritt bei der Addition ein Übertrag an der höchsten Stelle auf, wird dieser in das 1-Bit-Register *Carry* eingeschrieben.

Beispiel: **Addition der beiden Zahlen 10d und 7d mit einem 4-Bit-Paralleladdierer**

	Dual		Dezimal
Zahl A:	1 0 1 0		10
Zahl B:	+ 0 1 1 1		+ 7
	1 0 0 0 1		17
	Carry Summe		

Überprüfung der Binäraddition:

$$\begin{array}{ll} \text{Carry:} & 1 \cdot 16 = 16 \\ + \text{ Summe} & 1 \cdot\ \ 1 = \ \ 1 \\ \hline \text{Ergebnis} & 17 \end{array}$$

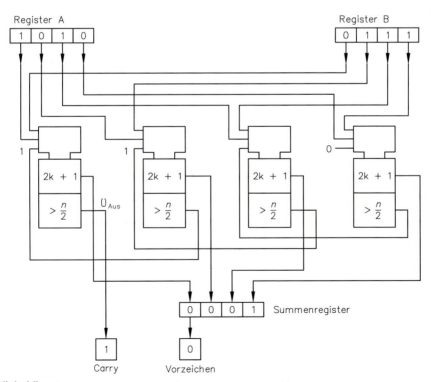

Paralleladdierer

2.8 Das RS-Flipflop

Bei den bisher behandelten kombinatorischen Schaltnetzen ändert sich der Ausgangszustand unmittelbar bei einer Änderung des Schaltzustandes der Eingangsvariablen. In sequentiellen Schaltungen (sog. Schaltwerke) werden jedoch Schaltsysteme benötigt, die binäre Daten aufnehmen, speichern und bei Bedarf wieder abgeben können. Diese Eigenschaft der Informationsspeicherung wird zum Beispiel in der Steuerungs- und Regelungstechnik benötigt, wo bestimmte Steueranweisungen bis zu deren Ausführung gespeichert bleiben müssen. Diese Fähigkeit besitzen die bistabilen Elemente, die auch *bistabiles Kippglied, bistabile Kippstufe* oder *bistabiler Multivibrator* und *Flipflop* (FF) genannt werden. Bistabile Kippglieder besitzen zwei stabile Schaltzustände, in denen sie nach Eintritt eines Eingangssignals so lange verharren, bis sie durch ein weiteres Signal wieder in den ursprünglichen Zustand rückgesetzt werden.

> Das bistabile Kippglied stellt einen binären Speicher für die Informationsmenge von einem Bit dar.

Das RS-Flipflop ist das einfachste Flipflop, von dem sich alle anderen Flipflops ableiten lassen. In der einfachsten Form wird es aus zwei kreuzgekoppelten NOR-Bausteinen aufgebaut.
Die beiden statischen Eingänge heißen **Setzeingang S** (set (engl.): setzen) und **Rücksetzeingang R** (reset (engl.): rücksetzen). Die beiden Ausgänge heiße **Q** und **Q̄**.
Durch ein 1-Signal am Setzeingang S wird das FF in den Setzzustand gebracht. Laut Festlegung liegt dann 1-Signal am Ausgang Q und 0-Signal am komplementären Ausgang Q̄.

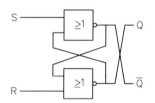

RS-Flipflop aus zwei NOR-Gattern

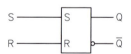

Schaltsymbol des RS-Flipflop

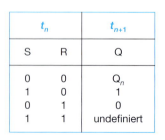

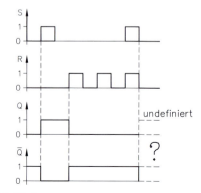

Funktionstabelle und Impulsdiagramm des RS-Flipflops

t_n		t_{n+1}
S	R	Q
0	0	Q_n
1	0	1
0	1	0
1	1	undefiniert

Setzen: Das RS-Flipflop wird durch ein kurzzeitiges 1-Signal am Setzeingang **S** und bei gleichzeitigem Anliegen eines 0-Signals am Rücksetzeingang **R** gesetzt. Der Ausgang Q hat damit ein 1-Signal und der inverse Ausgang $\bar{Q}$ besitzt 0-Signal.

Rücksetzen: Ein kurzzeitiges 1-Signal am Rücksetzeingang **R** bei gleichzeitigem Anliegen eines 0-Signals am Setzeingang **S** bewirkt das Rücksetzen des Ausganges Q auf 0-Signal.

Beide Eingänge sind mit 0-Signal belegt: Der Ausgangszustand bleibt unverändert. Der ursprüngliche Zustand (Q_n) bleibt erhalten.

Beide Eingänge sind mit 1-Signal belegt: Dieser Zustand ist unzulässig. Er muss durch äußere Beschaltung verhindert werden.

Wegen der Speicherwirkung muss der Zustand vor einem neuen Eingangssignal (t_n) und nach einem neuen Eingangssignal (t_{n+1}) in der Funktionstabelle berücksichtigt werden.

Aufgaben zu Kapitel IV/2

1. Wandeln Sie folgende Dezimalzahlen in Dualzahlen um.
   a) 49 d
   b) 193 d
   c) 3967 d

2. Wandeln Sie folgende Dualzahlen in Dezimalzahlen um.
   a) 1011 0011 b
   b) 011 1101 0111 b

3. Stellen Sie folgende Hexadezimalzahlen binär dar.
   a) B 5 D 9 h
   b) 7 9 A E h
   c) F F C 6 h

4. Bei Mikrocomputern wird der Speicherbereich hexadezimal angegeben.
   a) Wie viele Speicheradressen hat ein Arbeitsspeicher, der von 0000 h bis FFFF h zählt?
   b) Der Speicher einer Bildschirmkarte benötigt 8192 d Speicherplätze. Berechnen Sie die höchste Speicheradresse, wenn der Speicherbereich der Speicherkarte bei der Adresse 7000 h beginnt.

5. Addieren Sie binär: 137 d + 0F h + 0101 1110 b

6. Addieren Sie 144 d + 7C h + 1001 1110 b binär und stellen Sie das Ergebnis hexadezimal dar.

7. Lösen Sie binär die Dezimaldifferenz 51 − 37.

Das RS-Flipflop

8. In einem Computerprogramm soll von der Adresse 033A h um 6B h zu einer höheren Adresse gesprungen werden. Wie lautet die neue Adresse (hexadezimal)?

9. In einem Computerprogramm wurde durch einen Sprungbefehl um 9A3 h Speicherzellen zu der Speicherstelle 25F7 h nach vorne verzweigt. Von welcher Speicherstelle erfolgte der Sprung?
Rechnen Sie binär und stellen Sie das Ergebnis hexadezimal dar.

10. Leiten Sie von der nachstehenden Wahrheitstabelle die Funktionsgleichung ab und zeichnen Sie das zugehörige Schaltnetz.

A	B	C	Q
0	0	0	0
0	0	1	1
0	1	0	1
0	1	1	1
1	0	0	0
1	0	1	1
1	1	0	0
1	1	1	1

11. Erstellen Sie zu dem nachstehend abgebildeten Schaltnetz die Funktionsgleichung.

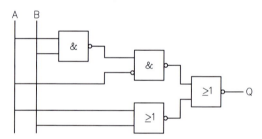

12. Geben Sie die Wahrheitstabelle für ein Schaltnetz mit drei Eingangsvariablen A, B, C und der Ausgangsvariablen Q an, das folgende Bedingungen erfüllt:
Die Ausgangsvariable Q ist logisch 1, wenn
    1. die Eingangsvariable A logisch 1 ist, oder wenn
    2. die Eingangsvariablen A und B gleichzeitig logisch 1 sind.

13. Wie kann das Schaltsymbol für eine Verknüpfungsschaltung aussehen, die vier Eingangsvariablen hat und bei der die Ausgangsvariable genau dann logisch 1 ist, wenn drei der Eingangsvariablen logisch 1 sind?

14. Erstellen Sie die Funktionstabelle und die Funktionsgleichung für folgende Schaltnetze:

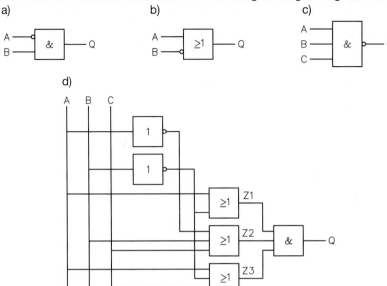

15. Wie heißt ein Schaltnetz, das logische Variable von einem Code in einen anderen übersetzt?

16. Was heißt BCD?

17. Codieren Sie die Dezimalzahl 1234 im BCD-Code.

18. Was unterscheidet den Halbaddierer vom Volladdierer?

19. Ein Vergleicher hat die Aufgabe, zwei Dualzahlen miteinander zu vergleichen und zu bestimmten, ob sie gleich groß sind bzw. welche Zahl größer ist.
    a) Erstellen Sie die Funktionstabelle für einen 1-Bit-Vergleicher
    b) Zeichnen Sie das Schaltnetz für diesen 1-Bit-Vergleicher

20. Für einen Heizungsanlage ist eine digitale Steuerung zu entwerfen. Sie wird von drei Bimetallschaltern gesteuert:
    A: Schalter für die Außentemperatur (eingestellt auf 18°C)
    B: Schalter für die Wohnzimmertemperatur (eingestellt auf 20°C)
    C: Schalter für das Kesselwasser (eingestellt auf 50°C)

    Die Steuerung soll den Gasbrenner anschalten, wenn
    • die Wassertemperatur im Kessel unter 50°C abgesunken ist,
    • die Zimmertemperatur unter 20°C und die Außentemperatur unter 18°C abgesunken ist.

    Die Schalter zeigen folgendes Schaltverhalten:
    Sie liefern 1-Signal, wenn die eingestellte Solltemperatur unterschritten wird.

    a) Erstellen Sie die Funktionstabelle.
    b) Leiten Sie aus der Funktionstabelle die Funktionsgleichungen nach der UND- und der ODER-Normalform ab.
    c) Setzen Sie Ihre Funktionsgleichungen in ein Schaltnetz um.

3 Problemlösung mit Tabellenkalkulationsprogrammen

Zur Lösung technischer Probleme ist es häufig erforderlich, Messdaten tabellarisch auszuwerten und zusammenzufassen. Der Einsatz einer Tabellenkalkulation liefert in kurzer Zeit das Ergebnis einer Versuchsreihe.

Eine Tabellenkalkulation (elektronisches Rechenblatt, engl. spread-sheet) ist eine Komponente der Standardsoftware, in der meistens eine Datenbankfunktion sowie eine Grafikfunktion integriert sind. Bei der Bedienung über eine grafische Benutzeroberfläche können die Tabellenwerte mit anderen Programmen interaktiv ausgetauscht werden: z. B. Erfassen von Messwerten und deren Übergabe an die Tabellenkalkulation mit anschließender Auswertung.

Die Entwicklung eines Rechenblatts in einer Tabellenkalkulation erfolgt unabhängig von der Problemstellung immer in derselben Ablauffolge:

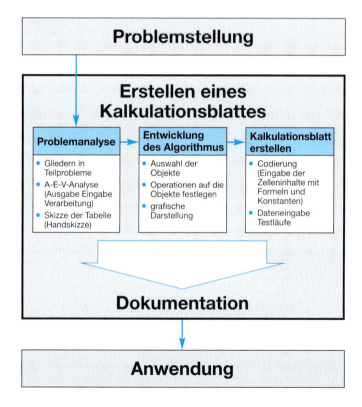

Jede Anwendung in einem elektronischen Rechenblatt wird als eine Folge von Handlungen (d. h. Operationen auf Objekte) geplant. Der Entwurf eines Struktogramms ist deshalb auch bei einer Tabellenkalkulation sinnvoll. Im Folgenden sind Sinnbilder des Struktogramms nach Nassy-Shneiderman wiedergegeben. (Die Symbole für Wiederholung sind der Vollständigkeit wegen angegeben, finden jedoch in einer Tabellenkalkulation keine direkte Anwendung.)

Sequenz

Wiederholung
mit Bedingungsprüfung

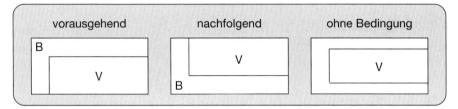

Alternative

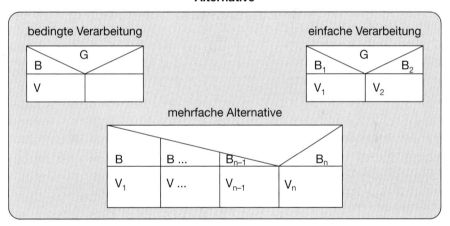

Sinnbilder des Struktogramms nach DIN 66261

Erläuterung der Beschriftung (nach DIN 66261)

- G gemeinsamer Bedienungsteil
- B Bedingung
- V Verarbeitung
- n natürliche Zahl größer oder gleich 2

Die mehrfache Alternative beginnt nach DIN 66261 mit n = 2. In diesem Fall bietet die einfache Alternative im Allgemeinen die flexiblere Art der Programmierung.

3.1 Aufbau eines Rechenblatts

In allen Tabellenkalkulationen bestehen die elektronischen Rechenblätter aus Zeilen (waagrecht) und Spalten (senkrecht). Die Zeilen sind meistens von oben nach unten, mit 1 beginnend, durchnummeriert. Die Spalten werden von links nach rechts dem Alphabet nach bezeichnet (ohne Umlaute). Für die Bezeichnung von mehr als 26 Spalten reicht das Alphabet nicht aus, so dass nach der Spalte „Z" die Spaltenbezeichnung mit „AA", „AB", etc. weitergeführt wird. Eine Zelle, bzw. ein Feld des Rechenblattes ist die Schnittstelle zwischen einer Zeile und einer Spalte. Sie kann durch die Spalten- und Zeilenbezeichnung in eindeutiger Weise adressiert werden.

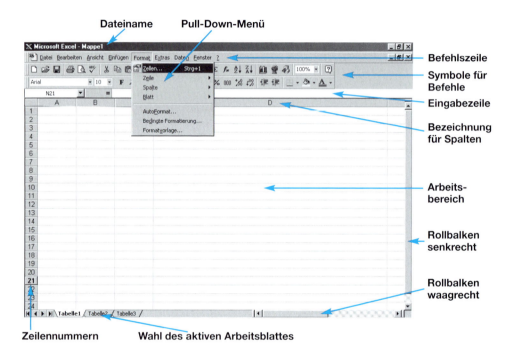

Dreiteilung des Arbeitsblattes:

- **Befehls- und Funktionsauswahl mit der Eingabezeile (oberer Teil):**
  - **Dateiname**
  - **Befehlszeile** die Wahl eines Befehls löst ein Pull-Down-Menü aus, mit dem weitere Optionen zur Auswahl angeboten werden.
  - **Symbole** (engl. icons) zur Schnellauslösung eines Befehls mit der Maus.
  - **Eingabezeile** zur Bearbeitung und Anzeige eines Zelleninhalts.

- **Arbeitsbereich**
  - **Tabelleninhalt**

- **Wahl des aktiven Arbeitsblattes:**
  - **aktuelle Seite** bei mehrseitigen, sog. 3-D Modellen in den Arbeitsbereich holen

IV Problemlösung mit Tabellenkalkulationsprogrammen

Beispiel: Elastizitätsmodul

In einem Zugversuch wurden die Spannung (in N/mm²) und die Dehnung (in %) einer Materialprobe gemessen. Mit Hilfe einer Tabelle soll der Elastizitätsmodul für ein Wertepaar ermittelt werden.

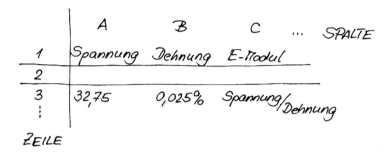

Handschriftliche Skizze

Umsetzung in ein elektronisches Arbeitsblatt

Mit den Cursortasten wird der Feldcursor im Arbeitsbereich auf die Zelle positioniert, in die ein Eintrag erfolgen soll. Die getippten Zeichen werden jedoch nicht unmittelbar in die Zelle des Arbeitsblattes übernommen, sondern zuerst in die Eingabezeile übertragen. In dieser Zeile kann auch eine Korrektur bereits erfolgter Eingaben vorgenommen werden. Die Bestätigung der Eingabe erfolgt entweder durch eine Cursorbewegung oder durch die ENTER-Taste.

Formeln, mit denen Zelleninhalte verknüpft werden sollen, müssen mit einem vorangestellten Plus-Zeichen (+) oder mit einem Gleichheitszeichen (=) beginnen.

Hier wird der Elastizitätsmodul aus dem Quotienten von Spannung und Dehnung berechnet. Der Spannungswert 32,75 ist in Zelle A3 der Dehnungswert 0,00025 in Zelle B3 (wobei der Inhalt von B3 als Prozentwert 0,025 % angezeigt wird). Für das Ergebnis in C3, muss der Inhalt von A3 durch den Inhalt von B3 dividiert werden. In Zelle C3 muss deshalb die Formel +A3/B3 bzw. (=A3/B3) eingegeben werden. Nach Bestätigung der Eingabe wird in Zelle C3 jedoch nicht die Formel, sondern das Ergebnis 131000 als Zahlenwert angezeigt.

Tabelle mit Ergebnis in C3

	A	B	C
1	Spannung	Dehnung	E-Modul
2			
3	32,75	0,025%	131000

Tabelle mit Formel in C3

	A	B	C
1	Spannung	Dehnung	E-Modul
2			
3	32,75	0,025%	+A3/B3

Die Formel zur Berechnung des Zelleninhalts wird in der Eingabezeile wieder sichtbar, wenn der Feldcursor im Arbeitsbereich auf die Zelle C3 gesetzt wird (linkes Bild). Mit Hilfe eines Befehls können auch die Formeln des Arbeitsblattes sichtbar gemacht werden (rechtes Bild).

3.2 Die E-V-A-Struktur in einem elektronischen Rechenblatt

Die E-V-A-Struktur (**Eingabe – Verarbeitung – Ausgabe**) eines Programms in einer höheren Programmiersprache lässt sich auf eine Tabellenkalkulation übertragen. Jedes Rechenblatt kann in die Bereiche Eingabe und Ausgabe unterteilt werden. Die Verarbeitungsschritte entsprechen den Formeln der Tabelle. Kommentierende Hinweise zur Erklärung von Ein- und Ausgaben sind auch in einer Tabelle unerlässlich.

Beispiel: Drehmomentberechnung

Eine Kraft F greift senkrecht an einem Hebelarm der Länge l an. Das resultierende Drehmoment soll in einem Rechenblatt berechnet werden.

A-E-V-Analyse

Ausgabeobjekte	Eingabeobjekte	Zellenbereich	Datentyp
Drehmoment		Spalte C	Formel
	Hebelarm	Spalte A	nummerisch
	Kraft	Spalte B	nummerisch

Struktogramm:

TABELLE Drehmomentberechnung
Eingabe (Länge l des Hebelarms in m)
Eingabe (Kraft F in N)
Drehmoment = Hebelarm · Kraft
Ausgabe (Drehmoment)

Tabellenentwurf (mit Angabe der Formeln bei der Berechnung des Drehmoments)

	A	B	C
1	**Drehmomentberechnung**		
2	Hebelarm l (in m)	Kraft F (in N)	Drehmoment (in Nm)
3	0,43	34,25	+A3*B3
4	0,98	12,70	+A4*B4
5	1,76	9,87	+A5*B5
6	*(Eingabe)*		*(Verarbeitung und Ausgabe)*

E-V-A-Struktur des Arbeitsblattes

Zuerst werden die Daten in die Eingabefelder des Arbeitsblattes eingegeben. Erst danach sollten die Formeln zur Berechnung der Ergebnisse eingetragen werden. Die Verarbeitung findet in den Formelfeldern statt. Sichtbar sind die Ausgaben in den Ausgabefeldern.

Struktur der Tabelle (Zuordnung des Zellentyps bzw. des Feldtyps)

	A	B	C
1	Drehmomentberechnung	*(Hinweisfelder)*	
2	Hebelarm *l* (in m)	Kraft *F* (in N)	Drehmoment *M* (in Nm)
3	0,43	34,25	14,73
4	0,98	12,70	12,45
5	1,76	9,97	17,55
6	*(Eingabefelder)*		*(Ausgabefelder)*

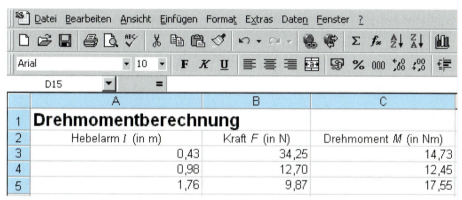

Bildschirmkopie des Arbeitsblattes

3.3 Objekte in einer Tabellenkalkulation

Die meisten Tabellenkalkulationsprogramme arbeiten objektorientiert, d. h. Operationen in der Tabelle werden auf Objekte angewendet. Jede Zelle des Arbeitsblattes ist ein Objekt der Tabellenkalkulation. Ein Objekt (z. B. eine Zelle) wird in seiner einfachsten Form durch den Namen, den Inhalt und den Datentyp definiert. Im Gegensatz zu einer Programmiersprache werden in der Tabellenkalkulation auch die Attribute einer Zelle (Erscheinungsbild der Zelle in der Anzeige auf dem Bildschirm) zu den Eigenschaften des Objekts hinzugerechnet.

Jedes Objekt der Tabelle wird beschrieben durch:
- **Name der Zelle** (Adresse wie z. B. A3, B5)
- **Inhalt der Zelle** (z. B. „Kraft *F* (in N)" als Text, 34,25 als nummerischer Wert oder +A3*B3 als Formel)
- **Datentyp** (z. B. Text, Nummerisch, Formel oder Datum)
- **Attribute der Zelle** (z. B. Währungsangabe, Prozentanzeige, Anzahl der Dezimalstellen, Rechts-, Links- oder Mittenausrichtung des Zelleninhalts, Schriftgröße und Schriftart.

Zellenbereiche mit gleichgearteten Inhalten können zu einem gemeinsamen Objekt zusammengefasst werden, wie z. B. die Zellenbereiche A3 bis A5, B3 bis B5 oder C3 bis C5 des Beispiels „Drehmomentberechnung".

3.4 Adressierung von Objekten (Zellen)

3.4.1 Relative Adressierung

	A	B	C
1	Drehmomentberechnung		
2	Hebelarm l (in m)	Kraft F (in N)	Drehmoment M (in Nm)
3	0,43	34,25	+A3*B3
4	0,98	12,70	+A4*B4
5	1,76	9,87	+A5*B5

In Tabellen gibt es Zeilen oder Spalten, in denen die Ergebnisse durch gleiche Formeln (jedoch mit anderen Adressen) ermittelt werden. So wird in der Tabelle das Drehmoment in den drei untereinanderliegenden Zellen C3, C4 und C5 nach einer Formel mit der derselben Struktur berechnet.

Bei der relativen Adressierung in Formeln ist der Abstand des Zieles[1] relativ zu den Quellen[2] immer gleich, z. B. erste Zelle links von Ziel (Quelle_1) verknüpft mit zweiter Zelle links vom Ziel (Quelle_2).

Wird die Formel in der relative Adressen verknüpft werden, z. B. aus der Zelle C3 durch den Befehl KOPIEREN in die Zelle C4 übertragen, werden alle Quelladressen der Formel automatisch mitgeführt, d. h. aus der Formel A3 · B3 wird die Formel A4 · B4.

> **In einer Formel werden Zellenadressen durch die Angabe von Spalten- und Zeilenbezeichnungen automatisch als relative Adressen definiert.**
> **Der Abstand zwischen Ziel und Quelle(n) bleibt bei relativer Adressierung immer gleich, wenn die Formel aus einer Zelle in eine andere übertragen (kopiert) wird.**

Beispiel: Energiebedarf von Elektrogeräten

In einer Tabelle sind in einem Bereich die Leistungsdaten von Elektrogeräten (in kW) und in einem anderen Bereich die jeweilige durchschnittliche Einschaltdauer (in Stunden) eingetragen. Für jedes Gerät soll der Energiebedarf (in kWh) berechnet werden.

---

[1] Ziel: Zelle, in der eine Formel zur Berechnung des Ergebnisses eingetragen wird (im Ziel wird das Ergebnis angezeigt).
[2] Quelle: Zelle aus der Werte zur Rechnung in einer Formel entnommen werden (die Quelle liefert die Daten).

IV Problemlösung mit Tabellenkalkulationsprogrammen

	A	B	C	D
1	Gerät	Leistung in kW		Energie in kWh
2	Glühlampe	0,10		+B2*B8
3	Fernseher	0,225		+B3*B9
4	Elektroherd	2,300		+B4*B10
5	Computer	0,170		+B5*B11
6				
7	Gerät	Betriebsdauer in h		Darstellung der Formeln in relativer Adressierung. Die Pfeile stellen den relativen Abstand des Ziels von den Quellen dar.
8	Glühlampe	7,0		
9	Fernseher	2,5		
10	Elektroherd	1,7		
11	Computer	5,2		
12				
13		Preis je kWh in €	0,42	

Die Pfeile zeigen jeweils den gleichbleibenden Abstand zwischen der Formel in den Zielzellen (in Spalte D) und den Quellenzellen (in Spalte B). Beim Übertragen der Formel aus der Zelle D2 in die darunterliegenden Zellen bleiben diese relativen Abstände jeweils gleich. Da die Adressen in der Formel in D2 als relative Adressen eingetragen wurden, werden diese beim Übertragen (Kopieren) der Formel automatisch korrigiert, z. B. wird aus der Formel B2 · B8 in Zelle D2 die Formel B3 · B9 in Zelle D3 usw.

3.4.2 Absolute Adressierung

Die Angabe einer Adresse wird als absolute Adressierung bezeichnet, wenn sich die Adresse eines Quellfeldes beim Übertragen der Formel aus einer Zelle in eine andere nicht ändert. Eine absolute Adresse wird in fast allen Tabellenkalkulationen durch das vorangestellte Zeichen ‚$' bei der Spaltenbezeichnung und der Zeilennummer vorgegeben[3], z. B. $B$2, $C$13.

Beispiel: durchschnittliche Betriebskosten von Elektrogeräten je Tag

In die Tabelle sind Leistungsangaben von einigen Elektrogeräten sowie deren durchschnittliche tägliche Betriebsdauer eingetragen. Der Preis je kWh befindet sich in der Zelle C13. In die Spalte D werden die Formeln zur Berechnung der täglichen Betriebskosten der Geräte eingetragen. Beim Übertragen der Formel aus Zelle D2 in die darun-

---

[3] unterschiedliche Tabellenkalkulationsprogramme haben evtl. verschiedene Bezeichnungsarten für die absolute Adressierung.

terliegenden Zellen wird der Preis stets aus der Quelle C13 entnommen, während die anderen Quelladressen korrigiert werden müssen. Bei der Adresse C13 ist daher in der Formel die absolute Adressierung $C$13 anzuwenden.

	A	B	C	
1	Gerät	Leistung in kW		tägliche Kosten
2	Glühlampe	0,10		+B2*B8*$C$13
3	Fernseher	0,225		+B3*B9*$C$13
4	Elektroherd	2,300		+B4*B10*$C$13
5	Computer	0,170		+B5*B11*$C$13
6				
7	Gerät	Dauer in h		B2, B3, B4... sind relative Adressen und werden beim Übertragen aus der Zelle D2 korrigiert. $C$13 bleibt als absolute Adresse beim Übertragen (Kopieren) immer gleich.
8	Glühlampe	7,0		
9	Fernseher	2,5		
10	Elektroherd	1,7		
11	Computer	5,2		
12				
13		Preis je kWh in €	0,42	

Bei absoluter Adressierung ändert sich in einer Formel die Adresse der Quelle(n) nicht, wenn die Formel in eine andere Zelle kopiert wird.

In vielen Kalkulationsprogrammen existiert neben der hier angeführten absoluten Adressierungsart zusätzlich noch eine Adressierungsart, bei der entweder nur die Spalte oder nur die Zeile absolut adressiert wird. Genauere Angaben sind den jeweiligen Handbüchern des verwendeten Programms zu entnehmen.

3.5 Rechnerische Auswertung eines Zugversuchs

Ein Stahlstab (Rundprobe) mit der Messlänge $L_0 = 300$ mm und dem Durchmesser $d_0 = 30$ mm wird in einer Materialprüfmaschine einem Zugversuch unterworfen. Die Messwertepaare für Zugkraft und Verlängerung der Probe werden von Digitalanzeigen abgelesen und in ein Kalkulationsprogramm übertragen.

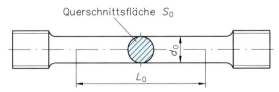

Zugkraft F in kN	Verlängerung ΔL in mm
49,2	0,100
94,4	0,192
119,0	0,242
141,3	2,87
173,3	3,61
198,65	4,47
207,35	9,60
225,0	12,40
243,0	23,40
253,0	43,00
237,0	52,96
219,2	65,00

Messwerte des Zugversuchs

Bei der Auswertung des Versuchs sollen folgende Größen ermittelt werden:

- Dehnung ε in %,
- Spannung σ in N/mm²
- Spannungs- und Dehnungsdiagramm.

A-E-V-Analyse

	A	B	C	D
1	Ausgabeobjekte	Eingabeobjekte	Zellenbereich	Datentyp
2	Durchmesser d_0		Zelle in Spalte A	nummerisch (Formel)
3	Querschnittsfläche A_{10}		Zelle in Spalte A	nummerisch (Formel)
4	Spannung σ		Spalte D	nummerisch (Formel)
5	Dehnung ε in %		Spalte C	nummerisch (Formel)
6		Zugkraft F	Spalte A	nummerisch
7		Verlängerung ΔL	Spalte B	nummerisch
8		Messlänge L_0	Zelle in Spalte A	nummerisch

Algorithmus und Struktogramm

Eingabe (Messlänge L_0)

Durchmesser ← Messlänge $L_0/10$

Querschnittsfläche S_0[4] ← $\dfrac{\pi \cdot d_0^2}{4}$

Eingabe (Zugkraft F)

Eingabe (Verlängerung ΔL)

Dehnung ε ← Verlängerung ΔL / Messlänge L_0

[Formel nach der Def. von ε: Dehnung ε ← (Verlängerung ΔL / Messlänge L_0) · 100][5]

Spannung σ ← Zugkraft F /Querschnittsfläche S_0

Tabelle Zugversuch
Eingabe (Zugkraft F)
Eingabe (Verlängerung der Probe ΔL)
Eingabe (Messlänge L_0)
Durchmesser ← Messlänge / 10
Querschnittsfläche ← (π · Durchmesser^2)/4
Dehnung ← Verlängerung / Messlänge L_0
Spannung ← Zugkraft / Querschnittsfläche

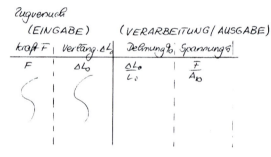

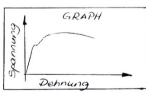

Handskizze der Tabelle (mit Grafik)

---

[4] S_0 ist in der technischen Literatur die Bezeichnung für die Querschnittsfläche eines Prüfstabs, bei dem die Länge L_0 dem 10-fachen Durchmesser d_0 entspricht.

[5] Der Faktor 100 in der Formel „Dehnung ε ← Verlängerung ΔL / Messlänge L_0)100 %' zur Berechnung des Zahlenwerts als Prozentangabe führt in der Tabellenkalkulation zu Fehlergebnissen, wenn Zahlen in Prozentdarstellung angezeigt werden sollen. Bei der Anzeige von %-Werten im Kalkulationsblatt wird der Faktor 100 automatisch ergänzt, wobei der korrekte Bruchwert im Speicher erhalten bleibt z. B.: Die Zahl 0,25 wird als 25 % angezeigt. Dies ist eine spezifische Eigenschaft von Tabellenkalkulationsprogrammen. Die Schreibweise der Formel wurde aus diesem Grund den Erfordernissen der Tabellenkalkulation angepasst.

Nach diesen Vorarbeiten erfolgt die Eingabe der Daten in die Tabelle, wobei mit den Hinweisfeldern begonnen wird.

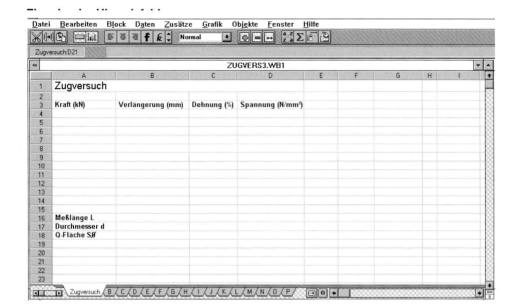

Die Sequenz als Strukturelement in der Tabellenkalkulation

Im Struktogramm des Arbeitsblattes wird die Ablauffolge der Operationen und die Art der Operationen auf die Objekte als Sequenz festgelegt.

Bei einer Tabellenkalkulation findet keine Trennung zwischen Eingabe des Programmcodes und dem anschließenden Programmlauf statt, wie es bei einer höheren Programmiersprache der Fall ist. Im Arbeitsblatt werden die eingegebenen Operationen unmittelbar nach der Betätigung der Eingabetaste ausgeführt. Folglich müssen vor Eingabe einer Operation alle Quellobjekte, auf die sich diese Operation bezieht, mit Werten belegt sein.

Im Unterschied zu einer Programmiersprache kann sich eine Anweisung (Operation) nicht nur auf ein einziges Objekt, sondern auf eine Menge gleichgearteter Objekte beziehen.

Z. B. bezieht sich die Anweisung des Struktogramms

Eingabe (Zugkraft F)

auf die Einträge in den Feldern A4 bis A14 der Spalte A.

Rechnerische Auswertung eines Zugversuchs

Eingabefelder des Rechenblattes

	A	B	C	D
1	Zugversuch			
2				
3	Kraft (kN)	Verlängerung (mm)	Dehnung(%)	Spannung (N/mm^2)
4	49,20	0,10		
5	94,40	0,19		
6	119,00	0,24		
7	141,30	0,29		
8	173,30	0,36		
9	198,65	0,89		
10	207,35	3,45		
11	225,00	6,25		
12	243,00	23,40		
13	253,00	43,00		
14	237,00	52,86		
15				
16	Messlänge L	300,00		
17	Durchmesser d			
18	Q-Fläche SØ			

Nach den Eingaben werden die Verarbeitungsschritte ausgeführt. Diese müssen unbedingt in der Reihenfolge (Sequenz) erstellt werden, wie sie im Struktogramm aufgeführt sind.

Erstellen und Eingabe der Formeln:

Objekt	Eingabezele (für die Formel)	Formel	Ergebnis
Durchmesser d	B17	+B16/10	30,00
Querschnittsfläche SØ	B18	+PI*B17*B17/4	706,86
Dehnung σ	C4	+B4/**$B$16**	0,000333333
	C5 bis C14 (durch Kopieren aus C4)	+B.../**$B$16**	...
Spannung σ in	D4	+(A4/**$B$18**)*1000	69,60
	D5 bis D14 (durch Kopieren aus D4)	+(A.../**$B$18**)*1000	...

(Adressangaben in der Tabelle, wie z. B. $B$16 bedeuten absolute Adressierung, während B16 dieselbe Adresse in relativer Adressierung darstellt.)

Kommentar zu den Formeln

Der Zugprobendurchmesser d in Zelle B17 ist 1/10 der Messlänge L_0.

Bei der Berechnung der Querschnittfläche SØ wird die Kreiszahl PI (π = 3,141...) als Konstante der Tabellenkalkulation in die Formel mit einbezogen.

Für die Berechnung von Dehnung ε (in %) und Spannung σ (in N/mm²) sind jeweils 11 Zellen einer Spalte (Dehnung von C4 bis C14 und Spannung von D4 bis D14) mit Formeln gleicher Struktur auszufüllen. Die Formeln werden jeweils in die oberste Zelle (C4 bzw. D4) der betreffenden Spalte eingetragen. Durch einen Befehl, wie z. B. „BLOCK KOPIEREN", werden diese Formeln in die darunterliegenden Zellen kopiert. Die Ausgabe der Dehnungswerte in %-Werten kann durch das Ändern der Attribute von Objekten erreicht werden[6].

Hinweis zur Darstellung von %-Werten im Arbeitsblatt einer Tabellenkalkulation

Die oft übliche Praxis %-Werte mit Hilfe des Faktor 100% in einer Formel als Ergebnis zu berechnen ist in der Tabellenkalkulation nicht üblich. Die Änderung der Attribute von Zellen, um %-Werte darzustellen hat den Vorteil, dass die berechnete Zahl im Speicher unverändert bleibt und für weitere Verknüpfungen herangezogen werden kann, während auf dem Bildschirm die Zahl in der %-Schreibweise erscheint.

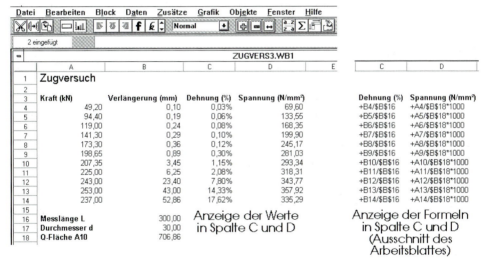

Vollständiges Arbeitsblatt

3.6 Grafische Auswertung einer Tabelle

Die Aussagekraft einer Tabelle wird durch eine Grafik wesentlich erhöht. Eine Grafik bietet im Gegensatz zu den Zahlenkolonnen der Tabelle einen schnellen Überblick.

Die wesentlichen Grafikelemente einer Tabellenkalkulation können in drei Grafiktypen zusammengefasst werden, von denen jede ihre spezifischen Eigenschaften hat:

---

[6] Befehlsstrukturen, wie z. B. ‚Kopieren' oder ‚Ändern der Attribute' von Objekten, sind in Kalkulationsprogrammen unterschiedlich und müssen deshalb jeweils dem Handbuch des verwendeten Programms entnommen werden.

- **Liniengrafik**
Dieser Grafiktyp ist für die Darstellung funktionaler Zusammenhänge geeignet, wie z. B. technische oder mathematisch naturwissenschaftliche Kurven. Das Spannungs-Dehnungsdiagramm ist ein Beispiel dafür.

- **Balkengrafik**
Sie bietet einen schnellen Überblick beim Vergleich von Werten bei denen kein ursächlicher Zusammenhang besteht, wie z. B. Darstellung von Niederschlagsmengen in verschiedenen Ländern oder vergleichende Umsatzzahlen von Unternehmen.

- **Torten- oder Kreisgrafik**
Sie ist geeignet, um Anteile einzelner Werte am Gesamtergebnis darzustellen, wie z. B. Sitzverteilung im Bundestag bei einer Wahlprognose.

Erstellen eines Spannungs-Dehnungsdiagramms

Auswahl der Datenbereiche

Auf der waagrechten Achse werden die Werte für die Dehnung ε in % angetragen. In der Tabelle sind diese Zahlenwerte im Zellenbereich C4 bis C14 enthalten. Die Werte für die Spannung σ der Probe werden auf der senkrechten Achse dargestellt. Sie stehen im Zellenbereich D4 bis D14.

Wahl des Grafiktyps

In einer grafischen Darstellung sollen die Spannungswerte in Abhängigkeit von der Dehnung der Zugprobe dargestellt werden. Durch die Abhängigkeit der Spannung von der Dehnung ist das Liniendiagramm der geeignete Grafiktyp.

Waagrechte und senkrechte Achse müssen die maßstäbliche Skalierung wiedergeben, da sonst die Abhängigkeit zwischen Spannung und Dehnung nicht ersichtlich wäre.

Beschriftung der Grafik

Die Beschriftung der waagrechten und der senkrechten Achse, sowie die Angabe einer Titelzeile genügt in den meisten Fällen, um eine Grafik verständlich und übersichtlich zu gestalten.

Einfügen der Grafik in die Tabelle

Die Grafik wird zum Schluss in die Tabelle eingefügt, damit sie den Tabellenwerten vergleichend gegenübergestellt werden kann.

---

[7] Die Vorgehensweise bei der Erstellung einer Grafik und das Einfügen der Grafik in das Arbeitsblatt ist in fast allen Kalkulationsprogrammen der Beschreibung ähnlich.

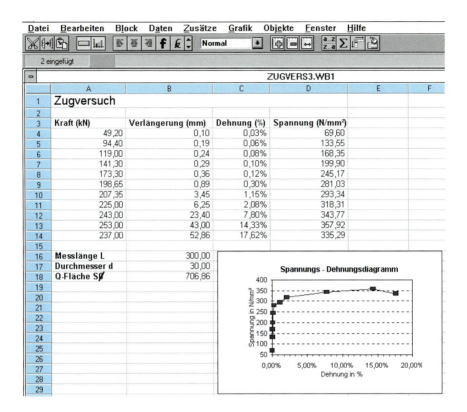

3.7 Entwickeln selbstdefinierter Funktionen aus Grundfunktionen

Aus den mathematischen Funktionen und deren logischen Verknüpfungen sowie der Anwendung der Alternative können neue, komplexe Funktionen erstellt werden.

Eine der grundlegenden Techniken, das Kalkulationsblatt variabel zu gestalten, ist die Anwendung der Alternative. Die Alternative gestattet es, abhängig von einer Bedingung, verschiedene Werte in einer Zelle des Kalkulationsblattes zu berechnen.

Die logischen Verknüpfungen, wie UND, ODER, NICHT können ebenfalls dazu beitragen, den Aufwand bei der Gestaltung des Arbeitsblattes erheblich zu reduzieren.

3.7.1 Einfache Alternative und bedingte Verarbeitung

Mit der einfachen Alternative kann der Inhalt einer Zelle (Ziel) durch eine Bedingung in Abhängigkeit vom Wert einer anderen Zelle (Quelle) nach unterschiedlichen Kriterien berechnet werden.

Einfach Alternative

Die umgangssprachliche Formulierung der einfachen Alternative lautet:

WENN die Bedingung erfüllt ist,
    DANN setze Wert_1 ein,
    SONST setze Wert_2 ein.

Schreibweise der Formel[8]

=WENN (Bedingung; Wert_1; Wert_2)

Für die Bedingung können alle logischen Vergleiche und Verknüpfungen zwischen Zelleninhalten und Konstanten eingesetzt werden. Als Ergebnisse der Alternativen Wert_1 und Wert_2 können nummerische und Textkonstanten sowie Formeln zur Berechnung von Werten mit Bezug auf andere Zelleninhalte eingesetzt werden. Auch Mehrfachschachtelungen von Alternativen sind möglich. Das Ergebnis der Alternativen wird jedoch stets in der Zelle angezeigt, in der die Formel eingegeben wurde.

Struktogramm der einfachen Alternative

Bedingte Verarbeitung

In manchen Fällen genügt es, dass nur der DANN-Zweig eine Information liefert. In diesem Fall wird der SONST-Zweig i. Allg. durch eine leere Zeichenkette (zwei aufeinander folgende Anführungszeichen) ersetzt.

WENN die Bedingung erfüllt ist,
    DANN setze Wert_1 ein,
    SONST lasse die Zelle leer.

Struktogramm der bedingten Verarbeitung

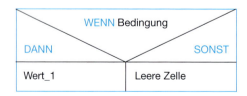

Schreibweise der Formel

=WENN (Bedingung; Wert_1;"")

---

[8] Die Schreibweise von Formeln ist in unterschiedlichen Tabellenkalkulationen verschieden. Die genaue Schreibweise ist dem jeweiligen Handbuch zu entnehmen.

Beispiel: Härteprüfung nach Rockwell

Bei der Härteprüfung nach Rockwell (HRC) wird ein Diamantkegel mit dem Spitzenwinkel 120° unter einer Prüfkraft F_1 auf das Prüfstück gedrückt. Die Eindringtiefe, die max. 0,20 mm betragen darf, ist ein Maß für die Härte.

Aus der Eindringtiefe in mm wird die Rockwellhärte nach folgender Formel berechnet:

$$\text{Rockwellhärte} = 100 - \frac{\text{Eindringtiefe}}{0{,}002} \qquad HRC = 100 - \frac{t_b}{0{,}002}$$

HRC Rockwellhärte $\quad t_b$ Eindringtiefe in mm

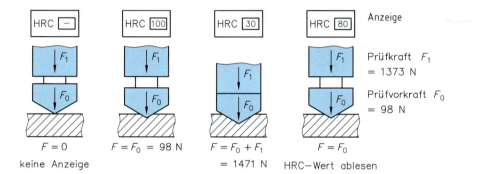

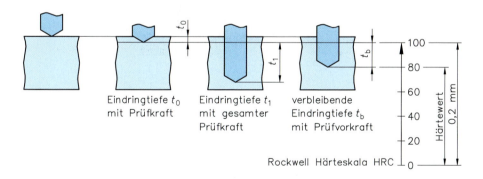

A-E-V-Analyse

Ausgabeobjekte	Eingabeobjekte	Konstanten	Datentyp
Rockwellhärte			nummerisch
	Eindringtiefe		nummerisch
		schrittweite = 0,002	nummerisch
		max_härte = 100	nummerisch

Bei der Eingabe der Eindringtiefe ist ein Wert größer als 0,20 mm nicht sinnvoll, da sonst ein negativer Härtewert als Ergebnis erscheinen würde. Bei der Verarbeitung muss deshalb bei einer Eindringtiefe größer als 0,20 mm ein Fehlerhinweis erscheinen.

WENN Eindringtiefe > 0,20
    DANN Fehlermeldung ausgeben
    SONST Rockwellhärte berechnen

Entwurf des Kalkulationsblattes

	A	B	C	D	E	F
1	Berechnung der Härte nach Rockwell					
2						
3	Eindringtiefe	*Eingabefeld*	mm			
4						
5	Rockwellhärte	*Ausgabefeld*	(HRC)			
6						

Struktogramm

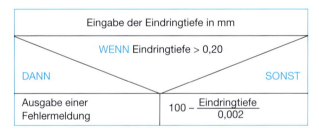

Wie dem Entwurf des Kalkulationsblattes entnommen werden kann, dient die Zelle B3 zur Dateneingabe. In der Zelle B5 findet die Verarbeitung statt.

Verarbeitung und Ausgabe

Die Formel in der Zelle B5 lautet ohne Anwendung der Alternative:

$$10 - B3/0{,}002$$

Mit dieser Formel würde jedoch keine Fehlermeldung für Eindringtiefen > 0,20 mm ausgegeben. Die Erweiterung der Formel mit der einfachen Alternative lautet:

=WENN (B3 > 0,20; "Falscheingabe"; 100-B3/0,002)

(Die Spalte B sollte verbreitert werden, damit die Ausgabe der Fehlermeldung in der Zelle B5 nicht verstümmelt wird.)

3.7.2 Logikoperatoren

Sie werden hauptsächlich in der Bedingungsformulierung bei der Alternative angewendet, wenn Vergleiche miteinander verknüpft werden wollen.

Beispiel Einschränkung des Gültigkeitsbereichs von Werten

Bei der Berechnung der Rockwellhärte muss die Eindringtiefe kleiner als 0,20 mm sein, damit der Härtewert definiert ist. Eine Eindringtiefe kleiner als Null führt ebenso zu einem nicht definierten Härtewert. Deshalb muss der Definitionsbereich für die Eindringtiefe auf 0 mm $\leq$ Eindringtiefe $\leq$ 0,20 mm begrenzt werden.

Der Logikoperator UND

WENN Eindringtiefe $\leq$ 0,20 mm **UND** Eindringtiefe $\geq$ 0,0 mm,
   DANN berechne Rockwellhärte,
   SONST Fehlermeldung ausgeben.

Im Kalkulationsblatt zur Bestimmung der Rockwellhärte ist in Zelle B5 einzusetzen:

=WENN (UND (B3 $\geq$ 0; B3 $\leq$ 0,20); 100 − B3/0,002; "Falscheingabe")

In diesem Fall müssen beide Bedingungen gleichzeitig erfüllt sein, damit die Rockwellhärte berechnet wird.

Der Logikoperator ODER

Im Gegensatz zur Umgangssprache ist die ODER-Verknüpfung einschließend, d. h. wenn eine der zwei Bedingungen erfüllt ist, oder beide gleichzeitig erfüllt sind, ergibt sich eine wahre Aussage.

Die **Wahrheitstabelle** für die UND- sowie die ODER-Verknüpfung kann auf folgende Weise ermittelt werden:

In die Zelle A1 und B1 werden nacheinander die Werte 0 und 1 eingetragen. In der Zelle C1 steht die Formel A1 #UND# B1. D1 erhält die Formel A1 #ODER# B1. Es ergeben sich folgende Kombinationen:

A1	B1	A1#UND'B1	A1#ODER'B1
0	0	0 (falsch)	0
0	1	0 (falsch)	1
1	0	0 (falsch)	1
1	1	1 **(wahr)**	1

3.7.3 Mehrfachalternative

Die Struktur der Mehrfachalternativen ist in einer Tabellenkalkulation nicht in der Form wie in einer Programmiersprache vorzufinden. Sie kann jedoch näherungsweise mit der Tabellensuche verglichen werden.

Struktogramm

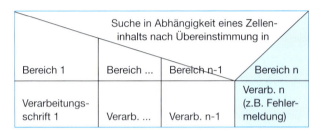

Schreibweise

=SVerweis(Quelle;Suchblock;Nummer der Ergebnisspalte)[9]

Beispiel: Leistungstest bei einem Kfz

Die von einem Automotor abgegebene Maximalleistung wird auf einem Prüfstand gemessen. Im Kfz-Schein steht die vom Werk ausgewiesene Maximalleistung. In einer Tabelle soll berechnet werden, wieviel Prozent der vorgeschriebenen Leistung der Motor noch bringt. Anhand dieses Prozentwertes kann eine Bewertung des Motors zwischen „neuwertig" und „Schrott" in mehreren Stufen erfolgen:

Prozent der Maximalleistung	Bewertung
0 % bis 29 %	Schrott
30 % bis 49 %	kaum reparabel
50 % bis 84 %	reparaturbedürftig
85 % bis 94 %	Verschleiß erkennbar
95 % bis 104 %	neuwertig
über 105 %	Motor getunt

---

[9] SVerweis: Abk. für Senkrechtverweis. In einigen Kalkulationsprogrammen werden teilweise andere Bezeichnungen für diese Funktion verwendet.

A-E-V-Analyse und Entwurf des Kalkulationsblattes

	A	B	C
1	Bewertung eines Automotors auf dem Prüfstand		
2			
3	gemessene Leistung	Eingabefeld	kW
4	Maximalleistung lt. Kfz-Schein	Eingabefeld	kW
5	Leistungsverhältnis in %	Ausgabefeld (%-Format)	
6			
7	Ergebnis	Ausgabefeld	
8			
9	Suchtabelle	0 % (bis 29 %)	Schrott
10		30% (bis 49 %)	kaum reparabel
11		50 % (bis 84 %)	reparaturbedürftig
12		85 % (bis 94 %)	Verschleiß erkennbar
13		95 % (bis 104 %)	neuwertig
14		105 % (und mehr)	Motor getunt
15		Suchspalte	Ergebnisspalte (Nr. 2 in der Formel)

Hinweis:

Beim Entwurf einfacherer Kalkulationsblätter kann die AEV-Analyse und der Entwurf des Kalkulationsblattes durchaus in einem Arbeitsgang erfolgen. Ein Struktogramm sollte jedoch in jeden Fall angefertigt werden, da es die algorithmische Struktur des Kalkulationsblattes und die Reihenfolge der Eingaben festlegt.

Struktogramm

Eingabe der gemessenen Leistung in Zelle B3				
Eingabe der Maximalleistung in Zelle B4				
Leistungsverhältnis B3/B4 in % in Zelle B5 berechnen				
Suche in B7 mit Wert von B5 in einem Bereich das Ergebnis der Bewertung				
Bereich 1 0 % bis 29 %	Bereich 2 30 % bis 49 %	...	Bereich 5	Bereich 6 über 105 %
Schrott	kaum reparabel	...	neuwertig	Motor getunt

Angewendete Formeln

Adresse der Zelle	Formel	Anmerkung
B5	B3/B4	Zelle B5 in Prozent formatieren
B7	B7:=+SVERWEIS(B5;B9:C14;2)	

Zur Formel in Zelle B7: =+SVERWEIS (B5;B9:C14;2)

- **SVERWEIS** bedeutet, dass der Suchbereich in einer Spalte in aufsteigender Reihenfolge aufgeführt sein muss (siehe Spalte B9 bis B14)

- **B5** ist die Zelle welche den Vergleichswert enthält, für den aus den Bereichsangaben in B9 bis B14 der entsprechende Bereich ausgesucht wird.

- **B9 : B14 Suchtabelle**

- **2** verweist auf die 2. Spalte C (**rechts** von der Suchspalte B) aus der das Ergebnis der Suche entnommen wird. Bei Suchtabellen, die mehrere Spalten enthalten, muss hier die entsprechende Zahl eingesetzt werden.

B7		=+SVERWEIS(B5;B9:C14;2)	
	A	B	C	D
1	Bewertung eines Automotors auf dem Prüfstand			
2				
3	gemessene Leistung	65	kW	
4	Maximalleistung lt. KFZ-Schein	81	kW	
5	Leistungsverhältnis in %	80%		
6				
7	Ergebnis	reparaturbedürftig		
8				
9	Suchtabelle	0%	Schrott	
10		30%	kaum reparabel	
11		50%	reparaturbedürftig	
12		85%	Verschleiß erkennbar	
13		95%	neuwertig	
14		105%	Motor getunt	

Bildschirmkopie des Kalkulationsblattes

3.8 Schutz von Zellen gegen Überschreiben

Bei der Eingabe von Werten in ein Kalkulationsblatt tritt die unangenehme Eigenschaft auf, dass bei der Eingabe eines Wertes in eine falsche Zelle deren Inhalt ohne Rückmeldung überschrieben wird. Dies kann zur Folge haben, dass das ganze Kalkulationsblatt funktionsunfähig wird.

> **Der Schutz von Zellen gegen Überschreiben wird zuerst für das gesamte Kalkulationsblatt aktiviert. Danach wird er nur für die Eingabezellen wieder aufgehoben.**[10]

Das Kalkulationsblatt ist danach so präpariert, dass nur noch in die Eingabezellen geschrieben werden kann. Der Versuch in geschützte Zellen zu schreiben wird mit einer Fehlermeldung abgewiesen.

3.9 Zielwertsuche und Lösen von Optimierungsaufgaben

In den bisherigen Beispielen konnte beobachtet werden, dass ein Kalkulationsblatt ein ideales Mittel ist, um die Auswirkungen zu untersuchen, welche die Veränderungen von Eingaben hervorrufen.

Bei der Zielwertsuche wird aus einem vorgegebenen Ergebnis durch Rückwärtsrechnen ermittelt, welche Eingaben für den genannten Zielwert gemacht werden müssten.

In Optimierungsaufgaben wird berechnet, für welchen Eingangswert das Ergebnis einen optimalen Wert (meist das Minimum oder das Maximum) annimmt.

3.9.1 Suchen von Lösungen durch Zielwertvorgabe

Die Zielwertsuche basiert auf einer vorgegebenen Tabelle, die nach den EVA-Prinzip (Eingabe – Verarbeitung – Ausgabe) erstellt wurde. Im Unterschied zum EVA-Prinzip, bei dem die Eingaben gemacht werden, um einen Ausgabewert zu berechnen, wird bei der Zielwertsuche danach gefragt, welche Eingabewerte zu einem bestimmten Ergebnis führen.

Durch die Zielwertsuche wird die Tabelle rückwärts berechnet. Vom Ergebnis ausgehend wird ein Eingabewert berechnet. Hängt das Ergebnis von mehreren Eingabewerten ab, so ist die Beschränkung auf einen Eingabewert zu beachten. Im weiteren ist zu berücksichtigen, dass bei der Vorgabe des Ergebniswertes der Wertebereich nicht überschritten werden darf, der durch die Rechenvorschriften gegeben ist.

---

[10] unterschiedliche Vorgehensweise in verschiedenen Kalkulationsprogrammen (siehe Handbuch)

Beispiel: Benzin- oder Dieselfahrzeug

Ein Vertreter beabsichtigt sich einen neuen gewerblich genutzten Pkw zu kaufen. Im Angebot eines Autoherstellers sind ein benzin- und ein dieselbetriebenes Fahrzeug mit jeweils demselben Hubraum und derselben Leistung zu finden.

Wie viele Kilometer müssen mit dem Dieselfahrzeug bei einer vorgegebenen Nutzungsdauer mindestens gefahren werden, damit dieses unter Berücksichtigung der wichtigsten Kosten billiger kommt als das Benzinmodell?

A-E-V-Analyse

In einer Skizze der geplanten Tabelle können bereits alle Eingabegrößen aufgeführt werden. In diesem Zusammenhang sind auch Zwischenergebnisse wie z. B. die Differenz der Kostenarten, sowie die Differenz der jährlichen Fixkosten und der streckenabhängigen Kosten von Interesse.

Neben der Tabellenskizze sind auch die Formeln zur Berechnung des Kalkulationsblattes ein Teil der A-E-V-Analyse.

	A	B	C	D	E
1	**Rentabilität eines Dieselfahrzeugs**				
2	unter welchen Bedingungen ist ein Dieselfahrzeug billiger als ein Benzinfahrzeug?				
3	**gleiche Daten**				
4	Hubraum in ccm		1900		
5	Laufzeit in Jahren		3		
6	**unterschiedliche Daten**	Benzinmotor	Dieselmotor	Differenz	
7	Kaufpreis			A	
8	KFZ-Steuer je 100 ccm			u	
9	Versicherungen (30%)	Eingabe		s	
10	Treibstoff je Liter in €			g	
11	Verbrauch je 100 km			a	
12					
13	Differenz Fixkosten		im Jahr	b	
14	Diff. Verbrauchskosten		je 100 km	e	
15			min Fahrstrecke in km/Jahr:	Ergebnis	

In der Tabellenskizze für die **A-E-V-Analyse** sind die Eingabefelder eingerahmt und unterlegt.

Angewendete Formeln

Adresse der Zelle	Formel in der Zelle	Anmerkung
D7	=C7-B7	Formel wird in den Bereich D8 .. D11 kopiert (relative Adressierung!)
....	....	
D11	=C11-B11	
D8	= (C8–B8)*19	Format Währung
D13	=D7/B5+D8*B4/100+D9	Format Währung
D14	=D10*D11	Format Währung
D15	=D13/D14*100	Format Währung

Lösungsschritte:

1. Zeichnen Sie ein Struktogramm für dieses Problem.

2. Erstellen Sie die Tabelle mit folgenden Eingaben und bestimmen Sie die minimale Fahrstrecke, bei der das Fahrzeug mit Dieselmotor billiger fährt, als ein Fahrzeug mit Benzinmotor:

Hubraum	1900 ccm	
Laufzeit	3 Jahre	
	Benzin	Diesel
Kaufpreis	23.800 EUR	24.525 EUR
Kfz-Steuer	6,75 EUR/100 ccm	15,44 EUR/100 ccm
Versicherungen	196 EUR	263 EUR
Treibstoff Preis	1,06 EUR	0,88 EUR
Verbrauch	9,3 l je 100 km	5,9 l je 100 km

	A	B	C	D	E
1	Rentabilität eines Dieselfahrzeugs				
2	unter welchen Bedingungen ist ein Dieselfahrzeug billiger als ein Benzinfahrzeug?				
3	gleiche Daten				
4	Hubraum in ccm		1900		
5	Laufzeit in Jahren		3		
6	unterschiedliche Daten	Benzinmotor	Dieselmotor	Differenz	
7	Kaufpreis	23.800,00 €	24.525,00 €	725,00 €	
8	KFZ-Steuer je 100 ccm	6,75 €	15,44 €	165,11 €	
9	Versicherungen (30%)	196,00 €	263,00 €	67,00 €	
10	Treibstoff je Liter in €	1,06 €	0,88 €	-0,18 €	
11	Verbrauch je 100 km	9,30	5,90	-3,40 €	
12					
13	Differenz Fixkosten		im Jahr	957,11 €	
14	Diff. Verbrauchskosten		je 100 km	0,61 €	
15			min Fahrstrecke in km/Jahr:	52.130	

Bildschirmkopie des Arbeitsblattes

Zielwertsuche

Die Zielwertsuche beantwortet die Frage: „Welcher Wert müsste in der Eingabezelle[10] (bzw. die veränderbare Zelle) gemacht werden, damit in der Lösungszelle ein vorgegebener Wert erscheint?"

Beispiel:

Dem Vertreter, der sich zwischen einem Fahrzeug mit Benzin- oder Dieselmotor entscheiden muss, ist durch seine langjährige Fahrpraxis bekannt, dass er jährlich ca. 95000 km fährt. Durch die Auswertung der Tabelle hat er erfahren, dass mit dieser Fahrstrecke das Dieselfahrzeug billiger zu fahren ist als das Benzinfahrzeug.

Vorgehen bei der Zielwertsuche

Nach Aufruf der Funktion für die Zielwertsuche sind folgende Eingaben zu tätigen:

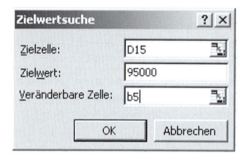

Nach Bestätigung der Eingaben erscheint in der Zelle B5 das gesuchte Ergebnis:

	A	B
1	**Rentabilität eines Dieselfahrzeugs**	
2	unter welchen Bedingungen ist ein Diesel:	
3	**gleiche Daten**	
4	Hubraum in ccm	1900
5	Laufzeit in Jahren	1,65

Übung:

Wie hoch müsste der Benzinpreis steigen, damit bei gleichbleibendem Dieselpreis und einer Laufleistung von 70000 km je Jahr das Dieselfahrzeug im Unterhalt gleich teuer kommt wie ein Benzinfahrzeug?

Hinweis:

Die Zielwertsuche verändert die Werte der angesprochenen Zellen. Sollten die Werte erhalten bleiben, ist zuerst eine Sicherung der Tabelle auf einen Datenträger durchzuführen.

---

[10] Die Eingabezelle wird bei der Zielwertsuche (und anderen Funktionen) veränderbare Zelle genannt. Die Eingabe eines Wertes in die veränderbare Zelle kann mit der Wertebelegung einer unabhängigen Variablen in einem Funktionsterm verglichen werden.

IV Problemlösung mit Tabellenkalkulationsprogrammen

3.9.2 Optimierungsaufgaben

Beim Versuch Optimierungsaufgaben mathematisch zu lösen reichen in manchen Fällen die mathematischen Grundlagen nicht aus. Diese Probleme können in einer Tabellenkalkulation durch iterative Näherungslösungen mit der gewünschten Genauigkeit gelöst werden.

Lösungshinweis für Optimierungsaufgaben

- Wie bei der Zielwertsuche muss auch bei der Lösung einer Optimierungsaufgabe das Arbeitsblatt so erstellt werden, dass mit den Eingaben das Ergebnis nach den gegebenen Formeln berechnet wird.
- Die Optimierung erfolgt erst im fertigen Arbeitsblatt.
- Der Optimierungslauf ändert die Inhalte der angesprochenen Zellen.

Beispiel: Konservendose mit minimaler Oberfläche bei vorgegebenem Volumen

Viele Konservendosen haben einen Inhalt von 850 ml. Die Herstellung dieser Dosen aus Blech wird umso preiswerter, je weniger Blech benötigt wird. Demzufolge ist es wichtig, die Abmessungen der Dose so zu dimensionieren, dass bei vorgegebenen Volumen die Oberfläche möglichst klein ist.

In einer Firma werden Blechdosen mit rundem und mit quadratischem Querschnitt hergestellt. Mit Hilfe eines Kalkulationsblattes sollen bei vorgegebenem Volumen V und Durchmesser d bzw. Kantenlänge a, die Abmessungen der Dosen sowie die deren Oberflächen O berechnet werden.

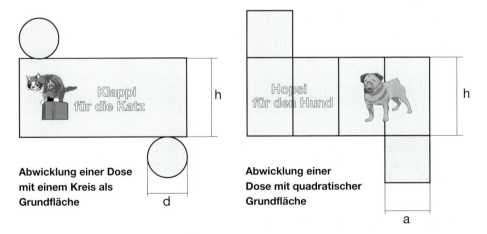

363

Berechnung der Dosenoberfläche

Dose mit runder Grundfläche

Das Volumen V und der Dosendurchmesser d werden vorgegeben. Die Höhe h und die Oberfläche O werden in Abhängigkeit von V und d gesucht.

Volumen:
$$V = \pi \cdot \frac{d^2}{4} \cdot h$$

Oberfläche:
$$O(d, h) = \pi \cdot \frac{d^2}{2} + \pi \cdot d \cdot h$$

Durch die Berechnung der Höhe h aus dem Volumen und Einsetzen von h ergibt sich eine Gleichung zur Berechnung der Oberfläche O in Abhängigkeit von d:

$$h = \frac{4 \cdot V}{\pi \cdot d^2}$$

$$O(d) = \pi \cdot \frac{d^2}{2} + 4 \cdot \frac{V}{d}$$

Der Ausdruck $O(d)$ bildet im Definitionsbereich $d > 0$ die Summe aus einer Parabelfunktion und einer Hyperbelfunktion. Daraus lässt sich ableiten, dass die Oberflächenfunktion $O(d)$ für $d > 0$ ein absolutes Minimum hat.

Dose mit quadratischer Grundfläche

Bei gegebenem Volumen V und gegebener Kantenlänge a des Grundrisses der Dose werden die Höhe h und die Oberfläche $O(a)$ gesucht.

Volumen:
$$V = h \cdot a^2$$

Oberfläche:
$$O(a) = 2 \cdot a^2 + 4 \cdot a \cdot h$$

Eine ähnliche Ableitung wie für die runde Dose ergibt folgenden Zusammenhang:

$$h = \frac{V}{a^2}$$

$$O(a) = 2 \cdot a^2 + 4 \cdot \frac{V}{a}$$

Der Funktionstherm $O(a)$ ist wie bei der runden Dose die Summe aus einer Parabelfunktion und einer Hyperbelfunktion mit dem Definitionsbereich $a > 0$. Deshalb nimmt die Oberfläche $O(a)$ im Definitionsbereich für $a > 0$ ein absolutes Minimum an.

A-E-V-Analyse mit Entwurf des Kalkulationsblattes

Als Ergebnis des Arbeitsblattes sind die Dosenoberflächen und die Höhe der jeweiligen Dosenart zu bestimmen.
Bei der Planung des Arbeitsblattes werden die Werte für Volumen und der Durchmesser d der runden Dose bzw. die Kantenlänge a der quadratischen Dose als Eingaben vorgesehen. Beide Dosenarten lassen sich in einem einzigen Arbeitsblatt darstellen. Das Volumen wird als eine gemeinsame Eingabegröße behandelt, damit die Ausgabegrößen unmittelbar verglichen werden könne. Die Eingabezellen sind im Entwurf unterlegt.

	A	B	C
1	Oberflächenminimierung einer Dose		
2			
3	Doseninhalt in ml		
4			
5	Durchmesser d in cm		
6	Kantenlänge a in cm		
7	Dosenhöhe h in cm	Ausgabe	Ausgabe
8			
9	Oberfläche in cm²	Ausgabe	Ausgabe
10			

Formeln im Kalkulationsblatt

Adresse der Zelle	Formel	Anmerkung
B7	=4*4*B3/(π*B5*B5)	auf
C7	=B3/B3/(C6*C6)	2 Kommastellen
B9	=pi+pi+B5*B5/2*4*B3/B5	runden
C9	=2*C2*C6*C6*4*B3/C6	

Nach Eingabe der Daten in das Arbeitsblatt können als Eingabewerte für das Volumen z. B. 850 cm³, für den Durchmesser der runden Dose d = 12 cm und für die Kantenlänge der quadratischen Dose a = 12 cm eingegeben werden.

Optimieren der Dosenoberfläche

Ähnlich wie bei der Zielwertsuche muss in einem Menü (siehe Abb.) die Lösungszelle (z. B. B9) und die Variablenzelle (z. B. B5) eingegeben werden. Der Menüpunkt MIN muss für die Suche nach dem Minimum in der Variablenzelle markiert werden. Mit diesen Einstellungen wird der Durchmesser d bestimmt, für den die Dosenoberfläche ein Minimum annimmt.

Beim Aufruf der Funktion *Optimieren* öffnet sich im Kalkulationsblatt ein Fenster, das der Abbildung ähnlich ist. Die Angaben sind für die Berechnung des Durchmessers für die minimale Oberfläche der runden Dose eingetragen.

	A	B	C
1	Optimieren		
2	( ) MAX	Lösungszelle	B9
3	(X) MIN	Variablenzelle	B5
4	( ) Zielsuche		
5			

Nach der Minimumsuche für die quadratische Dose (Lösungszelle C9, Variablenzelle C6) können die Werte verglichen werden. Bei einer Änderung des Volumens muss der Optimierungsvorgang erneut durchgeführt werden.

	A	B	C	D	E	F	G
	D:B9	@PI*B5*B5/2+4*B3/B5					
1	Oberflächenminimierung einer Dose						
2							
3	Doseninhalt in ml	850,00					
4		runde Dose	quadratische Dose				
5	Durchmesser d in cm	10,27					
6	Kantenlänge a in cm		9,47				
7	Dosenhöhe h in cm	10,27	9,47				
8							
9	Oberfläche in cm²	496,74	538,39				

Übungsbeispiel: Querschnittsoptimierung eines Balkens

Aus einem Baumstamm mit dem Durchmesser $d = 100$ cm soll ein Balken mit optimaler Belastbarkeit herausgesägt werden. Die Breite b und die Höhe h des Balkens sind so zu bestimmen, dass das Widerstandsmoment des Balkens auf Biegung maximal ist.

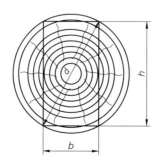

Das Widerstandsmoment eines Balkens mit rechteckigem Querschnitt kann mit folgender Formel berechnet werden:

$$W(b, h) = \frac{b \cdot h^2}{6}$$

1. In einem Kalkulationsblatt soll für die Höhe $h = 35$ cm das Widerstandsmoment des Balkens bestimmt werden.

2. In diesem Arbeitsblatt soll die Höhe h des Balkens bestimmt werden, bei der das Widerstandsmoment ein Maximum annimmt.

3.10 Herstellen von Bezügen über mehrere Berechnungsblätter[11]

Ein dreidimensionales Kalkulationsmodell besteht aus mehreren Arbeitsblättern, die in einem Modell vereinigt sind. Jedes Arbeitsblatt kann Daten aus einem anderen übernehmen. Wird in einem Arbeitsblatt eine Änderung vorgenommen, so werden diese Änderungen automatisch auf die anderen übernommen, da diese durch den Bezug der Formeln miteinander verknüpft sind.

Das Aufteilen eines Projekts auf mehrere Arbeitsblätter erlaubt eine übersichtlichere Gestaltung und einzelne Teilprojekte in jeweils einem eigenen Arbeitsblatt darzustellen.

Beispiel: **Berechnung der Herstellungskosten eines Kfz-Abstandswarners[12]**

In einer Fertigungsstraße wird ein Kfz-Abstandswarner aus Baugruppen zusammengesetzt und in ein Gehäuse eingebaut. Die Transportstraße besteht aus einem Roboter, zwei Transportbändern, einer CNC-Fräsmaschine zum Bearbeiten des Gehäuses, einem Druckluftschrauber und einem Prüfmessstand. Bei den Maschinen wird eine Laufzeit von 2 Jahren bis zu ihrer Erneuerung angenommen. Die gesamte Anlage arbeitet im Rahmen einer größeren Produktionsgruppe vollautomatisch und benötigt kein Personal, so dass sich die Herstellungskosten bei einer vorgegebenen Stückzahl im stark vereinfachten Modell nur aus den Maschinenkosten und den Materialkosten zusammensetzen.

---

[11] Dieses Thema bietet die Möglichkeit zur Projektarbeit in Gruppen.
[12] In dem Modell können nicht alle Aspekte der kaufmännischen Kalkulation berücksichtigt werden. Das Verknüpfen von Arbeitsblättern durch Bezüge über Formeln muss hier aus Gründen der Übersichtlichkeit im Vordergrund stehen.

Folgende Daten sind gegeben:

Teile-Nr	Bauteilname	Anzahl	Einkaufspreis
1001	Rohgehäuse	1	1,43 €
1002	Deckel	1	0,95 €
1003	Elektronik	1	13,56 €
1004	Abstandssensor	1	11,05 €
1005	Schrauben M3x8	4	0,15 €

Masch.-Nr	Bezeichnung	Kaufpreis in €	Betriebsmittelzeit je Einheit te in min
10	Roboter	16.150,00 €	1,70
11	Transportband 1	7.300,00 €	0,40
12	Transportband 2	9.500,00 €	0,55
13	CNC Fräsmaschine	23.600,00 €	3,40
14	Druckluftschrauber	2.450,00 €	1,10
15	Messprüfstand	4.360,00 €	0,70

Zur Vereinfachung kann angenommen werden, dass die Fertigung sequenziell erfolgt, d. h. es ist bei der Fertigung nur jeweils eine Maschine in Betrieb.

A-E-V-Analyse

Bei einer Einsatzzeit von 2 Jahren wird zunächst die Betriebsdauer der jeweiligen Maschine berechnet. Aus der Betriebsdauer ergeben sich dann die Kosten einer Maschinenstunde.
Aus der Betriebsmittelzeit je Einheit und den Kosten einer Maschinenstunde kann der Kostenanteil jeder Maschine an einer Produktionseinheit und somit die Maschinenkosten eines Produkts bestimmt werden.
Die Materialkosten eines Abstandswarners ergeben sich aus der Summe aller Bauteile.

Die Lösung dieser Aufgabe könnte auf vier Arbeitsblätter verteilt werden:

Blatt Nr.	Blattname	Thema
A	Ergebnis	Anzeige der Ergebnisse
B	M_Kost	Berechnung der Maschinenkosten
C	M_List	Maschinenliste
D	Material	Materialliste

Als erstes werden den einzelnen Arbeitsblättern die Blattnamen zugeordnet, dann erfolgt die algorithmische Bearbeitung der einzelnen Arbeitsblätter.

Berechnung der Kosten einer Maschinenstunde

$$\text{Kosten je Maschinenstunde} = \frac{\text{Kaufpreis der Maschine}}{\text{Betriebsdauer der Maschine in Stunden}}$$

Betriebsdauer einer Maschine in 2 Jahren bei vorgegebener jährlicher Stückzahl

$$\text{Betriebsdauer in Std.} = \frac{(\text{Betriebsmittelzeit je Einheit } t_e)}{60} \cdot \text{Stückzahl} \cdot (\text{Anzahl der Jahre})$$

Maschinenkosten je Einheit

$$\text{Maschinenkosten je Einheit} = (\text{Kosten je Maschinenstunde}) \cdot \frac{(\text{Betriebsmittelzeit je Einheit})}{60}$$

Herstellungskosten

$$\text{Herstellungskosten} = (\text{Summe aller Materialkosten}) + (\text{Summe aller Maschinenkosten})$$

Entwurf der Arbeitsblätter

Blatt A: Blattname: Ergebnis

	A	B	C	D
1	Herstellungskosten einer Baugruppe (Kfz-Abstandswarner)			
2				
3	Stückzahl	Eingabefeld		
4	Maschinenkosten	Ausgabe		
5	Materialkosten	Ausgabe		
6				
7	Herstellungskosten	Ausgabe		
8				
	Ergebnis	**M_Kost**	**M_List**	**Material**

In der untersten Zeile der Tabelle sind die Namen der Arbeitsblätter aufgeführt.

Blatt B: Blattname: M_Kost (Maschinenkosten)

	A	B	C	D	E	F
1	Masch.Nr.	Bezeichnung	t_e (min)	Betriebsdauer (h)	Kosten je h	Kosten je Einh
2						
3	11	Ausgabe		Ausgabe		
4	13					
5	10					
6	12					
7	14					
8	15					
9						
10			Maschinenkosten je Einheit			Ausgabe
11		**Ergebnis**	**M_Kost**	**M_List**		**Material**

Alle Zellen der Spalten B, D, E und F (Zeile 3 bis 8) sind Ausgabefelder.

In die Zellen A3 bis A8 werden die Maschinennummern der eingesetzten Maschinen eingegeben. In die Zellen der Spalte C werden die Betriebsmittelzeiten t_e bei der Fertigung einer Einheit eingetragen. Die Bezeichnung der Maschinen wird anhand der Maschinennummer aus dem Arbeitsblatt **M_List** (Maschinenliste) mit Hilfe des Befehls **SVerweis** (siehe Mehrfachauswahl) ermittelt.

Blatt C: Blattname: M_List (Maschinenliste)

	A	B	C
1	Masch.-Nr	Bezeichnung	Kaufpreis in €
2			
3	10	Roboter	16.150,00 €
4	11	Transportband 1	7.300,00 €
5	12	Transportband 2	9.500,00 €
6	13	CNC Fräsmaschine	23.600,00 €
7	14	Druckluftschrauber	2.450,00 €
8	15	Messprüfstand	4.360,00 €

Ergebnis / M_Kost \ **M_List** / Material

Alle Zellen der Maschinenliste sind Eingabefelder.

Blatt D: Blattname: Material

	A	B	C	D	E
1	Teile-Nr	Bauteilname	Anzahl	Einkaufspreis	Gesamt
2					
3	1001	Rohgehäuse	1	1,43 €	1,43 €
4	1002	Deckel	1	0,95 €	0,95 €
5	1003	Elektronik	1	13,56 €	13,56 €
6	1004	Abstandssensor	1	11,05 €	11,05 €
7	1005	Schrauben M3x8	4	0,15 €	0,60 €
8					
9				Materialkosten	27,59 €
10					

Ergebnis / M_Kost / M_List \ **Material** /

Bezüge zwischen Arbeitsblättern eines Modells über Formeln herstellen.

Im Arbeitsblatt **M_Kost** zur Berechnung der Maschinenkosten werden die Maschinenbezeichnungen aus dem Arbeitsblatt **M_List** ermittelt. Der Zugriff auf ein anderes Arbeitsblatt geschieht dadurch, dass der Adresse der Quelle der Name des Arbeitsblattes vorangestellt wird.

Beispiel:

Die Zelle B4 des Arbeitsblattes **M_Kost** enthält die Bezeichnung der Maschine mit der Maschinennummer 13. Der Eintrag

M_List!B6

hat zur Folge, dass aus dem Arbeitsblatt **M_List** aus der Zelle B6 die Maschinenbezeichnung „CNC Fräsmaschine" ermittelt wird.

Mit dem Befehl SVERWEIS können jedoch alle Maschinenbezeichnungen in den Zellen B3 bis B8 des Arbeitsblattes **M_Kost** aus dem Arbeitsblatt **M_List** übertragen werden.

Die Zelle **M_Kost:B3** enthält dann folgenden Befehl:

=SVERWEIS(A3;MList!$A$3:$C$8;2)

Der Suchbereich der Formel **M_List:$A$3..M_List:$B$8** ist in absoluter Adressierung geschrieben, damit die Formel aus der Zelle **M_Kost:B3** in die Zellen B4 bis B8 des Arbeitsblattes **M_Kost** kopiert werden kann.

Weitere Formeln des Arbeitsblattes M_Kost

Es sind jeweils nur die Formeln der Zeile 3 angegeben. Diese können in die Zeilen 4 bis 8 kopiert werden.

Zelle **M_Kost:D3** (Betriebsdauer der Maschine während der Laufzeit von 2 Jahren)

=C3*ERGEBNIS!B3*2/60

Zelle **M_Kost:E3** (Maschinenkosten je Stunde)

=SVERWEIS(A3;M_List:$A$3..M_List:$C$8;3)/D3

Zelle **M_Kost:F3** (Maschinenkosten je Maschine zur Herstellung einer Einheit)

=E3*C3/60

Zelle **M_Kost:F10** (Kosten aller Maschinen zur Herstellung einer Einheit)

=Summe(F3..F8)

Formeln des Arbeitsblattes Ergebnis

Zelle **Ergebnis:B4** (Maschinenkosten – Übernahme des Wertes aus dem Arbeitsblatt M_Kost)

=M_Kost!F10

Zelle **Ergebnis:B5** (Materialkosten – Übernahme des Wertes aus dem Arbeitsblatt Material)

=Material!E9

Zelle **Ergebnis:B7** (Herstellungskosten eines Abstandswarners)

=B4+B5

	A	B	C	D
1	Herstellungskosten einer Baugruppe (Kfz-Abstandswarner)			
2				
3	Stückzahl	6000		
4	Maschinenkosten	5,28 €		
5	Materialkosten	27,59 €		
6				
7	Herstellungskosten	32,87 €		
8				

\\Ergebnis / M_Kost / M_List / Material /

Bildschirmausschnitt des Arbeitsblattes Ergebnis

Wird in Zelle B3 eine andere Stückzahl eingetragen, so ändern sich auch die Herstellungskosten, da die Maschinenauslastung eine andere ist. Bei einer jährlichen Stückzahl von 10 000 verringern sich nach dem vorgegebenen Modell die Herstellungskosten je Einheit auf 30,76 € und sie erhöhen sich bei einer Stückzahl von 500 auf 90,95 €. Somit wird klar, dass bei manchen Produkten bei der Abnahme größerer Stückzahlen ein Preisnachlass gewährt wird.

Übungsbeispiele:

1. In dem vorgegebenen Modell soll der Herstellungspreis des Abstandswarners die Grenze von 50 € nicht überschreiten. Bei welcher jährlichen Stückzahl ist dies der Fall?

2. Unter Berücksichtigung aller Nebenkosten, die im Betrieb anfallen und auf das Produkt aufgerechnet werden können, ergibt sich der Verkaufspreis mit dem 1,8-fachen der Herstellungskosten. Als Verkaufspreis werden von der Firma 80 € veranschlagt. Bei welcher Stückzahl können auf den Verkaufspreis noch 10% Nachlass gewährt werden?

3.11 Betrachtung von einer oder mehreren Variablen

Eine Eingabezelle wird im Kalkulationsblatt als eine Variable bezeichnet. Variablen werden bei der Zielwertberechnung und bei der Erstellung von Wertetabellen mit selbstdefinierten Funktionen angewendet.

3.11.1 Wertetabelle mit einer Variablen

Ein Funktionsgraph kann am schnellsten gezeichnet werden, indem zuerst eine Wertetabelle erstellt wird. Zuerst werden die x-Werte vorgegeben (unabhängige Variable) und aus diesen anhand der Funktionsgleichung die y-Werte berechnet (abhängige Variable).

Diese Vorgehensweise ist auch bei der Berechnung einer Wertetabelle im Arbeitsblatt einer Tabellenkalkulation mit einer Variablen gegeben.

Beispiel: **Graph einer Funktion 3. Grades**
$y = ax^3 + bx^2 + cx + d$

Von einer gegebenen Funktion 3. Grades soll der Funktionsgraph gezeichnet werden. Im weiteren sollen die Koordinaten des höchsten Punktes (relatives Maximum) und des tiefsten Punktes (relatives Minimum) sowie die Nullstellen im Bereich $-2 \leq x \leq +10$ bestimmt werden.

Die Koeffizienten des Funktionsterms sind im Beispiel:

a	b	c	d
0,1	-1	1	1

Betrachtung von einer oder mehreren Variablen

Daraus ergibt sich der Funktionsterm:

$$y = +0{,}1x^3 - x^2 + x + 1$$

In zwei nebeneinanderliegenden Zellen werden links der x-Wert und recht die Funktionsformel eingetragen. Unterhalb des ersten x-Wertes werden die weiteren x-Werte des gewünschten Wertebereichs in derselben Spalte eingetragen, wobei diese auch durch Bezüge auf andere Zellen oder durch Formel berechnet werden können.

Nach Aufrufen des Befehls **WAS-WENN** (oder entsprechender Befehle anderer Kalkulationsprogramme) kann zunächst der Datenbereich bestimmt werden in dem die Wertetabelle abgebildet werden soll (im Beispiel A7 bis B19). Danach wird die Eingabezelle bestimmt, in der die Funktion eingetragen wurde (im Beispiel B7). Als Vorgabeeinstellung wird im Allgemeinen der Tabellentyp zur Berechnung mit einer Variablen angeboten. Diese Einstellung wird nicht verändert (siehe Abb.)

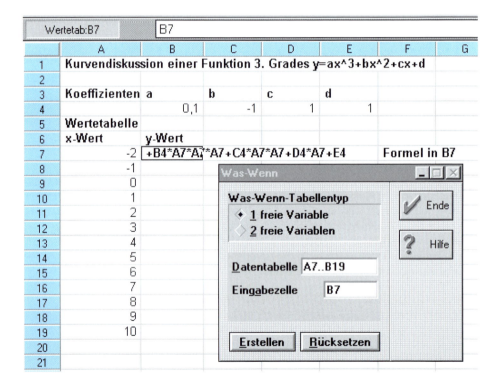

Nach Auslösen der Befehle **ERSTELLEN** und **ENDE** werden vom Programm die Zellen B8 bis B19 in die Funktionswerte eingetragen. Die Formel wird jedoch nicht kopiert.

Die Wertetabelle kann in eine Grafik umgesetzt werden. Als Grafiktyp ist die Liniengrafik (x-y Darstellung) zu wählen. Durch Einfügen der Grafik in das Arbeitsblatt stehen Wertetabelle und Grafik nebeneinander.

Mit Hilfe der Optimierung und der Zielwertsuche lassen sich anschließend die Nullstellen sowie der höchste Punkt (Maximumsuche) und der niedrigste Punkt (Minimumsuche) des Graphen bestimmen. Es ergeben sich mit 2 Nachkommastellen Genauigkeit folgende Wertepaare:

	x-Wert	y-Wert
1. Nullstelle	-0,61	0,00
2. Nullstelle	1,89	0,00
3. Nullstelle	8,72	0,00
relatives Maximum	0,54	1,26
relatives Minimum	6,00	-7,40

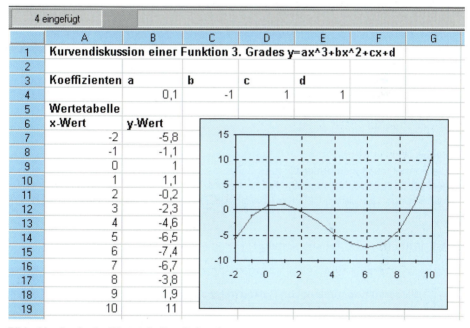

Bildschirmkopie der Wertetabelle mit Graph

3.11.2 Wertetabelle mit zwei Variablen (zweidimensionale Tabelle)

Eine zweidimensionale Tabelle dient zur Berechnung von Funktionswerten einer Funktion mit zwei Variablen. Deren allgemeine Form lautet:

$$z = f(x,y)$$

Die abhängige Variable *z* ist durch die Funktionsvorschrift *f* aus den unabhängigen Variablen *x* und *y* zu berechnen, wobei die Variablenbezeichnung und die Bezeichnung der Funktionsvorschrift hier nur beispielhaft gewählt sind.

Beispiel: Auswahl eines Balkens mit rechteckigem Querschnitt nach vorgegebenem Widerstandsmoment

Die Maße eines Balkens mit rechteckigem Querschnitt sollen anhand eines vorgegebenen Widerstandsmoments (z. B. $W = 1{,}2 \cdot 10^4$ cm³) aus einer Tabelle näherungsweise bestimmt werden. In der Tabelle sind die Widerstandsmomente von Balken zu berechnen, deren Breite b und deren Höhe h, von 10 cm ausgehend, um jeweils 10 cm bis zum Maximalwert von 1,0 m ansteigen.

Widerstandsmoment eines Balkens mit rechteckigem Querschnitt

$$W(b,h) = b \cdot \frac{h^2}{6}$$

In einem Arbeitsblatt wird die zweidimensionale Wertetabelle durch das von der Tabellenkalkulation vorgegebene Schema aus Zeilen und Spalten verwirklicht, wobei die oberste Zeile und die linke Spalte jeweils die vorgegebenen Variablenwerte aufnehmen.

In die oberste Zeile der (noch leeren) Tabelle werden die Werte einer Variablen eingetragen, wie z. B. die Balkenbreite b. Die eingetragenen Werte müssen nicht äquidistant sein, sie können auch auf Grund einer Formel aus anderen Zellenwerten abgeleitet sein. In die linke Spalte der Tabelle müssen die Werte der zweiten Variablen angetragen werden. In der Zelle, welche den Schnitt zwischen der Wertezeile und der Wertespalte darstellt, kann die Formel geschrieben werden.

Hinweis:
Die Formel muss sich dabei auf zwei Zellen beziehen in denen Variablenwerte eingetragen sind, die jedoch außerhalb der zu berechnenden Tabelle stehen. Diese Variablenwerte können aus ihrem Definitionsbereich beliebig gewählt werden (siehe Beispiel).

A-E-V-Analyse und Tabellenentwurf

	A	B	C	D	E	F
1	Wiederstandsmoment von Balken mit rechteckigem Querschnitt					
2						
3	Breite b		10	cm	Beispieldaten für	
4	Höhe h		10	cm	den Tabellenaufbau	
5					Breite des Balkens	
6	Formelfeld		10	20	30	....(bis 100)
7	10					
8	20		Ausgabefelder der Tabelle mit zwei Variablen			
9	30		(zweidimensionale Tabelle)			
	....		von Zelle B7 bis Zelle K10			
	....(bis 100)					

Formel in Zelle A6: + B3 · B4 · B4/6

Die Werte in den Zellen B3 und B4 sind für die Erstellung der Tabelle im Bereich B7 bis K16 unerheblich. Sie dienen nur dazu, dass sich die Formel in der Zelle A6 nicht auf Werte aus der zu erstellenden Tabelle bezieht.

Erstellen der Tabelle

Nach der Anwahl des Befehls WAS-WENN (oder des entsprechend anderslautenden Befehls zur Tabellenerstellung) wird die Option für zwei Variablen gewählt. Es öffnet sich ein Menü, das der Abbildung ähnlich ist:

WAS-WENN Tabellentyp		
( )	1 freie Variable	
(X)	2 freie Variablen	
	Datentabelle	A6..K16
	Spaltenwert	B4
	Zeilenwert	B3
OK	**Erstellen**	Rücksetzen

Die Datentabelle umfasst die gesamte zu berechnende Tabelle einschließlich der vorgegebenen Maße in der Zeile 6 und der Spalte A. Der Spaltenwert (der Formel in A6) entspricht der Balkenhöhe *h* dessen Wert aus der Zelle B4 entnommen wird. Der Zeilenwert wird der Zelle B3 entnommen. Mit ERSTELLEN und OK (bzw. ENDE) wird der Berechnungsvorgang für die Tabelle ausgelöst.

Als Querschnitt des Balkens lässt sich aus der Tabelle z. B. b = 20 cm und h = 60 cm entnehmen.

	A	B	C	D	E	F	G	H	I	J	K
	A:A17		'Höhe des Balkens								
1	Widerstandmoment eines Balkens mit rechteckigem Querschnitt										
2											
3	Breite	10	Beispieldaten								
4	Höhe	20	für den Tabellenaufbau								
5							Breite des Balkens				
6	667	10	20	30	40	50	60	70	80	90	100
7	10	167	333	500	667	833	1000	1167	1333	1500	1667
8	20	667	**1333**	2000	2667	3333	4000	4667	5333	6000	6667
9	30	1500	3000	**4500**	6000	7500	9000	10500	12000	13500	15000
10	40	2667	5333	8000	**10667**	13333	16000	18667	21333	24000	26667
11	50	4167	8333	12500	16667	**20833**	25000	29167	33333	37500	41667
12	60	6000	12000	18000	24000	30000	**36000**	42000	48000	54000	60000
13	70	8167	16333	24500	32667	40833	49000	**57167**	65333	73500	81667
14	80	10667	21333	32000	42667	53333	64000	74667	**85333**	96000	106667
15	90	13500	27000	40500	54000	67500	81000	94500	108000	**121500**	135000
16	100	16667	33333	50000	66667	83333	100000	116667	133333	150000	**166667**
17	Höhe des Balkens										

Bildschirmkopie der berechneten zweidimensionalen Tabelle

Beispiel: Wasserwelle

Ein Stein fällt in einem Punkt (Koordinatenursprung) auf die Wasseroberfläche. Es breitet sich eine kreisförmige Wasserwelle von diesem Punkt aus, dessen Wellenhöhe ab einem bestimmten Abstand umgekehrt proportional zum Radius abnimmt. Ein senkrechter geradliniger Schnitt durch die Wasseroberfläche erscheint als Sinuslinie mit abnehmender Auslenkung.

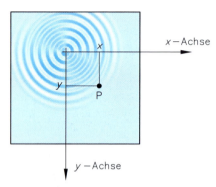

Die Höhe z der Welle in einem Punkt P(x/y) mit x>0 und y>0 lässt sich aus den Koordinaten des Punktes näherungsweise bestimmen.

$$z(x;y) = \frac{1}{\sqrt{x^2 + y^2}} \cdot \sin(2 \cdot \pi \cdot \sqrt{x^2 + y^2})$$

In einer Tabelle werden von x = 0,1 und y = 0,1 ausgehend, jeweils in Schritten zu 0,1 bis 5,0 steigend, die Höhen der Welle berechnet. Es ergibt sich eine Tabelle mit ca. 2500 Tabellenwerten. In der Kalkulation wird der Bezug zwischen zwei Arbeitsblättern mit dem Namen TABELLE und GRAFIK hergestellt, da die Tabelle mit 50 Zeilen und 50 Spalten zu umfangreich ist, um die Grafik neben der Tabelle einzufügen.

Als Grafik kann der Typ 3D-Flächengrafik[13] gewählt werden.

---

[13] Das Bearbeiten von sehr umfangreichen Grafiken kann auch bei schnellen Rechnern einen erheblichen Zeitaufwand beanspruchen.

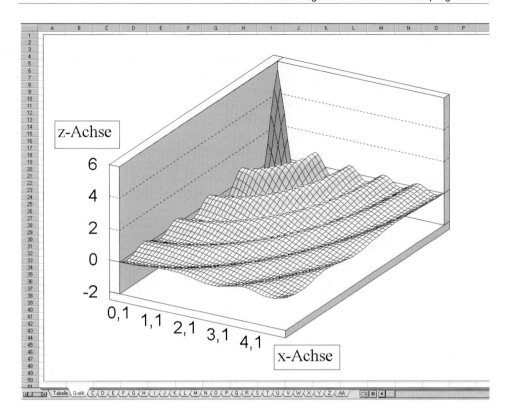

Bildschirmkopie der Grafik

Sachwortverzeichnis

A
Abkühlungskurve 76f, 79f
Absolute Adressierung 343
Addierwerke 329
AND 304, 311, 313
Anlassen 103
Äquivalenz-Funktion 319
Arbeitsspeicher 265
Atombindung 43
Ausgangsgrößen 304
Äußere Kräfte 172
Axiome 173ff

B
Bauteile 183
Beamer 270
Beanspruchungsarten 195
Bedarfsanalyse 219
Bedingte Verarbeitung 352
Belastungsarten 195
Belastungsfall 196, 202
Belastungskräfte 197
Beton 132ff
Betonbalken 142
Betonherstellung 133
Betriebsstoffe 11
Betriebssysteme 280
Bewertung 219
Bezüge 367
Biegebeanspruchung 208
Biegegleichung 211
Biegung 200, 207ff
Bildschirm 269
Binäre Grundrechenarten 310f
Binäre Zustandsdiagramme 78
Binäres System 310f
Bindungsarten 42, 46
Bindungskräfte 42
BIOS-Chip 264
Brückenbau 221ff
Bussystem 267

C
CD-ROM 273
Central Processing Unit 263
CMOS-Bausteine 305
Codeumsetzer 328
Controller 266
CPU 263

D
Datenkommunikationsgeräte 301
Datenschutz 297, 300
Datensicherheit 296
Datensicherung 294
Dehngrenzen 28f
Dezimalsystem 308
Dichte 18

Diffusion 72
Digitaltechnik 304ff
Diskette 272
DOS 280
Drehmomente 186
Dreidimensionale Fehler 61
Druck 200
Druckbeanspruchung 206
Drucker 270
Druckfestigkeit 134
Druckspannung 206
DSL-Modem 301
Dualsystem 308
Duromer 150, 157ff
Duroplaste 150, 157ff
DV-Anlage 258
DVD-Laufwerk 274
Dynamik 167

E
Edelstähle 107
Eigenschaftsmerkmale von Werkstoffen 19ff
Einfache Alternative 352
Einfriertemperaturbereich 150
Eingabegeräte 268
Eingangsgrößen 304
Eingeprägte Kräfte 172
Einsatzhärten 105
Einzelkräfte 173
Einzelwerkstoffe 13
Eisen 90ff
Eisencarbid 92f
Eisen-Kohlenstoff-Diagramm 89
Elaste 155ff
Elastische Verformung 67
Elastizität 18
Elastizitätsmodell des Betons 136
Elastizitätsmodul 25
Elastomer 150, 155ff
Elektrisch leitende Kunststoffe 166
Elementarzelle 51
E-Modul 25
Entwicklung 218
Erstarrungskurve 76
EVA 261
EVA-Struktur 340
EXCLUSIV-ODER-Funktion 318
Explorer 283
Externe Multimediagerate 276
Externer Speicher 271

F
Faserbeton 138
Faserverstärkte Verbundwerkstoffe 14

Fertigung 219
Festbeton 133
Festigkeit 18
Festigkeitslehre 195
Festlager 184
Festplatte 272
FireWire 279
Flächenfehler 60
Flächenkräfte 173
Flächenpressung 206
Flexible Bauteile 183
Fließtemperaturbereich 151
Freimachen von Bauteilen 182
Fremddiffusion 73
FVW 14

G
Gesellschaft 252
Gesetz der abgewandten Hebelarme 82
Gewölbte Flächen 184
Gitteraufbau 57
Gitterfehler 57
Gitterstruktur 40
Gittertypen 56
Gleichgewichtsaxiom 175
Gleichgewichtsbedingungen 189
Gleitebenen 54f
Glühen 98f
Grafikkarte 269
Grafisch orientierte Betriebssysteme 280
Grundbeanspruchungsarten 199
Grundstähle 107
Gusstextur 66

H
Halbaddierer 330
Halbleiter 19
Haltepunkt 76
Handheld 260
Hängebrücken 229f
Hardware 259
Härte 18
Härten 100f
Härteprüfung 30ff
Härteprüfverfahren 35f
Härtewert 33
Hartporzellan 122
Hexadezimales System 309
Hilfsstoffe 11
Hochlegierte Stähle 114
Hochtemperaturkeramiken 120
Hochtemperatursupraleiter 164
Hooke'sches Gesetz 205
Hydratation 128

I

Informationstechnologie 259
Innere Kräfte 172
Ionenbindung 42
ISDN-Karte 301
Isotropie 63

K

Kaltverformung 70f
Keramische Werkstoffe 19, 21, 117ff
Kinematik 167
Kinetik 167
Klinkerphasen 125
Knickung 199
Konstruktion 247
Kopieren 292
Korbbogen 224
Korrosionsbeständigkeit 18
Kovalente Bindung 43
Kräfte 27, 47, 168ff
Kräfteaddition 176ff
Krafteckverfahren 178
Kräfteplan 177
Kräftesystem 179
Kräftezerlegung 179ff
Kraftübertragung 181f
Kreisbogen 224
Kriechen des Betons 136
Kristalle 41
Kristallisationsmodell 49
Kristallsysteme 50ff
Kugelpackungen 53
Kunststoffe 19, 21, 145ff
Kupfer-Typ 54

L

Laptop 260
Legieren 73ff
Legierte Stähle 107
Legierungsstrukturen 74
Linienfehler 58
Linsendiagramm 78ff
Linux 280
Logikgatter 305
Logikoperatoren 355
Logikpegel 305
Logiksysteme 304
Logische Schaltnetze 320ff
Logische Schaltungen 311f
Loslager 184

M

Magnesium-Typ 54
Mainframe 260
Makromolekül 149
Makrostruktur 63
Martensithärung 101
Maus 268
Mechanik 167
Mehrfachalternative 356
Metallbindung 44

Metalle 19ff
Metallische Schäume 163
Metallische Werkstoffe 38
Mikrostruktur 49
Mischkristall 75
Mischkristallbildung 81
Modem 301
Molekularstruktur der Polymere 148
Monomere 146
Motherboard 262
Multifunktionsgeräte 274
Multimediageräte 275

N

NAND 305, 315f
Nanoporöse Metallmembranen 163
Netzwerk-Computer 260
Netzwerkkomponenten 302
Newton 174
NICHT-Funktion 304, 311f
Nichtsilikatkeramische Werkstoffe 119f
Niedriglegierte Stähle 113
Nitrieren 105
NOR 305, 315f
Normalglühen 99
Normalspannung 198
Normalzement 127
Normung von Stählen 108ff
Normzement 123f
NOT 304, 311f
Notebook 260
Nutzung 218

O

ODER 323
ODER-Funktion 304, 311, 314
OR 304, 311, 314
Ordner 290
Oxidkeramische Schneidwerkstoffe 120

P

Parallelogrammverfahren 178
Parameteroptimierung 238f, 241ff
Parlalleladdierer 331
PDA 260
Personalcomputer 260
PET 145
Planung 219
Plastische Formänderung 68
Plastische Verformung 67
Plastomer 152ff
Plotter 270
Polares Widerstandsmoment 216
Polyaddition 148
Polyethylen 147
Polykondensation 148

Polymerbrücken 231
Polymere 145ff
Polymerisation 147
Polypropylen 149
Portlandzementklinker 124ff
Porzellan 122
Potenzen 307
Problemlöseverfahren 219
Prüfmethoden 22ff
Prüfverfahren 23
Punktfehler 58

Q

Qualitätsstähle 107
Quellen des Betons 136
Querschnittoptimierung 240

R

Randschichthärten 105
Reaktionsaxiom 175
Reaktionskräfte 172
Rechenblatt 338
Recycling 218, 255
Rekristallisation 69
Rekristallisationsglühen 99
Rekristallisationstemperatur 72
Relative Adressierung 342
Resultierende Kraft 176, 179
Rohstoffe 11
Rollkörper 184
RS-Flipflop 332

S

Sachstrukturanalyse 248
Scanner 270
Scherung 199
Schmelzkurve 77
Schmelztemperatur 72
Schnellarbeitsstähle 114
Schnittstellen 266
Schubspannung 199
Schwinden des Betons 136
Sedezimales System 309
Selbstdiffusion 73
Sicherheitszahl 200f
Silicone 161
Siliconharze 162
Silikatkeramiken 121
Software 259
Spannbeton 140ff
Spannbetonbrücken 231
Spannung 200
Spannungsarmglühen 99
Spannungs-Dehnungs-Diagramm 25ff
Spannungsverteilung 243
Sprödigkeit 18
Stäbchenmodell 52
Stäbe 183
Stahlbeton 139
Stahlbetonbrücken 230
Stahlbrücken 227ff

381

Stähle 106ff
Stahlerzeugnisse 115
Stahlwerkstoffe 106ff
Statik 167ff
Statisches Gleichgewicht 188
Stellenwertsysteme 306ff
Stoffeigenschaft ändern 97ff
Streckgrenzen 28
Supraleiter 164

T
Tabellenkalkulation 244, 336ff
Tastatur 268
Technik 9
Technische Mechanik 167
Technische Systeme 233
Technologie 10
Temperaturbereiche 150f
Teppichmodell 69
Textur 64
Thermoplast 150ff
Tonwaren 121
Torsion 214
Torsionsspannung 215
Trägheitsaxiom 174
TTL-Bausteine 305

U
Übereutektoider Stahl 95
Umrechnungstabelle 310
Umweltbelastung 253ff
Umweltbewusstsein 249ff
UND 323f

UND-Funktion 304, 311, 313f
Unix 280
Unlegierte Stähle 107, 112
Untereutektoider Stahl 95
USB 279
USB-Sticks 272

V
Van der Waals-Kräfte 47
V-Diagramm 78, 83ff
Vektoren 169ff
Verbundwerkstoffe 12ff, 19, 139, 164
Verdrehung 200
Verdrehungsbeanspruchung 215
Verformungsvorgänge 66ff
Vergüten 104
Verschiebungsaxiom 174
Verstärkungsfasern 15
Verteilte Kräfte 173
Verteilung 219
Volladdierer 330
Volumenkräfte 173

W
Wärmebehandlungsverfahren 98ff
Wärmedehnung des Betons 137
Warmverformung 70f
Wasserstoffbrückenbindung 47f
Wasserundurchlässigkeit bei Beton 137

Weichglühen 98
Weichporzellan 123
Werkstoffauswahl 220, 233ff
Werkstoffe 11ff
Werkstoffeigenschaften 17, 20
Werkstoffnummern von Stählen 116
Werkstoffprüfung 22f
Werkstoffstruktur 20
Wertetabelle 373ff
Wirtschaftlichkeit 237

X
XOR 318

Z
Zellen 342
Zement 123
Zementstein 128
Zentraleinheit 262
Zersetzungstemperaturbereich 152
Zielsetzung 219
Zielwertsuche 359
Zielwertvorgabe 359
Zug 200
Zugbeanspruchung 203
Zugfestigkeit 24
Zugspannung 24, 203
Zugversuch 23
Zustandsdiagramme 76
Zustandsschaubild 70

Bildquellenverzeichnis

Den nachfolgend aufgeführten Firmen danken wir für die Zusendung von Informationsmaterial, Fotos, Vorlagen und fachlicher Beratung:

Deutscher Betonverein, Wiesbaden
Deutsches Museum, München
DTV, München
DVT GmbH-Verlag Bau + Technik Media Service, Düsseldorf
Fotolia Deutschland, Berlin
MEV Verlag GmbH, Augsburg
VDI-Verlag, Düsseldorf
Rowohlt, Berlin
Schroll-Verlag, Wien
Shell-AG, Hamburg